AF749935

El GATO de SCHRÖDINGER en el ÁRBOL de MANDELBROT

DRAKONTOS

Director:
JOSÉ MANUEL SÁNCHEZ RON

El GATO de SCHRÖDINGER en el ÁRBOL de MANDELBROT

Una aproximación distinta al fascinante mundo de la ciencia

Ernst P. Fischer

Traducción castellana de
José Luis Arantegui

CRÍTICA
BARCELONA

Primera edición: octubre de 2008
Primera edición en esta nueva presentación: marzo de 2016
Segunda impresión: marzo de 2017

El gato de Schrödinger en el árbol de Mandelbrot
Ernest P. Fischer

No se permite la reproducción total o parcial de este libro, ni su incorporación a un sistema informático, ni su transmisión en cualquier forma o por cualquier medio, sea éste electrónico, mecánico, por fotocopia, por grabación u otros métodos, sin el permiso previo y por escrito del editor. La infracción de los derechos mencionados puede ser constitutiva de delito contra la propiedad intelectual (Art. 270 y siguientes del Código Penal)

Diríjase a CEDRO (Centro Español de Derechos Reprográficos) si necesita reproducir algún fragmento de esta obra. Puede contactar con CEDRO a través de la web www.conlicencia.com o por teléfono en el 91 702 19 70 / 93 272 04 47

Título original: *Schrödingers Katze auf dem Mandelbrotbaum. Durch die Hintertür zur Wissenschaft*

© 2006 by Pantheon Verlag, a division of Verlagsgruppe Random House GmbH, München, Germany, www.randomhouse.de
"This book was negotiated through Ute Körner Literary Agent, S.L.U., Barcelona – www.uklitag.com".

© de la traducción, José Luis Arantegui, 2008

© Editorial Planeta S. A., 2016
Av. Diagonal, 662-664, 08034 Barcelona (España)
Crítica es un sello editorial de Editorial Planeta, S. A.

editorial@ed-critica.es
www.ed-critica.es

ISBN: 978-84-9892-942-3
Depósito legal: B. 5788 - 2016

2017. Impreso y encuadernado en España por Romanyà Valls S. A.

Para Karin y Erwin Conradi,
a quienes les gusta oír y contar historias

El problema de Kepler

El problema de Kepler atañe a la transmisión de la ciencia. Atañe a todo investigador que, habiendo reconocido, descubierto o cavilado algo nuevo, quiere dar noticia de aquello que ha alcanzado a ver, y no a su círculo de colegas, sino a un público amplio. En el caso de Johannes Kepler (1571-1630), el problema gira en torno a la comprensión que de los movimientos de los cuerpos celestes supo alcanzar ese astrónomo y astrólogo hace ahora alrededor de cuatrocientos años. En siglos precedentes los humanos habían tratado de describir el orden percibido desde la Antigüedad en el cosmos mediante un mundo de esferas cerradas con una ideal forma circular, partiendo de que la Tierra en que vivían se había de encontrar en el centro del universo. Fracasó sin embargo el empeño por hacer plenamente comprensibles con tal patrón los muchos fenómenos que los cielos ofrecían al ojo humano. Las predicciones de los astrónomos divergían cada vez más del curso de los astros, y así, los estrelleros se vieron cada vez más forzados a desarrollar también otras representaciones de la estructura del cosmos. En torno a 1600 Kepler se resolvió a aceptar la propuesta de Nicolás Copérnico (1473-1543), desplazando así el Sol hasta el centro y haciendo que los planetas, incluida la Tierra, giraran a su alrededor. Con la creciente precisión de los registros de movimientos celestes, saltó a la vista de Kepler, aun sin telescopio que, como mínimo uno, Marte, no orbitaba en torno al Sol siguiendo una circunferencia exacta. Cuando las observaciones permitieron, tras arduos cálculos, reconocer una elipse, pudo Kepler formular una primera ley de la Física celeste: «La trayectoria orbital de un planeta tiene forma de elipse».

Así rezaba la solución de Kepler, a la sazón sorprendente y de nuevo género para la ciencia, que nos maravilla por la notable parquedad con que expresa siglos de medir y meditar. La ciencia gusta de expresar grandes ideas en parcas formulaciones, de las que no es difícil hallar ejemplos: «La conductividad de un metal resulta de la libre movilidad de sus electrones», «Los cromosomas contienen la información genética en forma de moléculas de ADN», «De ácido más base resulta una sal», «El alcohol es soluble en agua y grasas».

El problema de Kepler empieza cuando un científico se presenta ante un público para hacerle partícipe de algo que ha llegado a entender. Pues en todo tiempo y lugar hay que contar con que haya entre los oyentes quien no haya oído o no se haya parado a pensar uno u otro de los conceptos utilizados. En el caso de Kepler, habrá quien no sepa qué es un planeta, o quien pregunte qué es una trayectoria orbital, o quien haya olvidado qué aspecto tiene una elipse. Otro tanto vale para las proposiciones científicas antes mencionadas: ¿qué es una mutación? ¿Y un cromosoma? ¿Un electrón? ¿Una base química? Cierto que todas esas proposiciones contienen importantes ideas científicas, pero las enuncian mencionando cosas con las que no solemos tener trato de ordinario y hemos de familiarizarnos antes.

Naturalmente, las expresiones técnicas de política y economía o de los medios de comunicación tampoco son sencillas de entender. Pero en el trato cotidiano con las noticias o con Internet nos hemos habituado a dar entrada, con no poca holgura, a conceptos como «reforma autonómica», «weblog» o «subsidiariedad», además de estar bien seguros de que hay alguien en alguna parte que sabría explicarnos con precisión de qué van el tratado de Maastricht, el acuerdo Schengen, o el comité disciplinario de la FIFA y la norma del fuera de juego posicional. De ahí que quien no entienda tales asuntos vea la paja en el ojo propio, se eche la culpa y no se la pase a otros. Con la ciencia es diferente. Ahí se habla de una culpa por omisión de los investigadores en lugar de hacerlo de una por omisión del público. Quien no entienda «mutación» o «selección natural», no sepa distinguir un planeta de una estrella fija o si un electrón es mayor o menor que un átomo, o por qué los antibióticos no son eficaces contra los virus, no achaca ese desconocimiento a su propia pasividad. Antes se lamentará del sistema educativo y empezará a quejarse de la ineptitud de los investigadores, que parecen incapaces de bajar con su jerga de su torre de marfil y hablar de forma comprensible.

Los hercúleos esfuerzos de Johannes Kepler.

El problema de Kepler es pues el de transmitir ciencia y, tras décadas de experimentos, aquí tampoco hay aún una solución, tanto menos una satisfactoria para todos. Una de las muchas posibilidades consiste en despertar el interés hablando, más que de ciencia, de los hombres que la produjeron. Es lo que he intentado directamente, de diversas maneras, en libros como *Aristoteles, Einstein und Co.* y *Leonardo, Heisenberg und Co.*, y lo que vuelvo a intentar en éste de manera indirecta. Determinados planteamientos de cuestiones o formas de presentar ideas están ligados estrechamente a las personas que los hicieron, y puede aprovecharse ese vínculo para encaminar a los curiosos hacia el correspondiente objeto. Naturalmente seguirá siendo difícil comprender con exactitud, por ejemplo, qué significa esa enigmática magnitud llamada entropía con que los físicos andan a vueltas desde el siglo XIX. Pero tal vez entren ganas de pensarlo al saber que ha habido doctas discusiones de especialistas en torno a un diablejo que pretendía quebrantar las leyes de la naturaleza, y a quien sólo se pudo jubilar más de un siglo después. Bien podríamos ser nosotros mismos ese diablejo, en tanto intervenimos en el acontecer natural y, al hacerlo, aprendemos dónde están nuestros límites.

Tras estos problemas de comunicación más bien generales aún se esconde otra cuestión: cómo vino a dar cada una de esas personas con el tema hoy ligado a su nombre. Aquí es donde tendrían que esforzarse y pronunciarse al respecto representantes de una psicología de la ciencia, por desgracia aún insuficientes en número. Por ejemplo,¿cómo estaba Kepler tan seguro de que Copérnico acertaba al dejar el Sol en reposo y poner la Tierra en movimiento? A fin de cuentas, nuestros sentidos y el lenguaje que usamos a diario nos dicen otra cosa: que el sol «sale» y «sube», o «baja» y «desaparece», y ni modo hay de referirse a una parada del Sol. O cómo es eso de que el físico Erwin Schrödinger ponga en duda la interpretación de su propia teoría atómica y demuestre su solidez encerrando a un gato en una máquina infernal.

El presente libro confía en poder resolver el problema de Kepler contando no sólo con perspectivas distantes de lo cotidiano alcanzadas por las investigaciones, sino también, para empezar, con aspectos más cercanos de aquellos seres humanos a quienes se deben. Me incitó a esta publicación Jörg Sobiella, de la Radio de Alemania Central [*Mitteldeutschen Rundfunk*], con quien preparé una pequeña serie de emisiones para el programa cultural *Figaro* a partir de la dedicada al gato de Schrödinger. Fue una manera soberbia de poner a prueba las ideas claves de ese gran físico que aquí se exponen.

ERNST PETER FISCHER
Constanza, verano de 2006

En el escenario del átomo

El gato de Schrödinger

«Sabe el hombre ir hasta la Luna en un rato, pero no sabe hacer un gato», así rimaba una vez Rainer Kunze en un libro infantil queriendo comparar dos esferas técnicas y científicas en que los humanos tenemos puestas las miras: la exploración e investigación planeada del cosmos y la inabarcable aparición y evolución de la vida. Todo y con ser bonita e importante, su frase no es del todo exacta, pues al menos un hombre sí logró hacer un gato: desciende del físico Erwin Schrödinger y anda rondando como un duende por nuestras cabezas. Su padre espiritual se lo sacó del saco en 1935 y lo metió en una caja para asombrarse, con su ayuda, de lo rara que se había vuelto la realidad una vez descrita por la ciencia física entonces más reciente.

El gato de Schrödinger esconde un secreto, como veremos, y por eso vive; pero vive peligrosamente y, por así decir, vive una doble vida sin duda doblemente peligrosa; no sólo en la caja de acero que los físicos andan rondando hasta hoy cuando quieren comprobar si sus teorías describen el mundo atinadamente, sino peligrosa también en las cabezas en las que asoman los bigotes en cuanto sus portadores se esfuerzan por captar la realidad de manera que incluya también las posibilidades de actuación del gato.

En la caja amenaza peligro porque allí un gas venenoso que aguarda a que el azar lo libere; y en las cabezas, porque el gato de Schrödinger debe encarnar de forma visible una teoría de la naturaleza atómica cargada de consecuencias, no sólo en el estricto sentido científico, sino también en el ámbito económico global; pero una teoría de la que al mismo tiempo se dice que sólo la ha entendido de verdad quien haciéndolo se haya vuelto al menos un poco majara.

El experimento del gato de Schrödinger.

Con el gato de Schrödinger se plantea un experimento mental. Figúrese un gato encerrado en una caja de acero (con una mirilla para observar) en que además hay, primero, un matraz frágil con gas venenoso (ácido cianhídrico), y segundo, una fuente de átomos radioactivos. Al gato, claro, debe estarle impedido todo contacto con el mortífero recipiente de cristal, sobre el que se alza sin embargo un martillo que se activará y liberará el gas en el momento en que se desintegre un átomo radiactivo. Pues bien, la Física atómica competente en el caso puede predecir ciertamente cuándo habrá liberado su energía la mitad de los átomos radioactivos; esto es, dar información estadística, pero no predecir en qué preciso momento surgirá tal desintegración, poniendo en marcha los procesos que llevan a la muerte del gato, pues también en este caso puede dar sólo información estadística.

Disponemos entonces la radioactividad atómica de modo que, en el curso de una hora, sobrevenga la desintegración y consiguiente ruptura del recipiente con una probabilidad del 50 por 100. Entonces, al cabo de esa hora, ¿qué sabemos del gato de la caja sin revisar el interior? Que estará vivo con un 50 por 100 de probabilidad y muerto con otro 50 por 100. Pero esto ¿qué significa?

La Física que, con ese gato suyo, pretende comprender Schrödinger no trata de seres vivos evolucionados, claro, sino de átomos y sus partículas componentes, como electrones por ejemplo. Ahora bien, un átomo no puede estar muerto ni vivo, pero sí orientarse en dos direcciones que llamaremos «arriba» y «abajo». Figurémonos ahora, en vez del gato, un átomo en la caja, sin veneno naturalmente, pero en cambio en un campo magnético. Podemos disponerlo todo de manera que ahora tampoco sepamos nada de ese átomo, sino que todo indica su presencia «arriba» con una probabilidad del 50 por 100 y «abajo» con otra tanta. En tal caso ¿qué pasa ahora si abrimos la mirilla?

Esto sí lo sabe la Física con toda exactitud. Dicen los manuales que situamos el átomo mediante nuestra medición. Es nuestra observación la que determina que aparezca «abajo» o «arriba». Y esto se le hace a Schrödinger un sinsentido, pues trasladado a su gato significaría que la ronroneante criatura lleva una suerte de doble vida y está medio viva, medio muerta. Absurdo del que se sigue otro descomunal, pues cómo esté efectivamente el gato no se decide desde dentro, sino únicamente mediante observación externa. Quien opera la mirilla de observación liquida al gato, en caso de encontrarlo muerto en la caja, o le da plena vida si sigue brincando por allí. Esto significa que el gato de Schrödinger vive en verdad peligrosamente, en tanto alguien ande rondando su caja y alargue sus dedos hacia a la mirilla. Quizás deberíamos echarle siete llaves a todo el asunto y hacer desaparecer todo el montaje con la mayor discreción. ¿O habría gente a quien le gustaría, aun así, arriesgarse a mirar al gato a los ojos?

Quién le pone el nombre al gato

Científicamente hablando, de la figura del gato de Schrödinger trata la Física atómica que, con tanto éxito, supo desarrollarse en los primeros decenios del siglo XX. Una física que supo señalar leyes de la naturaleza con cuya ayuda fue posible, entre otras cosas, construir los componentes fundamentales de los ordenadores modernos (los chips). Una parte muy respetable de la actual economía mundial se basa en productos que, sin esa Física, no habrían sido siquiera imaginables. Algo que tan bien funciona debe de entenderse igual de bien, piensa el lego, y mira de sacar mejor lección del gato de Schrödinger. ¡Su aparición pone ante nuestros ojos, en figura visible, que nuestras teorías científicas de mayor éxito nos siguen resultando un poco extrañas, y que algo no encaja en la comprensión filosófica profunda de la Física sobre cuya superficie matemática florece nuestra economía!

El animal que aquí es blanco de todas las miradas recibió su nombre del físico austríaco Erwin Schrödinger (1887-1962), galardonado en 1933 con el premio Nobel de su especialidad y a quien su patria reprodujo en el último billete de 1.000 chelines antes de la introducción del euro. La celebridad de Schrödinger se funda ante todo en un logro grandioso llevado a cabo en la segunda mitad de los años veinte, cuando planteó, con su pasmosa elegancia matemática de siempre, unas ecuaciones fundamentales para el comportamiento de los átomos. Bautizadas con su nombre, se ocupan desde hace decenios de que no haya en el mundo de la ciencia nombre pronunciado más a menudo que el suyo. Dondequiera que haya físicos trabajando se hacen intervenir las ecuaciones de Schrödinger, y de ellas obtiene la profesión constantemente la información necesaria para entender la acción recíproca entre materiales y sacarle provecho técnico.

A primera vista un triunfo intachable, aparecen las primeras tachas cuando uno se entera de que el interés de Schrödinger en los átomos se despertó por un sentimiento que él mismo describió como asco y repulsión. Contrariaba en efecto a nuestro héroe la descripción que del átomo hiciera hacia 1925 el joven físico Werner Heisenberg, con la que hay cierta probabilidad de tropezarse de nuevo en un capítulo posterior («La indeterminación de Heisenberg»). Éste se había tomado en serio en su tratamiento del átomo una observación conocida a la sazón desde veinte años atrás; a saber, que en la naturaleza hay saltos cuánticos (como hoy les llamamos con un término popular desde hace mucho). Los átomos pueden pasar, manifiestamente sin problemas, de un nivel de alta energía a uno de menor energía sin que en el ínterin sean algo o se hallen en parte alguna y, además, irradiando triunfalmente al hacerlo algo de luz. Podemos ver en un momento dado que han «saltado» sin saber cómo lo han logrado.

A Schrödinger le irritaba más allá de toda medida tanta acrobacia cuántica con que se daban por contentos sus colegas y, en el invierno de 1925 a 1926, aplicó toda su destreza física y matemática a expulsar de la ciencia a ese lamentable funambulismo y hallar un camino de vuelta a las virtudes de la Física clásica y su comprensión de la naturaleza, clara y orientada a la previsibilidad.

Para entender la entrada en escena del gato de Schrödinger no basta con saber qué pretendía su creador en el plano científico. También forma parte del cuadro el hecho que Schrödinger, para empezar, era un hombre más bien cordial que en los años veinte soñaba con una cátedra en alguna pequeña universidad de provincias. Allí gustaría de atender adecuadamente sus obligaciones como físico con la mayor tranquilidad y también dedicar mucho tiempo a leer textos filosóficos, por aquel entonces sobre todo hindúes, junto a los clásicos griegos. Fumarse una pipa, echarse una copita, estudiar un libro, buscar la compañía de alguna que otra jovencita... así habría podido llevar una vida satisfactoria y feliz en los márgenes de la gran ciencia, pero entonces vino su enfado con los saltos cuánticos y, presa de la mayor irritación, Schrödinger arrojó su guante a Heisenberg.

A los pocos meses de darle vueltas intensamente, primero esquiando con una amiga en vacaciones y luego en casa con su señora, creyó haber triunfado por completo con sus ecuaciones de Schrödinger. Había encontrado una fórmula matemática con la que las trayectorias en el interior de un átomo admitían representarse como movimientos de ondas vibratorias. Aquello que Heisenberg tenía que aceptar forzosamente como abruptos saltos cuánticos sobre prodigiosos agujeros en la realidad de los que nadie podía saber nada, le parecía poder trocarlos en movimientos gráciles y veloces de una cuerda vibrátil, como ocurre por ejemplo en un violín cuando el roce del arco o el ataque del dedo se encargan de cambiar un tono o incluso producir una melodía entera.

O así pensaba Schrödinger hasta que sus colegas le hicieron ver, cada vez más claro, que en eso el deseo era padre del pensamiento. Las ecuaciones de Schrödinger no podían representar ningún elemento realmente oscilante —como las cuerdas de violín— aunque sólo fuera por estar definidas en un mundo completamente ajeno. En efecto, sus ecuaciones no tratan de este mundo. Sólo pueden comprenderse como descripciones matemáticas en espacios matemáticos, a partir de las cuales aún hay que averiguar mediante cálculo qué afirman los átomos de la realidad. En su disgusto, y para su disgusto, el padre del gato no había logrado sino demostrar que Heisenberg y sus partidarios tenían razón. Particularmente irritante resultaba además que sus ecuaciones permitieran a los del oficio verificarlo de manera más simple y a la vez más convincente.

El gato entra en escena

Schrödinger estaba que bufaba, no es de extrañar. Meditó, dejó estar la cosa matemática, y se metió a la filosofía; de todos modos, no como proyectara al principio, tranquilamente, al margen de la investigación, sino en su epicentro de entonces, en Berlín. Y así salió a la luz en 1935 el gato de Schrödinger y su caso, que él mismo califica de «burlesco», y así lo metió en una caja de acero con la infernal máquina arriba descrita, en que no todo se puede planear, cierto, pero sí está todo ligado. En lo fundamental, la escena del gato en la caja reúne todo aquello sobre lo que nuestra ciencia sabe algo: hay átomos por la Física, gas por la Química, un aparato por la Técnica, y un ser vivo por la Biología. Es un mundo en pequeño y, como corresponde, todo empieza por un azar, incluso las dificultades. Provinientes en este caso de que no sabemos en un momento dado si el átomo se ha desintegrado poniendo en marcha la máquina mortífera. Ello significa que no lo sabemos en tanto no miremos en la caja, y así lo dejaremos estar por ahora, para indagar en detalle qué pasará exactamente si echamos un vistazo dentro.

¿Y qué hay del gato? Si queremos entenderlo, no podemos guiarnos por lo cotidiano. En el sentido en que lo plantea Schrödinger, tenemos que regirnos por la Física atómica y sus saltos cuánticos. Se entiende por tales las mínimas unidades que intercambian objetos físicos cuando entran en una acción recíproca. Esto significa que quien observa a un actor en la escena atómica, entrando así necesariamente en contacto con él, con él intercambia en todo caso un cuanto. Sin ese cuanto, no hay caso, y menos que eso, no puede haber. No se da en el mundo nada que sea más pequeño, salvo nada (si es que hay).

Quien mira a un átomo recibe de él luz, o quien lo toca le transmite energía, como se diría simplificando. El átomo observado ya tiene entonces tras él al menos un salto cuántico, y es por tanto otro que el inobservado; un estado de cosas que ya nos resultará más familiar en la vida cotidiana. Visto así, nosotros somos como átomos; también obramos diferentemente según nos estén observando o no.

Con todo, la realidad atómica todavía es un poco más loca. A esa experiencia cotidiana añade aún otra cosa en la concepción de Heisenberg. Para ser precisos, ésta afirma que los átomos ni siquiera tienen ninguna cualidad fija en tanto nadie los observe. Permanecen indeterminados hasta que un observador cambia ese estado. Idea ésta fuera de lo común que no sólo Schrödinger rechazaba como algo idiota y ajeno a la realidad. Todo un Albert Eistein tiraba de la misma cuerda cuando caricaturizaba la concepción de Heisenberg preguntando si es que éste pensaba efectivamente que la Luna no estaba en el cielo cuando nadie miraba.

Reto al que aún habremos de responder, pero demos por fin entrada en escena al gato, quien comenzó su vida científica en 1935, cuando Schrödinger lo sacó del saco de sus ideas para mostrar cuán absurdamente choca la ciencia moderna con la realidad. La escenografía con átomos radioactivos sirve a una finalidad: introducir ese componente azaroso de la vida que esconden no sólo los átomos, sino muchas regularidades físicas (y contra lo que Schrödinger nada tenía que objetar en principio). Lo diabólico del dispositivo, sin embargo, está en que, de ese modo, el estado del gato se vuelve tan indeterminado como el de un átomo, con una consecuencia sumamente desagradable: que no es ya el gas venenoso, sino la observación de un físico la que mata al gato. Por ejemplo, un átomo puede tomar en un campo magnético una orientación que puede quedar determinada por la medición encaminada a establecerla, como el gato por su parte puede adoptar en la caja una posición (vivo y coleando, o tendido y muerto) determinada por una inspección detallada.

El secreto del gato

Resultaría hoy penoso para Schrödinger si alguien le dijera que debe su celebridad, fuera de los círculos científicos, a la invención de un gato amenazado de muerte. Tampoco podría ser de otro modo, ya que su experimento mental contiene un fallo de razonamiento no poco considerable, aun cuando no parezca haber menoscabado la popularidad de su infernal máquina. Aquello que en la caja de Schrödinger es indeterminado en tanto nadie mira cuál es la situación de un gato realmente existente (cuyo estado no es en modo alguno borroso, sino inequívoco, aun cuando no lo conozcamos). Por el contrario, aquello que en los átomos es indeterminado en tanto nadie mira es una magnitud matemática en modo alguno existente en realidad, designada, a propuesta del mismo Schrödinger, por la letra griega ψ. De entrada, como es natural, no significa sino la vigésimo tercera letra del alfabeto correspondiente, pero no hay que dejar de lado las muchas especulaciones habidas acerca de cómo fue a dar Schrödinger, con tanto para escoger, precisamente con la letra ψ [psi]. De entonces a esta parte, ha venido a significar como acróstico [en inglés] «*para-sensual intelligence*», con lo que se quiere aludir a la percepción extrasensorial estudiada en el marco de la investigación parapsicológica. Sus partidarios concuerdan con Shakespeare cuando conjetura que hay entre cielo y tierra más cosas de las que sueña nuestra sabiduría académica, y es fácil que, insinuante, algo coquetee con eso nuestro gato.

Tratemos de decirlo más concreto: en aspectos estrictamente físicos no hay mucho que hacer con el gato de Schrödinger. A la luz de la lámpara llamada ciencia, simplemente está ahí cuan largo es, en peligro, a lo tonto y sin necesidad; y visto así el asunto, lo mejor parece ser que guardemos la caja en algún rincón (naturalmente, tras haber liberado al gato y retirado el veneno).

Quien de todas formas no lo haga, puede darle vueltas a la influencia de una observación en lo observado, y preguntarse dónde queda la objetividad de la ciencia, antaño, ay, tan sagrada (eso mismo quería saber Einstein con su frase acerca de la Luna, y aún hemos de topar con esta cuestión).

Pero quien quiera saber por qué el gato de Schrödinger se mantiene tan testarudo en la literatura, volverá a topar otra vez con el origen de la incertidumbre que hace posible este experimento mental, y que hasta ahora no hemos hecho sino eludir.

Me refiero al componente de azar que albergan los átomos radioactivos, de cuya comprensión se trataba después de todo: a fin de cuentas, todo está compuesto de tales átomos. Cierto que la ciencia entró en escena para comprender con mayor certeza la naturaleza, pero ahora resulta que la Física en su forma más desarrollada nos hace saber que habremos de contentarnos con probabilidades. O así se entiende, sin ser del todo correcto. Incertidumbre hay sólo allá donde nos encontremos nosotros. En los terrenos en que Schrödinger afincó sus ecuaciones, todo está establecido en firme. Ahí no hay azares. Ahí todo viene a quedar determinado por las ecuaciones de Schrödinger (y otras leyes matemáticas). Algo que se acaba en cuanto, abandonando esas esferas, lleguemos adonde maulla su gato. La Matemática deja de ser segura precisamente en cuanto se refiere a la realidad, como recalca Einstein.

El gato de Schrödinger nos pone ante la pregunta de cómo viene el azar al mundo en que vivimos, donde aun así hay un ámbito en que uno se las puede apañar sin él, gracias a las ecuaciones de Schrödinger. Es notorio que lo intentamos todo para hacer del mundo algo que pueda predecirse. El gato de Schrödinger nos recuerda nuestros límites. Ahí parece esconderse uno de sus secretos.

Además, con su ayuda aún puede añadirse una última indicación: es fácil que, en mucho de lo que decimos, nos dirija el lenguaje más que nuestro pensamiento. Algo que ocurre sencillamente como sigue: un gato tiene una cola y ningún gato tiene dos. Ahora bien, un gato y ningún gato suman uno, que tendrá la cola del uno más las dos del ninguno, es decir, tres. Quizás hubiera que encerrar a ese gato de tres colas en la caja de acero, aunque para eso primero habría que encontrarlo.

El salto cuántico de Planck

Tan popular ha llegado a ser [en alemán] a comienzos del siglo XXI la expresión «salto cuántico» que uno puede emplearla en conversaciones sin reparos, y sin que nadie le pregunte en tono de reproche si es que no se las puede arreglar sin palabras raras. Y el caso es que «salto cuántico» sigue siendo una expresión técnica. Se funda en una propuesta que hiciera, a comienzos del siglo XX, Max Planck (1858-1947) para poder explicar los colores que adoptan los objetos sólidos cuando se les sigue aportando calor continuamente y empiezan a refulgir con una incandescencia roja primero, amarilla después y por último blanca. Planck señaló que sólo puede entenderse ese proceso físico suponiendo que, al emitir luz, los átomos no expiden su energía como un flujo continuo, sino por fragmentos, en paquetes por así decir. Y que pueden liberar un cuanto de energía perfectamente definido precisamente efectuando un salto cuántico, como hoy sabemos, claro, pero como hubieron de aprender fatigosamente Planck y sus colegas. Para empezar, ya tuvieron dificultades simplemente para acostumbrarse a la idea de que, en la naturaleza, haya paquetes discretos. Hasta entonces habían creído que la realidad era un todo continuo y sin huecos. No es el caso.

La naturaleza tiene de suyo algo discontinuo —«cuántico»—; átomos y luz están «cuantificados», como se dice en la jerga, transformándose el increíble asombro del comienzo en prodigio inconcebible al final. Pues paradójicamente es esa fractura llamada cuanto, necesaria para un salto cuántico, la que hace de la realidad un todo coherente (véase «El duende de Einstein»).

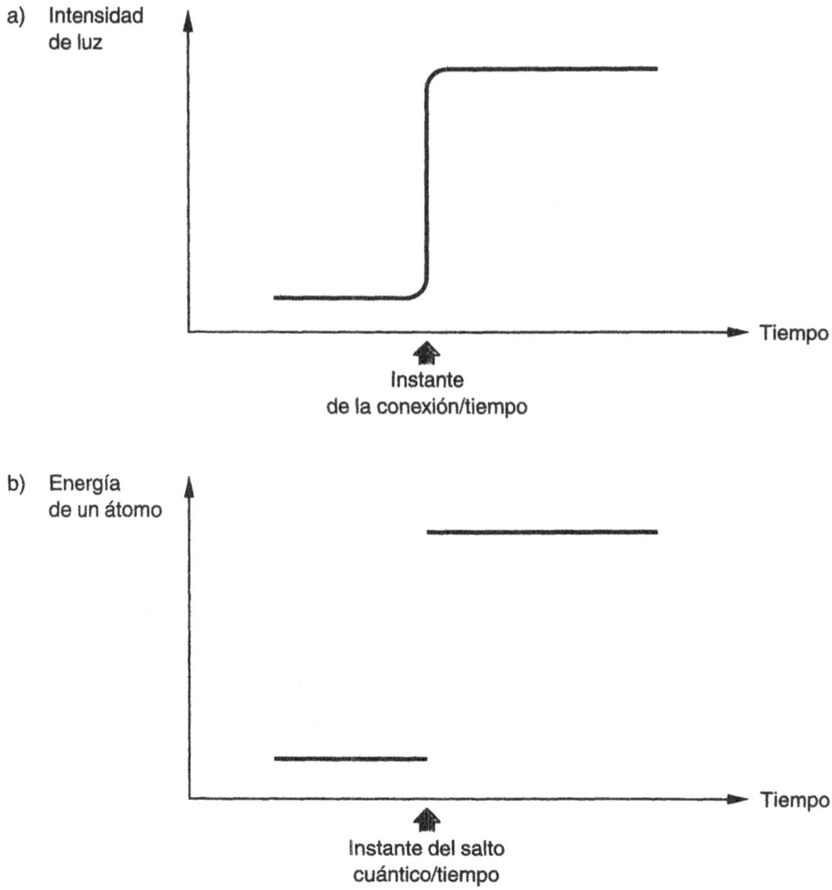

Un esperado salto cuántico de la economía, o el encendido de una lámpara, puede trazarse como línea continua (a); esto no sirve en genuinos saltos cuánticos de átomos (b). Para representarlos, hay que levantar el lápiz del papel. A diferencia de lo que ocurre en los libros de cuentas, en el acontecer natural aparecen agujeros que tenemos que aceptar. En efecto, la naturaleza da saltos. En la intimidad, es muy distinta de lo que se figuraron los hombres durante milenios.

Pero vayamos por partes: «cuanto» es una palabra que Planck tomó del uso cotidiano y precisó para uso de la Física. Por contra, «salto cuántico» es una expresión procedente de la Física que, sin embargo, ha venido a usarse comúnmente y hallado entrada casi sin ruido en el lenguaje coloquial, como «energía» o «gen». Algo que resulta notable en los tres casos mencionados, aunque sólo fuera porque, pese a parecer imaginables de entrada, luego nadie sabe exactamente qué quiere decir con tales conceptos. ¿O no piensa cada uno en algo distinto cuando dice energía? ¿Y no se hace cada cuál su peculiar imagen de qué son los genes?

En todo caso, de los saltos cuánticos cabe decir que, cuando los capos de la economía y otras fuerzas rectoras de nuestra sociedad los emplean con esa holgura, además de su acreditada flexibilidad demuestran no sospechar ni por asomo qué se quería significar originariamente con ese concepto, ni qué hizo y sigue haciendo difícil, pero a la vez tan rentable, el entenderlo. Cuando gerentes y empresarios hablan de saltos cuánticos en el desarrollo económico, tienen en mente un salto repentino y gigantesco hacia delante o hacia arriba, a cuyo término podrán las empresas que dirigen jactarse de grandiosos incrementos de beneficios. Si se dibuja tal curso del negocio en forma de balance gráfico, podría parecer un «salto cuántico» como el de la primera parte de la figura. Como vemos, la curva asciende muy abruptamente, pero en todo momento de tal manera que no hay que levantar el lápiz del papel para dibujarla. Eso es igual que el encendido de una lámpara, donde también parece hacerse la luz de la oscuridad sin la menor dilación, pero sólo si se mira sin suficiente atención. En ello, se reconocerá un incremento nada pausado, desde luego, pero pese a todo paulatino, si se mira con detenimiento. Desarrollo económico o paso de corriente ya pueden discurrir vertiginosamente aprisa, que ambos avanzan continuamente; y preferentemente, hacia lo más alto o el esplendor.

No es así en un auténtico salto cuántico de la naturaleza. Para dibujarlo, hay que levantar el lápiz del papel. Las transiciones en el mundo cuántico discurren de modo totalmente distinto que en el mundo de los negocios o en nuestro cuarto. De modo que sólo (con restricciones, si acaso) valen como modelo de un soñado crecimiento económico, habiendo además otras dos razones para ello. Los saltos cuánticos, primero, llevan casi siempre hacia abajo, a un estado fundamental en que todo está tirado por ahí descuidadamente y no pasa nada más, y segundo, ofrecen el mínimo cambio posible en la naturaleza. Sólo pasaría menos si nada pasara, y uno puede preguntarse cómo es que el salto cuántico, con semejantes dotes, hizo carrera hasta los pisos superiores de la economía.

La entrada en escena del cuanto

En general, se plantea la cuestión de cómo se las arreglan palabras como «energía potencial» e «información» para abandonar la presunta torre de marfil de la ciencia y proporcionar material de conversación hasta en los bares (mientras otras como «entropía», «enzima» o «genoma» naufragan en el intento). Pese a ser tan acuciante, no intentamos responder aquí a esa cuestión, sino que nos dirigimos finalmente al cuanto, que en este singular procede del latín, donde indica una cantidad, y en el uso cotidiano [del alemán] comprende también la cantidad adecuada de una cosa o la que corresponde a una persona (uno puede recibir y consumir su *quantum*, pongamos, de golosinas).*

Esta vetusta palabra recibió en 1900 un significado nuevo y sumamente preciso, sin que el artífice de tal cambio pudiera figurarse ni por asomo que con ello estaba urdiendo la trama de una revolución científica sin par. El 14 de diciembre de 1900, un Max Planck de 42 años, profesor de Física teórica en la universidad de Berlín, declaraba en una sesión de la Sociedad Física Alemana que había logrado aclarar un antiguo problema de la Física de una manera nueva: se trataba, claro está, de lo que correctamente presentó como «cuanto de acción»** y designó con la letra *h* con que se ha quedado hasta hoy.

Revisando la literatura, el porqué de esa asignación de la hache minúscula no se explica en absoluto, a menos que proceda de que las tres primeras y las tres últimas letras del alfabeto están ocupadas por la Matemática, prefiriendo así la Física buscar sus constantes en los alrededores de la *i* y la *j*, asimismo ya utilizadas. Y ahí quedaba libre la hache, luego de haber introducido la *k* en las leyes de la Física el mismísimo Planck. La explicación cuadra, cierto, pero suena demasiado aburrida para magnitud tan importante; y tengo para mí que Planck, inconscientemente, no escogió una letra que por azar se hallara libre, sino una que le pareció adecuada al problema. Al cabo, la hache es no poco superflua, pues [en alemán] se pronuncia apenas, y en cuanto a eso

* Lo que significa que, de haberse inventado en castellano, esa disciplina se llamaría mecánica «tántica», y hablaría de «un tanto» de acción. (*N. del t.*)

** En lugar oportuno se aclara más adelante una ambigüedad de esa traducción, «acción». (*N. del t.*)

de que no obstante se la echaría en falta dolorosamente en muchas palabras, de eso nada. De vernos obligados a sacrificar una letra de nuestro alfabeto, la hache sería una buena candidata. Como veremos, Planck también consideraba a su cuanto superfluo físicamente, y de hecho se lo figuraba casi inexpresable (véase «El principio de Planck»).

Los colores de los cuerpos negros

El problema físico de que a la sazón se ocupaba Planck resulta más bien trivial a quien se familiariza con él por primera vez. Gira en torno a la luz que emiten objetos calientes que la Física, curiosamente, llama «cuerpos», aun cuando albergan tan poca vida como los «cuerpos celestes».*

Al aportarse calor a un objeto voluminoso, pongamos un lingote de hierro, se puede observar cómo cambia de color. Los físicos gustan de trabajar con cuerpos negros por buenas razones, pues no reflejan luz alguna y, en consecuencia, su luminiscencia viene condicionada sólo por la temperatura. En ellos tratan de seguir el proceso por el que desaparece paulatinamente la apariencia incolora y el calor lleva a una coloración primero roja y luego amarilla, que en ese material en concreto va a resultar finalmente en incandescencia blanca.

Físicos anteriores a Planck, entre los que destaca su predecesor en Berlín, Gustav Kirchoff, habían medido con suma exactitud qué luz liberan en esas circunstancias cuerpos inicialmente negros, y podían señalar que era inherente a su irradiación una altísima regularidad. Los colores no se producían como efectos lumínicos al azar, antes bien desvelaban una ley general de la naturaleza. Algo así tentaba a Planck. Sólo que esa ley, ¿qué aspecto tendría? ¿Cómo podría encontrarse? ¿Con qué métrica y qué matemática podría llegar a formularse?

No le faltaban competidores a Planck, como es natural, en esa búsqueda a la que se llamaba «ley de irradiación» en los círculos de la profesión. Había un montón de propuestas que trataban de predecir qué color adoptaría un cuerpo negro llevado a una determinada temperatura.

* El latinismo «*Korps*» sólo se usa en sentido abstracto, como aquí o en el Afrika Korps; para el cuerpo en sentido anatómico-forense se usa *Leib*. (*N. del t.*)

Eso era precisamente lo que debía ser capaz de hacer la ley de irradiación, o la fórmula en que consistiera: calcular a partir de la temperatura del cuerpo negro el color de la luz irradiada.

La tarea no suena tan dramática que cupiera esperar de su solución una revolución, pero, aun tras el más pequeño problema, puede acechar una profunda intuición que, cumplida, cambie al mundo más que la mayoría de empresas militares que cuentan nuetros libros de historia. La solución de Planck a la cuestión de la irradiación de cuerpos negros —mediante la introducción de saltos cuánticos— es uno de tales casos, aun cuando ello no se echara de ver inmediatamente cuando, en diciembre de 1900, presentó su propuesta de solución explicando el camino seguido.

La ley de irradiación de Planck trata de la energía de un cuerpo negro e indica su espectro. Hay varias formulaciones de esa ley, en absoluto sencilla. Anotaremos aquí la que conocen los físicos como densidad espectral de energía (designada por la letra E). Depende de la frecuencia de la luz, v, la temperatura del cuerpo negro, T, y unas constantes físicas llamadas h, k, c. La letra griega π significa como siempre la razón de circunferencia a diámetro, y la e, el número de Euler (véase el capítulo de igual título). Nos interesa sólo la constante h, que procede de Planck y se conoce como cuanto de acción. Expresado en unidades físicas que son producto de energía y tiempo, su valor se enuncia así:

$$h = 6{,}6256 \cdot 10^{-27} \text{ erg} \cdot \text{sek}$$

$$E\,(\nu,T) = (8\pi h \cdot 3/c^3) \cdot (1/(e^{h\nu/kT} - 1)$$

Oscilaciones discretas en los átomos

Planck había revisado viejas tentativas de solución de colegas suyos, fundadas todas en que la materia consiste en átomos que oscilan de alguna manera y pueden así tomar y dar energía. La Física clásica trataba a los átomos como cuerdas vibrantes de un piano, planteando así un problema al parecer irresoluble. Al pulsar una de sus teclas, se van poniendo en movimiento las demás cuerdas cada vez más. La Física incluso tenía formulado un principio específico: el de «distribución uniforme de la energía». En la práctica pianística no llega a tener vigencia alguna, pues nadie toca tan despacio que de una nota llegue a hacerse una papilla sonora. Pero, tratándose de átomos que se van calentando, no hay ninguna prisa. Podía mantenerse fija la temperatura de un cuerpo y esperar a que todos los átomos se calentaran; y ahí estaba el problema. Si queremos comparar el trozo de materia caliente con el piano, a la hora de estudiar la distribución de energía tenemos que poner muchas teclas y muchas cuerdas a considerar. De todos modos, la mayoría producirían sonidos inaudibles, con la consecuencia de que, según el principio de distribución uniforme, ya no oiríamos nada. En el caso análogo del cuerpo negro calentado, predecía la Física tradicional que su irradiación se haría invisible, algo que era a ojos vistas un desatino. Los cuerpos emiten incandescencia en colores y explicarlo exigía una idea nueva que se le vino a la cabeza a Planck en 1900.

Él quería atenerse incondicionalmente a la distribución uniforme, lo que significaba suponer de entrada que todos los átomos oscilaran por igual. Tras lo cual acabó decidiéndose, en un «acto de desesperación» como le llamó él mismo, a ver la energía liberada como «una suma de elementos discretos e iguales», expresando así por vez primera en palabras lo que hoy conocemos como «cuantos», o en latín, «*quanta*», justamente elementos iguales de la naturaleza .

¿Cómo solucionaban éstos el problema arriba descrito de los colores que deberían volverse invisibles? Mientras la energía pueda distribuirse de modo continuo, seguirá difundiéndose por lo ilimitado y dejando en el ámbito de lo visible demasiado poco para que sea aún perceptible. Ahora bien, si la energía apareciera sólo en unidades discretas y en esa forma se repartiera uniformemente, entonces habría un límite a su difusión. Si la puerta de unos lavabos públicos sólo puede abrirse con monedas de un euro, entonces todos los céntimos del mundo que llevara en mi monedero de nada me servirían, aunque tuviera una necesidad apremiante. No podría dar curso tampoco a mi dinero, como el cuerpo calentado no puede dárselo, según prescribe la Física, a la energía que se le proporciona. La naturaleza cuántica de la energía impide que pueda distribuirse a placer; sigue anclada en la franja de lo visible, como pudo calcular Planck con precisión y en la mayor concordancia con los datos experimentales.

El fin de la Física clásica

Por tranquilizador que fuera ese resultado, algo en él irritaba a Planck desde el principio (y así siguió hasta el fin de sus días). Para que los elementos discretos de energía permitieran deducir la fórmula correcta de irradiación, tenían que estar forzosamente vinculados a los colores, a la frecuencia de la luz, y además de manera totalmente simple y directa: cada unidad energética de luz tenía que ser proporcional a su frecuencia.

La palabra «proporcional» expresa, como se sabe, que dos cosas están vinculadas muy estrechamente; el camino cubierto es proporcional al tiempo que se lleve de camino (siempre que uno no se haya parado a mirar el paisaje o recobrar el resuello), y el importe a pagar por la gasolina al repostar es proporcional a la cantidad sacada del surtidor. Así, nos interesan mucho los factores que expresan proporciones. En las discusiones se vuelven nombres llenos de contenido y desempeñan un papel muy señalado. En el primer caso, ese factor es la velocidad; en el segundo, el precio; y en el tercero, es el cuanto de Planck que, de ese modo, se ha abierto camino en la historia de la Física.

Quien quiera obtener información sobre el cuanto en libros o en Internet debe buscar «cuanto de acción» [*Quantum der Wirkung*],* pues con ese preciso nombre lo bautizó Planck. De todos modos, no se entiende por «acción» lo mismo a que se alude, por ejemplo, cuando se habla de la acción de una aspirina sobre la jaqueca. Esa «acción» es antes bien un término definido con precisión por la Física, y resulta de multiplicar entre sí energía y tiempo.

Se vio forzado Planck a introducir una magnitud así —acción— para poder comparar la energía de la luz con su frecuencia. Se entiende por frecuencia de un suceso lo habitual de su aparición, y se indica con una cantidad por unidad de tiempo. Para poder comparar esto con un valor de energía tiene que ser multiplicado por una acción: el cuanto de acción.

* En puridad, «*Wirkung*» significaría «efectuar», hacer efectivo o actual, mientras «acción» se dice *Tat* o *Handlung*, según contextos. Hay que señalar que el término está estrechamente asociado por su raíz verbal (*wirken*) a «realidad», *Wirklichkeit,* que en alemán significa más literalmente, «efectividad» o «actualidad». Por darle expresión aproximada en castellano, ello hace que discutir la «realidad efectiva» como «un tanto de efección» o la «realidad actual» como «tantos de actualización» se encuentre necesariamente muy cerca de la paradoja. (*N. del t.*)

Mientras esto fuera pura prescripción matemática, Planck podía sobrellevarlo. Pero tal esperanza se reveló falaz. Duró sólo cinco años. Entonces, un empleado a la sazón desconocido de la oficina de patentes de Berna, llamado Albert Einstein, logró por primera vez dar auténtico uso al cuanto de Planck, demostrando que no se trataba sólo de una magnitud auxiliar del cálculo, sino de una realidad física.

A sus 26 años, Einstein trataba de comprender ciertos experimentos en los que ocurría a los cuerpos negros lo contrario que en el caso de Planck. Mientras éste quería saber cómo surge luz de la materia, Einstein quería entender cómo discurre el proceso inverso y la luz vuelve de nuevo a la materia. Haciendo circular radiaciones adecuadas por un hilo eléctrico se podía aumentar su conductividad, y Einstein descubrió que la idea de Planck, según la cual la energía de la luz viene dada por su frecuencia, podía aclarar con exactitud y en todos sus detalles los resultados de las mediciones.

El divertimento matemático de Planck se había vuelto asunto serio para la Física, lo que traía más preocupaciones al descubridor de los cuantos. Hondamente arraigado en la tradición de su ciencia, entre los logros mayores de la Física se contaban lo que sus creadores gustaban de llamar «principios». Y el primero, al que Planck reverenciaba casi como sagrado, afirmaba que la energía permanece constante en el mundo. Sea lo que sea ésta, no se puede crear ni aniquilar. Permanece indestructible y sólo puede cambiar de forma: de cinética a térmica, o de eléctrica a magnética, por mencionar sólo dos ejemplos que podrían asimismo discurrir a la inversa.

La energía permanece constante, así rezaba la convicción que Planck defendía firmemente y casi con fervor religioso, y ahora resultaba que tenía que ser proporcional a una frecuencia, algo que tan sólo cabe medir por un número de pulsaciones, tic-tac, tic-tac, sin que la Física supiera qué es lo que pasaba entretanto.

Con la idea de Einstein, estaba ya claro en 1905 que el cuanto de acción de Planck ponía a la ciencia ante un salto cuántico.

A despecho de tantos conjuros y admoniciones de siglos pasados, la naturaleza daba saltos y, aun cuando nadie supiera aún cómo salvar o colmar los lugares vacíos del mundo que así se hacían visibles, con su ayuda pronto hubo sin embargo una primera consolación filosófica. Como enseguida se puso de manifiesto, justamente esa naturaleza cuántica del átomo velaba por que no fuera tan fácil sacarlos de sus casillas y su natural constitución. Dicho positivamente, con el descubrimiento de Planck, se les escapaba a los átomos y otros hechos la posibilidad de cambiar a hurtadillas y casi imperceptiblemente. Al contrario, para cambiar algo en su estado tenían que llevar a cabo saltos cuánticos y, en la mayoría de casos, su energía no alcanzaba para ello. De ese modo se pudo explicar de repente por qué podía haber un mundo estable. El cuanto de acción —lo cuántico de la naturaleza— impedía que los átomos tuvieran un desliz y se disolvieran en la nada. Y aun cuando hubieran logrado procurarse de alguna parte el impulso o la energía necesaria para un salto cuántico, tan sólo aterrizarían en un nuevo estado cercado por un muro cuántico aún más alto. De hecho, los saltos cuánticos aclaran ante todo qué es lo que le hace tan difícil a la naturaleza cambiar. Más difícil, además, tras dar cada uno de tales pasos.

Pese a ello, es de suponer que el favor de que gozan los saltos cuánticos en discursos solemnes cambiará por ello tan poco como la aversión o el escepticismo de Planck para con su descubrimiento, que no disminuyó ni siquiera cuando por él se le distinguió con el premio Nobel de Física (1918), siendo además el primer investigador teórico de su disciplina en recibir tan alta distinción. El fundador, Alfred Nobel, quería recompensar sólo progresos científicos de provecho práctico. En el caso del cuanto de acción no se veía que cumpliera esa condición. Si alguien les hubiera dicho que, a comienzos del siglo XXI, gran parte de la economía mundial sacaría provecho de productos que los seres humanos sólo pudieron desarrollar por conocer el cuanto de Planck, no lo hubieran creído nunca.

La indeterminación de Heisenberg

Habitualmente son los profesores universitarios quienes imponen tareas a sus estudiantes; sin embargo, en los años veinte se dio una vez el caso inverso. En aquel tiempo, los físicos llegaron a formular por primera vez una teoría en que el comportamiento de los átomos admite describirse con tal precisión que permite predecir fiablemente todos los resultados experimentales. Cierto que, en los años anteriores, ya se habían propuesto y discutido algunos modelos atractivos de átomo, pero había siempre demasiadas discrepancias con las observaciones. Algo no encajaba en el bonito cuadro que se pintaba en pizarras y cuadernos. Pero, ¿cómo podía ser?

Entre los padres fundadores de la nueva Física atómica, había que contar al joven Werner Heisenberg (1901-1976), a la sazón un joven de veintiséis años que, ya a esa edad, se había hecho un renombre en la universidad de Leipzig y enseñaba allí la nueva Física. De todos modos, lo que exponía acarreaba toda clase de dificultades. Su teoría era hasta tal punto imposible de visualizar que, aun con la mejor voluntad, no podía uno hacerse una simple imagen de un átomo. En esa situación casi desesperada, un estudiante se arriesgó a plantear a su profesor una pregunta a primera vista muy simple. Quería que Heisenberg le explicara por qué, sencillamente, no se construía un microscopio que permitiera ver un átomo. Si el aparato era suficientemente bueno, debía poderse ver cómo se comportan los electrones y cómo está formado el núcleo. ¿Era que no se quería construir tal microscopio, por ser demasiado caro, o no se podía construir porque algo en las leyes de la naturaleza lo impedía?

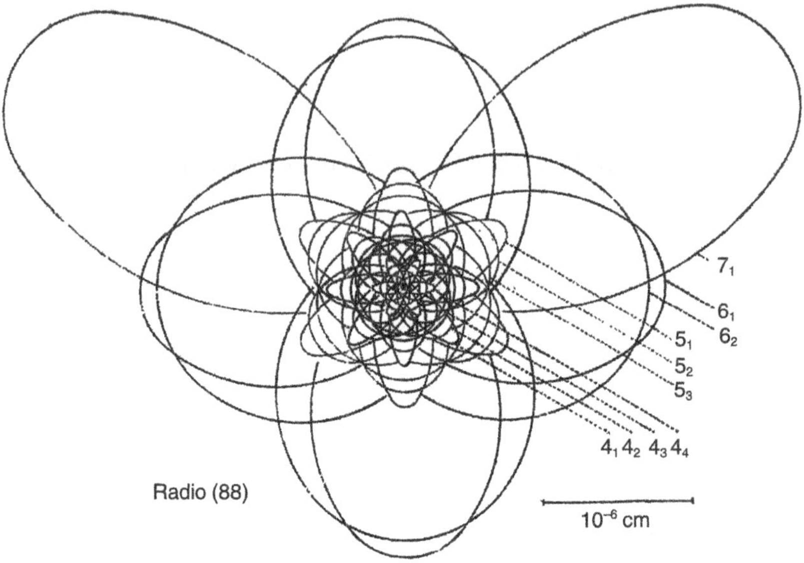

Átomo de radio como modelo con órbitas electrónicas fijas (según Niels Bohr).

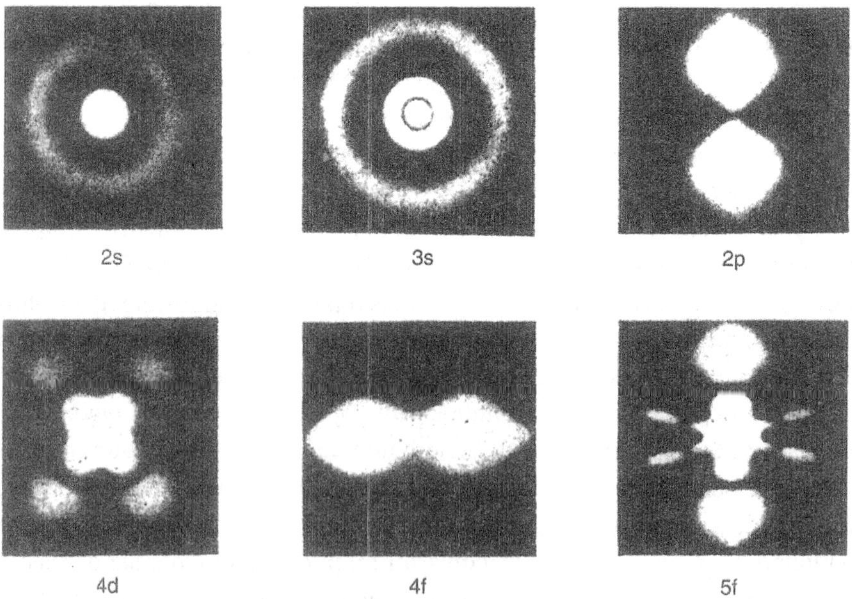

Átomos tal como los ve la Física reciente: nubes de probabilidades en lugar de órbitas.

Los primeros físicos que, en torno a 1900, se ocuparon seriamente del aspecto del átomo aún suponían que había de tratarse de algo parecido a la masa de un pastel de pasas en que electrones cargados negativamente podían dar vueltas por una pasta cargada positivamente. En torno a 1912, hallazgos experimentales certificaron la necesidad de asignar a la parte positiva la masa principal del átomo. De ahí salió el modelo de un núcleo átomico en torno al cual giran los electrones en órbitas calculables. Nombra la historia de la ciencia, como creador de ese modelo atómico tan popular hasta hoy, al danés Niels Bohr, sobre el que corren muchas historias (véase «La herradura de Bohr»). Cabe sospechar que aún hoy es en esta imagen en la que piensan muchos cuando tienen que figurarse un átomo. La cosa no podría ser más graciosa, puesto que las órbitas ahí dibujadas no existen en realidad. En efecto, la moderna comprensión del átomo comenzó con la idea que el joven Werner Heisenberg formulara en la frase: «La trayectoria de un electrón surge sólo porque la observamos» . En torno a esto gira el texto principal de este capítulo. Se vuelve así más difícil imaginarse un átomo. Los manuales modernos, por ejemplo, presentan formas nubosas en que los electrones se encuentran con mayor o menor probabilidad. Pero acaso no podamos hacernos de ninguna manera una imagen del átomo porque la naturaleza, posiblemente, no tiene aspecto alguno, como conjeturara una vez el pintor Willi Baumeister.

Una mirada al átomo

Heisenberg encontró juiciosa la pregunta y se puso a cavilar. Los átomos que su estudiante y él querían ver eran muy pequeños, incluso «extremadamente pequeños» o «sumamente diminutos». Los físicos emplean muchos ceros para indicar sus medidas, sin poder figurárselas realmente. Para eso usan una unidad propia, bautizada con el nombre de un astrónomo sueco, Anders Ångström, que en el siglo XIX indagó el espectro solar. Cuando un científico quiere expresar fracciones prefiere escribirlas con exponentes negativos. Para expresar 1/10, escribe 10^{-1}, en lugar de 1/100, 10^{-2}, si quieren expresar 1/1000, 10^{-3}, y así sucesivamente; esto significa, por ejemplo, que 1 milímetro (mm) es 10^{-3} metros. Pues bien, un Ångström mide 10^{-10} metros, que ciertamente puede anotarse fácilmente con esos dos dieces sin que disminuya por eso la dificultad de imaginárselo.

Por intentarlo que no quede, y así, una y otra vez se ha propuesto partir de una magnitud dada y contraerla paso tras paso a la décima parte, operación que en conjunto habremos de hacer diez veces. Empecemos por ejemplo con un brazo, que mide alrededor de 1 metro. Si dividimos esa extensión por diez, vamos a parar a los 10 cm, y así, a un dedo. A este primer paso sigue el que nos lleva de 10 cm a 1 cm, que corresponde a una uña. Dividamos esa longitud (1 cm) de nuevo por diez, alcanzamos 1 mm. Y con ello, pongamos por caso, el grosor de un cabello.

Tras estos tres primeros pasos, el descenso se hace más difícil, pues dejamos los territorios conocidos de lo visible que nos es familiar y nos adentramos en regiones microscópicas. Aquí no lo haremos paso a paso, sino de un salto gigantesco equivalente a todo lo anterior: tres pasos de una vez, para pasar de los milímetros a los micrometros, pues ahí nos encontramos algo que por lo menos nos suena de nombre: células biológicas. Cuán diminutas son en realidad puede figurárselo uno pintándose en la piel de la mano un punto con un pincel de un pelo. Suponiéndolo de 1 milímetro de grosor, su diámetro está constituido por 1.000 células.

Siendo así de pequeñas las células, no hemos llegado ni de lejos a nuestra meta. Figurémonos una célula con forma de estadio de fútbol, y los espectadores seremos los átomos hasta los que ahora queremos llegar. Para acercarnos hasta ellos debemos pelearnos otras tres gradas de una vez. Entonces llegamos a la esfera del nanometro, palabra que hoy debería resultarnos familiar gracias a las difundidas fantasías a cuenta de las posibilidades de la nanotecnología; donde la cuestión menos importante no es el desplazamiento controlado de átomos, del que podemos sacar conclusiones sobre su magnitud, alrededor de la décima parte de un nanometro, que es precisamente la unidad arriba mencionada, un angstrom.

En la vida cotidiana, para averiguar qué aspecto tiene un objeto introducimos luz visible. A fin de cuentas, uno sabe que sus longitudes de onda son mucho más pequeñas que el objeto que se trata de captar. Eso ya no es acertado en el plano de unos átomos mucho más pequeños que, tomados de uno en uno, la luz superaría de largo literalmente. Quien pretenda poner bajo una lente o hacer visibles en un microscopio atómos con la mencionada magnitud —o más bien pequeñez— tiene que hacer intervenir una radiación cuya longitud de onda sea claramente más pequeña. La luz visible, con longitudes de onda de muchos cientos de nanometros, está descartada, y así se explica por qué no pueden verse átomos en un microscopio lumínico (si la palabra luz sólo significa «visible para nuestros ojos»).

Ahora ya sabemos que, para observar átomos directamente, se necesita luz invisible con longitudes de onda extremadamente pequeñas, y ésas, lo enseña la Física, disponen de una energía extremadamente grande. Una energía que alcance el átomo apuntado con todo su ímpetu, y la pregunta es qué resulta de ahí que pueda verse o en su caso establecerse en firme.

La trayectoria observada

Heisenberg, en sus cavilaciones, llegó enseguida a percatarse de que no se puede ver un átomo en el mismo sentido en el que contemplamos un modelo suyo, sino tan sólo dónde está y cómo se mueve: pero aun eso no es en absoluto sencillo. En el supuesto de que uno quiera saber con la mayor precisión posible dónde se encuentra un átomo, entonces la longitud de onda de la luz de observación introducida tiene que ser lo más corta posible. Eso significa que golpea al átomo una energía particularmente alta, con lo que no es de extrañar que resulte expulsado de su posición. A la inversa, si uno quiere saber cómo se mueve el átomo, debe perturbarlo con la menor energía posible. Las radiaciones usadas en la medición deberán ser entonces de una longitud de onda tan larga como se pueda, con la consecuencia de que permitirán reconocer más bien con imprecisión en qué posición se encuentra el codiciado objeto atómico del deseo.

En la comprensión de estas relaciones comienza el camino que lleva a lo que hoy seguimos llamando, con una expresión un tanto imprecisa: «imprecisiones [o incertidumbres] de Heisenberg». Fórmula que expresa el hecho de que aun el mejor de los microscopios no puede determinar con precisión lo que nos interesa de un átomo. O bien éste no se encuentra exactamente donde se le supone, o bien se mueve más deprisa de lo que puede verse. Puede que esto sea una lástima, e irritante para los estudiantes que quieran hacerse una bonita imagen del átomo, pero nada de lo descrito hasta ahora suena excitante en absoluto. Uno podría sentirse inclinado a despacharlo, ligeramente aburrido, como un problema técnico de inexactitudes en métodos de medición, donde se ha de pelear constantemente como es sabido con desviaciones e imprecisiones.

Pero es que Heisenberg en sus cavilaciones no se quedó ahí. Después de todo, su carrera en Física había empezado con la idea citada arriba en el cuadro, «la trayectoria de un electrón surge sólo porque la observamos». Esto significa también, naturalmente, que la trayectoria de un átomo en el microscopio de que se hablaba sólo llega a surgir porque alguien lo coloca bajo el visor. En otras palabras: aquello que Heisenberg acabó descubriendo al cabo de sus cavilaciones, ya no se trata de una inocua imprecisión, sino de que en el átomo no hay nada que pude establecerse con precisión.

Lo que Heisenberg descubrió realmente se llama indeterminación de la realidad, y el término expresa con exactitud de qué se trata. Un átomo es indeterminado, no tiene propiedades determinadas si nadie se ocupa de él. En ningún caso tiene las propiedades que un observador humano determina en un experimento, pues «la trayectoria de un átomo surge sólo porque la observamos». Esto es válido no sólo para la trayectoria, sino también para la posición, velocidad y otros parámetros. Describimos átomos y otros objetos de investigación física con propiedades que proceden del ámbito de nuestra experiencia. De entrada suponemos por buenas razones que los átomos tienen, como las naranjas o los neumáticos, un lugar, un perímetro, una temperatura y cosas parecidas, pero en un momento dado nos percatamos de que, con ello, sólo le estamos cargando con la responsabilidad de nuestras descripciones y observaciones. Muchas cualidades que nos son familiares en la vida cotidiana no tienen ningún sentido en el átomo. La temperatura de un gas, por ejemplo, resulta del movimiento de sus moléculas, y en un átomo algo así se puede dar tan poco como que un átomo se rompa contra una esquina. Del mismo modo, si se considera con detenimiento, tampoco puede haber en un átomo ningún campo eléctrico, puesto que, para determinarlo, se precisa un cuerpo de prueba con carga eléctrica. Como ha de estar compuesto por átomos, no puede estar en uno de ellos.

Indeterminación en la vida cotidiana

Así pues, los átomos son diferentes, y lo que en ellos es diferente se muestra ante todo como indeterminación. Aquél a quien le cueste esfuerzo acostumbrarse a esta idea y busque una comparación en terrenos más familiares puede pararse a pensar en que en la vida a menudo es indeterminado qué va a pasar a continuación. Sólo llega a determinarse mediante una pregunta (o un experimento). Por ejemplo, alguien que va a un restaurante casi nunca sabe por adelantado qué escogerá de la carta. Y puede que sólo cuando viene el camarero llegue a saber si quiere una sopa o no, y qué va a beber. Si nadie le preguntara, el cliente seguiría indeterminado. Se decide cuando alguien investiga al respecto (el camarero, casi siempre).

Así, indeterminación es menos un estado desconocido que la posibilidad de acabar con él mediante indagaciones a propósito. Lo particularmente hermoso en la indeterminación de Heisenberg está en que también se le puede dar un giro positivo: en tanto se deje a un átomo en paz y a lo suyo, mantiene abiertas todas sus opciones. Puede adoptar en cualquier momento cualquier propiedad que la naturaleza le permita. Un átomo es la suma de sus posibilidades. Si se le pregunta, en un experimento, qué es realmente, tiene que decidirse por alguna, que viene entonces a ser su realidad.

Por eso nos suena esclarecedor lo que Heisenberg descubre: al fin y al cabo, nosotros mismos nos vemos como la suma de nuestras posibilidades. Aun así, la idea de indeterminación le resultaba inquietante cuando la concibió; con ella había descubierto que la causalidad tiene límites en el mundo físico, pues, cuando un átomo depone su indeterminación, lo hace sin causa. ¿De verdad es así, sin más? ¿O interviene algo más completando la ley de causa y efecto?

Una experiencia mística

Para responder a esta pregunta hay que saber cómo llegó a ocurrírsele a Heisenberg la idea de átomos indeterminados. Premisa para ello fue una experiencia vivida a mediados de los años veinte que le permitió transformar una primera teoría cuántica del átomo en una Mecánica cuántica completamente nueva. En su autobiografía «La parte y el todo» (*Der Teil und das Ganze),* describe su irrupción de tal manera que algún lector puede sacar la impresión de hallarse ante una experiencia mística. Heisenberg sabía que la vieja teoría cuántica, con sus abruptas transiciones en los átomos, no podía ser del todo falsa. Predecía, con no poco acierto, qué luz emitirían los átomos en que los electrones llevan a cabo saltos cuánticos. Pero en esos saltos los electrones deberían cambiar sus trayectorias, y ahí es donde Heisenberg recelaba.

Los físicos podían ver la luz proveniente del átomo, cierto, pero no así la trayectoria, forzosamente en su interior. ¿Forzosamente? ¿La había en realidad? Porque el caso es que no podía verla nadie. ¿Cómo empeñarse entonces en calcular algo que nadie podría observar nunca? Bastaba sin embargo desarrollar una teoría atómica que indicara qué luz irradia el átomo en determinadas condiciones.

Heisenberg se decidió por interpretar todo lo alcanzado hasta la fecha de una manera nueva, convencido de que la energía se conserva en todo cuanto pasa en la naturaleza y, por tanto, también en los átomos, y con ese presupuesto comenzó una tarde con esa tarea: ordenar de nuevo y relacionar sus signos matemáticos.

Mientras lo hacía, aumentaba su excitación interior. En el papel iban apareciendo fórmulas que se iban confirmando a ojos vistas. Aun mucho después de medianoche, ni pensar en dormir. Notaba cómo se iba alzando la niebla que, en los últimos días, le había impedido ver y, de repente, había desaparecido. De golpe invadió a Heisenberg, a la vista de sus fórmulas y cálculos, el sentimiento de estar a punto de hallarse cara a cara con la verdad. Revisó sus fórmulas, las sentía en armonía con la naturaleza y, en los símbolos y signos matemáticos que había desplegado por el papel, reconoció la descripción del átomo tan largamente buscada.

Al revisar más tarde lo hallado, Heisenberg comprobó, para su sorpresa primero y la de sus colegas después, que aquello con que se había topado en el papel (escrito allí por su propia mano medio en sueños) no representaba a la naturaleza, sino que le daba forma. Con lo cual sabemos también qué es lo que completa la causalidad para comprender los átomos. Nosotros tenemos que darles forma, y justo así procede la ciencia, aun cuando no siempre se diga explícitamente.

Heisenberg había descubierto aún más que eso. Su descripción de la realidad sólo podía tener éxito con magnitudes que no se dan en esa realidad. Había encontrado leyes para el átomo, y correctas sin duda como hoy sabemos, pues seguimos aprovechándolas con gran éxito hasta en economía, pero no trataban de parámetros conocidos como posición o velocidad. Tales datos admiten calcularse a partir de las leyes o las ecuaciones de Heisenberg. Pero esa operación ha de emprenderla de nuevo un observador humano, como el que lleva a cabo un experimento para determinar un átomo.

El gato de Schrödinger y la Luna de Einstein

Aquello que muchos contemporáneos encontraban y encuentran difícil en la Física de Heisenberg puede expresarse con el concepto «subjetividad». Pues de algún modo, empero, forma parte del patrimonio de la ciencia hacer que impere la objetividad y alcanzar de los objetos de la naturaleza conocimientos independientes del observador que de ellos informe. Los puntos de vista subjetivos, naturalmente, son el pan nuestro de cada día en otros terrenos de la cultura, pero no se les ha perdido nada en la ciencia; así se pensaba hasta que llegó la Mecánica cuántica y Heisenberg descubrió la indeterminación, que deja en manos de un sujeto la posibilidad de determinar a la naturaleza.

En la práctica, el resultado físico de esa experiencia mística no levantó entusiasmo general. Al contrario: grandes investigadores del momento alzaron agrias protestas contra el planteamiento de Heisenberg; entre otros, Erwin Schrödinger, quien le echó a su gato para que le arañara los muebles nuevos a esa nueva Física átomica (aunque le salió el gato por la culata, como se menciona en «El gato de Schrödinger»). Pero sobre todo, también Albert Einstein, a quien no le cabía en la cabeza que los fenómenos de la naturaleza dependieran de que alguien los observara. De cualquier modo, la Luna sigue estando en el cielo cuando nadie la mira, como una vez dijera con su inimitable laconismo para expresar su rechazo a la indeterminación. (Einstein se enfadaría no poco con algunos físicos contemporáneos que han bajado su pregunta del cielo a esferas más terrenales y pretenden saber si un espectador puede determinar el resultado del partido de fútbol que contempla. Pregunta que puede complicarse a voluntad si uno se para a pensar en los espectadores que no se hallan sentados en el estadio sino ante sus televisores).

En defensa de Heisenberg ha de señalarse para empezar, muy en general, que, desde los tiempos de Immanuel Kant, el pensamiento filósofico sobre la naturaleza hace pública profesión de ese punto de vista, que los humanos no encuentran leyes en la naturaleza, sino que se las prescriben, pero en cambio hacen mutis de puntillas cuando alguien se atreve a llevarlas a la práctica. Las leyes de la naturaleza no proceden de la naturaleza, sino de los humanos, y la Luna que recorre el cielo es descrita mediante parámetros que sólo nosotros hemos hecho y entendemos. La Luna que sale un día determinado en un minuto establecido por un punto geográfico inequívocamente conocido, esa luna sólo existe porque nosotros la describimos con esos parámetros y desde un punto de vista escogido por nosotros. Por sí misma no se rige por tales parámetros. Naturalmente, hay Luna independientemente de eso, tal como se dan los átomos y su realidad con independencia de que alguien los mida experimentalmente, los calcule teóricamente o los determine comoquiera que sea.

Al menos en el caso de la Luna, empero, aún hay más; a saber, la diferencia entre el satélite que los físicos pueden calcular y el fenómeno celeste que los humanos experimentan. En cierto modo, qué es exactamente la Luna es indeterminado en tanto no la encajemos en el contexto apropiado. Es insensato figurarse a un físico enamorado que en una noche de plenilunio empiece a calcular para su amada coordenadas y períodos orbitales. Para eso ya hay tiempo de día en otros lugares. Heisenberg nos abrió la posibilidad de determinar también cómo vemos los átomos: entre otras posibilidades, como figuras simétricas que dan estabilidad al mundo y ponen el fundamento para que podamos correr de aquí para allá sobre la Tierra.

La herradura de Bohr

La historia de la herradura de Bohr se cuenta enseguida: se trata del gran físico danés Niels Bohr (1886 a 1962), quien había comprado para el veraneo de su familia una casa al norte de Copenhague sobre cuya puerta de entrada lucía, imposible de ignorar, una herradura. No cumplía allí ninguna función determinada, como reforzar el cercado por ejemplo, sino que estaba allí, cabía sospechar, colocada por algún propietario anterior para que le trajera suerte. En la temprana historia europea, hallar una herradura se tenía por buen presagio, con lo que algo tendrá que ver seguramente la tradición de considerar valioso y aprovechable el metal trabajado en ella.

Pues bien, los Bohr solían invitar a físicos a su casa de verano, y algunos se extrañaban de la herradura. «Mi querido Bohr —le decían los más atrevidos de sus huéspedes—, ¿no nos irás a decir que eres superticioso y piensas que la suerte depende de una herradura?» «No —parece que respondía Bohr—, claro que no creo en herraduras; pero he oído decir que en ellas, incluso sin creer, surten efecto.»

Historias de Bohr

Esa anécdota es una ocurrencia que hace patente algo del ingenio dialéctico de Bohr; y quien no se sienta intimidado por tratarse de un físico, aún podría contar de él muchas más, de las que se puede aprender tanto como de su herradura y con igual gracia.

Vamos a añadir aquí otras dos antes de volver de nuevo al juego con la negación y los contrarios, surgidas de uno de los puntos más excitantes de la historia de la ciencia.

La primera nos cuenta que Bohr fue invitado por Heisenberg a esquiar en las montañas bávaras. Eran también de la partida algunos otros físicos, entre ellos Carl Friedrich von Weizsäcker. Se alojaban en un pequeño albergue donde había de ocuparse uno mismo de su cena. A Bohr le tocó hacerse cargo de fregar. Se retiró con valentía hacia la cocina, la emprendió brioso con la vajilla... y de repente soltó un grito. Volvió corriendo, excitado, y palmeándose la anchurosa frente con su gigantesca mano, explicó a los asombrados científicos que por fin había encontrado por qué podían todos ellos tener éxito con sus procedimientos: «La ciencia es como fregar —explicó—: al lavar la vajilla, metemos platos sucios en una pila sucia y los frotamos con un trapo sucio. Y así salen limpios. En ciencia usamos conceptos nada claros, que comprobamos en experimentos nada claros, de cuyos resultados informamos en un lenguaje con un campo de aplicación nada claro. Y así, con todo, mejoramos nuestra comprensión de las cosas».

Malas lenguas afirman que Bohr completaba más tarde esta historia añadiendo que, en este asunto, tenían que coincidir las tres esferas mencionadas para que se entendiera algo. Y que de faltar una como en la Filosofía, que cree poder prescindir de la empiria, es decir, limpiar platos sucios tan sólo con trapos sucios, no resulta ningún progreso en la comprensión.

La segunda historia trata del estudiante Bohr que se presenta al examen de Física y los profesores le piden que les explique cómo puede uno determinar la altura de un edificio con un barómetro. Al parecer Bohr respondió que ningún problema: se sube uno al edificio, lo arroja desde la azotea y cronometra el tiempo que necesita para llegar hasta abajo, de donde puede calcular la altura del edificio.

«No —exclaman los profesores—, no nos referíamos a eso. Algo más de Física, haga el favor.» A lo que Bohr vuelve a responder que ningún problema, se sube uno al edificio, ata el barómetro a una cuerda, lo hace bajar hasta la calle y mide el largo de la cuerda.

«¡No, no nos referíamos a eso! —exclaman los profesores—. Algo más de Física, haga usted el favor.» A lo que Bohr responde que ningún problema, se sube uno al edificio, otra vez con la cuerda, y se baja el barómetro, esta vez hasta un poco más arriba del suelo, donde se le hace oscilar de un lado a otro como un péndulo. De la duración de las oscilaciones se puede calcular la altura.

«¡No hombre no! —exclaman los profesores—, ¡no nos referíamos a eso!, ¿algo con fórmulas...?» A lo que Bohr responde que... ningún problema: se espera hasta el amanecer, primero se determinan las longitudes de las sombras del edificio y del barómetro, y a continuación, con un poco de trigonometría, de la altura del barómetro se deduce la del edificio.

Interrumpimos aquí la historia, que acaba con que nuestro héroe, naturalmente, utiliza con todo rigor físico la fórmula de alturas barométricas. Eso sí, sólo tras haber propuesto aún al gremio examinador llamar a la puerta del dueño de la casa y preguntarle que si no sabría por casualidad qué altura tenía el edificio, que era la pregunta del examen, y que en caso de soplárselo recibiría, en prueba de agradecimiento, un barómetro.

Atreverse a la contradicción

Bohr no llamó al principio la atención de sus colegas por ese ingenio suyo, sino ante todo por su valor. Hacia 1912, experimentos realizados en el laboratorio de la universidad de Manchester dirigido por Ernest Rutherford habían indicado que puede explicarse el comportamiento de los átomos suponiendo que posean un núcleo diminuto en que se albergue toda su masa y en torno al cual giren los electrones. Inspirándose en el modelo celeste, Rutherford hablaba de un átomo tipo Saturno, pero no podía ser que lo pensara en serio. Al fin y al cabo, cualquier físico principiante sabía a la sazón que cargas eléctricas como los electrones que giren en un campo eléctrico —el que irradia el núcleo positivo en el átomo saturniano— pierden energía (por irradiación) y no pueden mantener su trayectoria. En otras palabras, que el modelo saturniano era una preciosidad, pero en realidad inútil.

Bohr descubrió un fallo en esa argumentación. A saber, que el modelo saturniano no era utilizable tan sólo si la Física tradicional estaba en lo cierto. Pero ¿qué pasaría si sencillamente la cambiamos?, que fue su propuesta verdaderamente valiente.

Hoy sabemos cuánta razón tenía Bohr; y la Física clásica que él criticara ha cedido hace mucho ante una versión cuántica. Pero en aquel entonces no podían sino tomarle de entrada por loco, impresión que cobraba fuerza al examinar con mayor detenimiento su modelo atómico (ver fig. de modelo atómico en «La indeterminación de Heisenberg») y advertir que en él había unido dos cosas que sin embargo se contradecían. Para empezar, como físico de la antigua escuela, Bohr había calculado trayectorias orbitales de los electrones, y luego, como físico moderno, había introducido el cuanto de Planck. Podía así escoger aquellas posiciones en el átomo que pudiera aunar con los saltos cuánticos y, para colmo de la desfachatez, se atrevía a afirmar que los electrones permanecían estables en esa órbita: gracias al cuanto, podían no perder energía alguna.

Aquí no es cuestión de los detalles físicos, sino de esa prestidigitación intelectual con contradicciones, por descontado la misma de la que resultaba su ocurrencia de la herradura. Cabe conjeturar que nadie dominaba tales juegos mejor que Bohr, y pudiera ser que, con ello, nos haya indicado el camino a la verdad (aun cuando no le creamos a pies juntillas de inmediato y primero tengamos que aprender).

Si hubiera que describir con la mayor brevedad la idea rectora de su comprensión del mundo, su actitud filosófica fundamental si se prefiere decirlo así, por fuerza habría que mencionar una convicción que Werner Heisenberg pone en boca de su maestro con estas palabras: «Lo contrario de una afirmación correcta es una falsa. Pero lo contrario de una verdad profunda puede ser, a su vez, otra verdad profunda».

Afirmación correcta es, por ejemplo, la que asegura que las herraduras están compuestas de un metal (concretamente hierro). Quien diga que son de madera o cartón dice algo falso. En este contexto, afirmación verdadera sería la de que las herraduras traen suerte, verdadera en todos los casos para quienes sostienen esa creencia, que en este punto permanecerán insensibles a todo argumento racional. La contraria de tal afirmación, naturalmente, asegura que las herraduras sobre la puerta no traen suerte. Y con todo, aun cuando el dueño de la casa está convencido de esta versión de la verdad, su contraparte sigue vigente clavada en su sitio.

La idea de complementariedad

El juego entre contrarios y su correspondencia recibe en el caso de Bohr el nombre de complementariedad. El término alemán *Komplementarität* procede del latino *completum*, que resuena en nuestro «*komplett*» y quiere significar lo que el alemán *das Ganze* [el todo o el total]. Al ir desarrollándose la Física cuántica de los átomos y de la luz, Bohr fue a dar con la creciente convición de que todo fenómeno de la naturaleza admite descripciones que superficialmente y a primera vista se contradicen, pero bien miradas se corresponden. Se le fue haciendo cada vez más evidente que sólo descripciones de la naturaleza así complementarias llegan a arrojar como resultado el cuadro de conjunto que se afanan por alcanzar los seres humanos; por ejemplo, el del propio ser humano, por una parte, refinada máquina bioquímica que funciona como es obvio según las leyes de la Física y la Química, y aun así, al mismo tiempo, individuo creativo que establece su comportamiento según valores.

De tal comprensión, accesible sólo con la idea de complementariedad, ofrece el primer ejemplo, y hoy clásico, la naturaleza de la luz. Einstein ya había mostrado en 1905 que la descripción de la luz, a la sazón bien establecida como onda, tenía que complementarse forzosamente con la representación de la misma como partícula. La radiación solar que ilumina el día consiste tanto en ondas lumínicas como en átomos lumínicos, y la idea de complementariedad entra en juego por el hecho de que en un experimento nunca puede observarse más que una de esas dos cualidades de la luz. Puede estudiarse como onda y determinar por ejemplo su longitud, o como partícula y averiguar por ejemplo en qué lugar de la retina incide permitiéndonos ver.

Naturalmente, a los físicos les da dolor de cabeza o de estómago la primera vez que se les explica que no pueden conocerlo todo con exactitud, y que la cuestión de la naturaleza de la luz puede quedar abierta en el sentido de la complementariedad (como la mayoría de cuestiones filosóficas, lo que no implica quitarles valor). Pero es que además se vio enseguida que no sólo la comprensión de la luz se amplía y completa empleando descripciones complementarias, sino que otro tanto ocurre con la de átomos y electrones. También la materia muestra un carácter doble, pudiera decirse, y hace su aparición no sólo como partícula sino también como onda.

Decir eso era muy fuerte cuando se planteó por primera vez en 1924, e iba mucho más allá de lo que pudieran pensar los físicos sobre la luz. Mientras que uno aún puede figurarse que de luz más luz resulte oscuridad, esto en cambio ya planteaba el desafío de aceptar que de materia más materia resulte nada, que pueda desaparecer la materia por obra de la materia.

Por muy inhabitual que siga resultando hasta hoy tal correlación, experimentos realizados en la segunda mitad de los años veinte mostraron, sin embargo, que ahí se estaba hablando de realidades físicas comprobables, y de unas en cuya comprensión les iba mucho a los científicos.

La lección de los átomos

El experimento en que se pudo llevar a los electrones a sufrir interferencias como la luz significó para Bohr que su idea de complementariedad era sólida, y en los años y decenios siguientes se esforzó por aprender ésa que llamaba «la lección de los átomos».

Donde la idea principal es precisamente que, lograda una explicación, se debe preguntar uno si en su contraria habrá pasado por alto algo que encaje en una interpretación completa.

Así, Bohr se mostraba convencido de que mediante el principio de complementariedad, se volvería sumamente frágil, pongamos por caso, la suposición de que es posible una explicación puramente causal de la naturaleza. Buscó para lo regular de la naturaleza su correspondiente contrario y lo halló en las formas. En palabras de Heisenberg:

«En el momento en que los investigadores de la naturaleza empiezan a habérselas en serio con la física de los átomos y a tratar de interpretar los fenómenos químicos a partir de leyes naturales en el ámbito átomico, también recupera plenamente sus derechos la morfología, la doctrina de las formas. Niels Bohr fue el primero en reconocer que, con la concepción de causalidad y determinismo vigente desde Newton como fundamento de cualquier ciencia natural exacta y objetiva, no se podía llegar a entender el comportamiento de los átomos ...»

«La estabilidad de los átomos se expresa, por ejemplo, en que un elemento químico permanezca el mismo y siga acreditando las mismas propiedades tras todo proceso químico o físico posible; esa estabilidad no puede interpretarse con sentido en la Física de Newton. Se necesita la persistencia de formas que Bohr postula con su tesis de la existencia de estados estacionarios ... sólo puede entenderse la estabilidad atómica suponiendo que las mismas figuras simétricas de las partículas mínimas vuelven a producirse una y otra vez a partir de procesos físicos. Sobre esa idea fundamental, se ha desarrollado después la teoría de la corteza y del núcleo atómicos y, finalmente, la teoría aún inconclusa de las partículas elementales.»

Trasaladando esa idea a ulteriores regiones de la ciencia, en que la cuestión de la forma o de la configuración en curso surge cada vez más clara —y propiamente hablando, ineludible—, por ejemplo en la Biología evolutiva, se reconoce de inmediato que el análisis puramente genético, la investigación de factores causales que llamamos genes, no puede ser suficiente.

«Mozart, la Mecánica cuántica y un mundo mejor»

Debemos una aplicación esencial de la idea de complementariedad a un discípulo de Bohr, el vienés Victor F. Weisskopf, quien en 1991 publicó sus memorias (*Mein Leben*). El capítulo final lleva por título «Mozart, la Mecánica cuántica y un mundo mejor», palabras con que ante todo quiere significar el autor, estimable pianista, sencillamente el sentimiento de dicha que puede experimentar cualquiera que como él trate así con la música de Mozart como con la Mecánica cuántica, y entienda de ambas, bendita conjunción que insinúa cómo podría ser un mundo mejor.

Ahora bien, la mayoría relacionaría sin problema y gustosamente la mencionada emoción con la obra de Mozart, al menos con algunos pasajes. A muchos, sin embargo, más bien les irritaría o aún les sacaría de sus casillas que se mencione al físico en relación con la felicidad, y querrían saber más exactamente cómo una abstracción teórica llamada Mecánica cuántica puede hacer posible la misma vivencia que proporciona la música de Mozart, sensible y sensual.

Cuestión decisiva ésta para la cultura de la ciencia. La respuesta se halla en la idea de complementariedad, en su aseveración de que, para toda descripción de la realidad, hay una segunda que discurre en sentido contrario, cierta, pero no menos justificada. Puede pensarse como ejemplo en las teorías del color de Goethe y de Newton, la primera de las cuales indaga el fenómeno cualitativamente y en términos de visión humana, y la segunda, cuantitativa y teóricamente mediante aparatos de medición. Puede pensarse luego en las descripciones de la naturaleza como «Madre Tierra» o como fuente de materias primas, y recordar que podemos captar algo con la cabeza o con el corazón. En todo momento disponemos de ambas posibilidades, y sólo podemos comprender de manera global la realidad como suma de descripciones complementarias.

Esta idea admite ser sacada del ámbito del conocimiento y trasladada al gobierno de una vida, en que siempre hemos de andar sopesando consideraciones racionales e inclinaciones emocionales irracionales. No hay gran trecho desde esta idea de complementariedad hasta la propuesta de mantener el equilibrio entre ambos polos para no precipitarse hacia uno de los lados (que éste puede ser también el de lo racional, ni que decirse tiene, en un mundo que ha vivido el lanzamiento de bombas átomicas y cuenta en su haber tantas destrucciones ambientales).

En efecto, viviríamos en un mundo mejor si recordáramos en todo momento que, para cada punto de vista, hay otro que lo contradice a ojos vistas y puede así pretenderse igualmente válido. El mejor mundo es el del diálogo entre complementarios enfrentados: y entre tales se cuentan arte y ciencia.

Cuán estrecha y firmemente se corresponde esa pareja cultural se expresa maravillosamente en una fórmula del escritor norteamericano Raymond Chandler que se encuentra en su diario con fecha de 19 de febrero de 1938. Dice así: «Hay dos tipos de verdad: la que señala el camino, y la que reconforta al corazón. La primera es la ciencia, la segunda, el arte. Ninguna es independiente de la otra o más importante. Sin arte, la ciencia sería tan poco provechosa como una pinza quirúrgica en manos de un pocero. Sin ciencia, el arte sería una espesura salvaje de folclore y charlatanería emocional (*emotional quackery*). La verdad del arte impide a la ciencia volverse inhumana, y la verdad de la ciencia impide al arte volverse ridículo».

En calidad de autor de novelas policíacas, Chandler debía saber por igual qué dosis hace de una sustancia un veneno y cómo destilar de la materia prima del crimen la seducción de la literatura, y así, desenvolverse en ambas esferas. Esa contraposición de ridículo y humanidad en su diario quiere decir, con toda certeza, que arte y ciencia son igualmente legítimas. La gran idea, como la llamara el mismo Chandler, también quiere decir no obstante que entenderemos mejor la ciencia no atribuyéndola a colectivos anónimos en anónimos laboratorios, sino viendo manos a la obra en ella al mismo tipo de individuos creativos que esperamos como algo obvio encontrar en el arte. Más aún, nos da a entender que nos acercaremos más al arte si nos enteramos de algo de las ideas racionalmente accesibles y reproducibles a las que compositores, escritores, pintores o escultores tienen que dar vueltas y desarrollar, antes de empezar su trabajo creador o mientras trabajan en sus obras con todo el detalle necesario.

En otras palabras: quien sólo entienda de arte, ni de arte entiende. Quien sólo de ciencia, ni de ciencia entiende. Basta mirar la herradura de Bohr. El asunto atañe a la cultura en conjunto. La contraparte complementaria surte efecto aun cuando uno no crea en su significado.

El duende de Einstein

«Cosa de duendes» llamaba Albert Einstein a la «acción a distancia», la influencia que una forma física, por ejemplo un átomo, puede ejercer sobre un segundo objeto alejado de él sin necesitar tiempo para ello. Hablando con más precisión, debería decirse «la influencia que se diría ejerce», pues cuando Einstein expresaba su rechazo usando el término «duende» en sentido nada amable, en 1935, todavía podía suponer que esa acción a distancia alguna vez se demostraría mera elucubración en el marco de esa nueva Física atómica que conocemos por Mecánica cuántica y que tantas cosas raras afirma del mundo (véase «El gato de Schrödinger», «El salto cuántico de Planck» y «La indeterminación de Heisenberg»). En los últimos diez años, empero, cada vez más investigaciones físicas han demostrado que esa cosa tan de duendes, pese al veto de la superioridad, al decir de Einstein, existe efectivamente, y aquí nos concentraremos ante todo en qué nos dicen esas demostraciones de lo que se llama realidad física. Es importante desde el comienzo tener claro que una propiedad fundamental de la nueva relación consiste en no necesitar tiempo alguno para hacerse efectiva, algo que cabe expresar también en forma positiva, señalando que está ya ahí siempre y en cualquier parte.

«El mal está siempre y en cualquier parte», como decía una canción pop. Y seguro que Einstein lo habría suscrito, pues la realidad de ese duende representaría para él una sorpresa francamente mala. La teoría física que planteó excluía y sigue excluyendo acciones efectivas —esto es, fuerzas e influencias físicas— que se muevan más aprisa que la luz. La velocidad de la luz representaba y representa un límite absoluto para señales físicas —siendo del todo indiferente que se trate de ondas o de partículas—, y ahora resulta que se diría que hay algo que no necesita tiempo alguno y, así, debería ser infinitamente rápido. Eso no puede ser algo de la esfera de la Física, a lo que también se le puede sacar el lado positivo; tiene que haber algo que excede de la Física, y para eso se tiene desde antiguo un nombre, Metafísica. En otras palabras: con ayuda del duende de Einstein, la Física puede no sólo conjeturar vagamente, sino probar inequívocamente que en el mundo hay algo más que lo físico. Hay también lo metafísico, y es científicamente demostrable.

La luz de Einstein y la vida

Si hemos empezado la historia por el final, al que nos dirigiremos de nuevo en el curso de la misma, es para señalar esos experimentos que se emprenden en nuestros días sobre todo en el laboratorio del investigador Anton Zeilinger, en Viena. Pero ahora hemos de volver al principio de la historia, cuando Einstein empezó a rezongar y a poner en duda la nueva Física que él mismo había puesto en marcha en 1905. En ese año había dado sentido físico al salto cuántico introducido por Max Planck en 1900, y una nueva calidad filosófica a la comprensión de la luz. Consistía en que la naturaleza de ésta sólo puede entenderse en conjunto, admitiendo que se comporta a veces como partícula y a veces como onda: la luz discurre como una onda hasta un ojo e incide como un cuanto en su retina.

Por muy someramente que se presente esta naturaleza de la luz, que suele llamarse «doble» o «dual», trae como consecuencia que, en adelante, un físico puede averiguar y saber un montón de cosas sobre la luz, longitud de onda, intensidad, polarización y otras tantas más; sólo que ya no puede decir qué es la luz. Si algo es tanto onda como partícula, entonces ya no puede saberse qué es. Por consiguiente la luz de Einstein es un misterio a ojos vistas, y puede que eso sea lo mejor, pues en palabras de Einstein: «Lo más hermoso que podemos vivir es lo misterioso. Es el sentimiento fundamental que vela la cuna de la ciencia y el arte verdaderos. Quien no lo conoce y ya no se maravilla ni es capaz de asombrarse, está como si dijéramos muerto y su vida se ha extinguido».

Por lo demás, poco antes de que Einstein diera con la cuestión «¿Qué es la luz?» con la sorprendente respuesta «luz», el médico y dramaturgo Anton

Chejov se expresaba de manera comparable sobre una cuestión más ardua, «¿Qué es la vida?». Pasó en 1904, año de su muerte en que recibió una carta de su mujer con esa pregunta. El poeta respondía así: «¿Me preguntas qué es la vida? Eso es como si alguien preguntara qué es una zanahoria. Una zanahoria es una zanahoria, eso es todo».

Objeciones de Einstein

Volvamos a la Física y la dirección en que avanzaba al galope la nueva ciencia, luego que Einstein la hubiera aupado sobre la silla, una dirección que a él mismo le parecía equivocada. Con los desarrollos desbocados que iniciaran Werner Heisenberg y Erwin Schrödinger, su caballo había tirado por unos derroteros que a Einstein le pillaban más bien a contrapelo, y no se privó de dejarlo bien claro.

Para empezar, le molestaba el papel principal que debía adoptar el azar. Aquello que podía calcularse con ecuaciones físicas no eran trayectorias fijas o tiempos inequívocos en que un acontecimiento tenía lugar. Lo único que podía calcularse ya eran probabilidades: pongamos la de que un electrón se encuentre en una posición determinada en un átomo, o de que un átomo radioactivo irradie su energía en un momento determinado y se desintegre.

Como físico, Einstein se había sentido siempre como un muchacho que busca en el jardín de la casa paterna huevos de Pascua, completamente seguro de que se encuentran en algún lugar previamente determinado y, desde luego, uno tal que pueda encontrarlos. Así revolvía como físico en el jardín de la naturaleza, en busca de leyes que por algo se llamaban así, por dejar algo sentado en firme.* Naturalmente, el chico podía buscar en un rincón equivocado de la casa y así «exponerse a la risa de los dioses» —como Einstein se temía—, pero aun así los padres no eran tan malos como para darle, en lugar de huevos de Pascua claros e inconfundibles en posiciones determinadas, algunas vagas indicaciones de que en cierto modo estaba en el buen camino, pero no obstante, seguían siendo posibles otros escondites.

* *Gesetz*, ley, deriva del verbo *setzen*, sentar, asentar o poner. Lo más cercano en castellano podría ser aquí «... por algo se llaman disposiciones... posiciones fijas». (*N. del t.*)

Einstein buscaba en la Física certeza, no un montón de probabilidades, y resumió su crítica a la concepción de una realidad indeterminada fruto de la nueva Física en una sentencia que se hizo muy célebre: «Dios no juega a los dados».

Cierto es también que Bohr respondió con su natural desenvoltura que tampoco podía ser misión de un ser humano, ni siquiera de Einstein, prescribir a Dios cómo poner y mantener en marcha al mundo, y además añadió que no podemos saber qué significa una expresión como «jugar a los dados» referida a Dios. Pero aquí preferimos orientarnos a la Física y tratar de la idea de indeterminación que se retrotrae a Heisenberg (véase «La indeterminación de Heisenberg»).

Einstein tenía por insensata la idea de que algo, pongamos la exacta energía de un electrón, haya de ser indeterminada en tanto un observador no la averigüe, y caviló experimentos mentales para crear una situación en que la realidad ofreciera firmemente establecido algo que en la teoría debiera ser indeterminado. De conseguirlo, la nueva Física sería, como poco, incompleta. En tal caso, uno tendría forzosamente que ponerla toda patas arriba y ver qué salía de ello.

En su famoso intento de desenmascarar la indeterminación como algo absurdo, Einstein la emprendió en concreto con la afirmación de Heisenberg de que no cabe determinar la energía de una forma física y al mismo tiempo el exacto instante en que se da ese estado. O bien se determina la energía, y queda entonces indeterminado el correspondiente instante, o bien se mide el momento exacto, y entonces no se conoce con exactitud la energía.

En el experimento imaginado por Einstein, abreviando al máximo, una caja vacía cuelga de una balanza que mide su peso. Un reloj activa una válvula que, así, se abre en un momento determinado dejando entrar luz en la caja, cuya energía aumenta, como se ve en el peso que cambia. Sin embargo, según Einstein, ambos parámetros se conocen al instante. Así, las dos magnitudes quedan determinadas a la vez, y no se da la indeterminación de Heisenberg.

Por desgracia, Einstein se equivoca, como no cabía esperar de otro modo. Por una parte, el fiel de la balanza debe oscilar un poco para poder llevar a cabo su medición, de donde resulta un lapso de tiempo en lugar de un instante. Y en segundo lugar, algo que es particularmente diabólico, el propio Einstein señalaba en su teoría de la relatividad que eso que se lee en un reloj y llamamos tiempo depende de qué energía tenga el reloj. Los relojes en movimiento funcionan de otra manera que en reposo. Y si la aguja se pone en movimiento oscilatorio, el instante ya ampliado en cierto lapso de tiempo aún se amplía más y resulta tan indeterminado como Heisenberg predijera. Podía refutarse a Einstein con el propio Einstein: un momento notable en la historia de la ciencia que acaecía a comienzos de los años treinta.

El entrelazamiento del mundo cuántico*

Tras este fracaso, Einstein no emprendió ningún otro intento de demostrar siquiera que la descripción de la realidad en los términos de la Mecánica cuántica era incompleta. Pero tampoco tiró la toalla y, junto a Boris Podolsky y Nathan Rosen, concibió en 1935 una prueba en que apareciera una magnitud física patentemente fija y determinada en la realidad, pero de la cual la teoría cuántica afirmara que es indeterminada. En lugar de ese experimento mental de Einstein, Podolsky y Rosen (EPR), describiremos aquí el correspondiente experimento efectivamente realizado. A comienzos de los años ochenta, se dieron por primera vez las posibilidades técnicas de realizar el proyecto EPR, y un grupo de físicos franceses dirigidos por Alain Aspect lo llevó a cabo. Su dispositivo, de aspecto complicado, ofrece en principio el aspecto que se observa en la ilustración de la página siguiente.

En lo que sigue, vamos a presentar un intento llevado a cabo efectivamente que mostró que la teoría cuántica proporciona una descripción completa de la realidad. Fue posible gracias a un descubrimiento alcanzado por el físico escocés John Bell en 1964, cuando buscaba una posibilidad de decidir la disputa filosófica sobre la teoría cuántica mediante la observación experimental. Algo que a primera vista parecía descartado, pues en el centro del argumento EPR se encuentra una partícula que precisamente no puede ser observada. ¿Y entonces cómo va a establecer alguien si un estado, no obstante, es o no determinado? (Algo que recuerda a la vieja pregunta cómica, cómo averiguar si la luz de la nevera se apaga al cerrar su puerta).

* *Verschränktheit*, traducido al inglés en su día con bastante holgura por «entanglement», designa sin embargo algo bastante distinto de «lío o enmarañamiento»; por usar el ejemplo más manido y majestuoso, *verschränkt* es la posición de los brazos en las estatuas faraónicas, es decir, entrecruzados o entrelazados. (*N. del t.*)

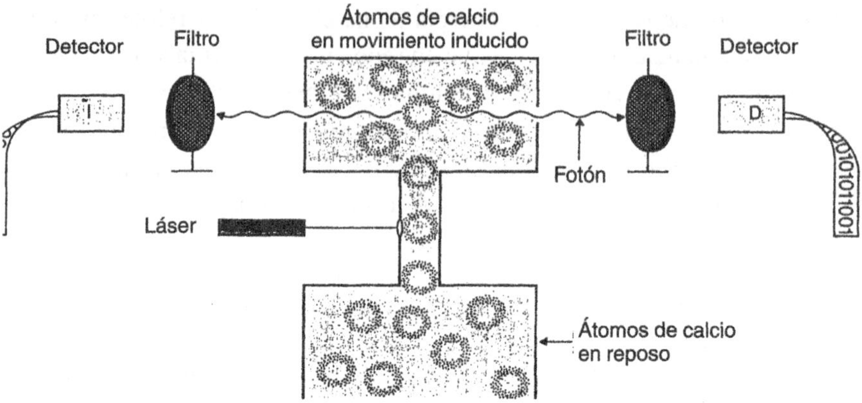

Con el experimento que se muestra en la figura se demostró el entrelazamiento del mundo cuántico.

Naturalmente no hay modo de observar aislada a una partícula inobservada. Por eso Bell consideraba recomendable no ocuparse de un par aislado de fotones, sino investigar la correlación entre muchos pares de ese género. Supongamos que los dos filtros del dispositivo esperimental están orientados de igual modo, y así dispuestos, de manera que todos los fotones los pasan. Tenemos entonces una correlación del cien por cien. Giremos 90° un filtro (por ejemplo el del lado D), y comprobaremos que toda correlación entre uno y otro lado desaparece. No es de extrañar, pero tampoco ayuda mucho. La pregunta acerca de si EPR están en lo cierto puede decidirse cuando los filtros no están dispuestos ni en paralelo ni en perpendicular, sino en una posición intermedia. Entonces deberían mostrar una correlación situada en alguna parte entre 100 por 100 y cero.

Ahora bien, Bell pudo mostrar que, de diferentes suposiciones, se seguían diferentes correlaciones previsibles. Si uno supone con Einstein que los objetos cuánticos poseen real y efectivamente en cada instante todas sus propiedades de manera bien determinada —lo que se llama suposición de realidad—, y suponiendo además que no se intercambia entre los fotones información alguna más rápida que la velocidad de la luz, entonces puede señalarse un límite que la correlación no puede superar válidamente. Tal límite se fija en forma matemática mediante la llamada inecuación de Bell.

Se prepara un gas de calcio para que átomos aislados del mismo se muevan hacia una cámara. Antes de que la alcancen, son alcanzados por un rayo láser que les transmite energía, impulsándolos. En tal estado entran en la cámara. Ahí pierden al instante esa energía emitiendo dos partículas lumínicas. Ambos fotones abandonan la cámara en sentidos opuestos, inciden cada uno en un filtro y, a continuación, en un medidor.

Experimento de correlación para probar el entrelazamiento del mundo cuántico: un rayo láser impulsa a unos átomos de calcio que son bombeados a una cámara. Cuando allí regresan a su estado fundamental emiten dos partículas lumínicas (fotones), que son dirigidos hacia filtros de polarización. Tras ambos filtros se hallan sendos detectores que registran si un fotón ha pasado el filtro —caso en que aparece un 1— o no —caso en que el aparato registra un 0—. Orientados igual ambos filtros, existe una correlación del 100 por 100 entre sendos registros numéricos. En la investigacion se trata de encontrar esa correlación en el caso en que los filtros se enfrentan en diferentes ángulos. La Mecánica cuántica predice para qué angulo será la correlación mayor de lo que el sentido común esperaría. Sus predicciones se confirman cuantitativa y cualitativamente.

En la discusión no desempeña papel alguno de momento qué propiedad analizan los filtros; lo único importante es que, según su posición, detienen o dejan pasar los fotones incidentes. Por ejemplo, si un fotón pasa el filtro del lado I queda registrado en el medidor, y aquella de sus propiedades analizada por el filtro es entonces conocida para el experimentador. Pero con ello, fundándose en los principios de conservación de la Física, conoce también el estado del fotón del lado D sin haber influido sobre él mediante aparato de medida alguno. El estado de la partícula en D, así argumentaban Einstein, Podolsky y Rosen, no es pues indeterminado aunque no se lleva a cabo observación alguna. Incluso puede predecirse con seguridad, y ofrece así pues «un elemento de la realidad». Pero como esto no se contempla en la Mecánica cuántica. Esa teoría de la realidad atómica se demuestra incompleta. A ojos de Einstein, la situación EPR refuta la afirmación de que hay indeterminación.

La segunda de las suposiciones mencionadas se denomina también suposición de localidad, pues prohíbe toda influencia física instantánea en objetos distantes. Se evita así posibles vulneraciones de la teoría especial de la relatividad mediante la cual Einstein pudo mostrar que ningún efecto físico se propaga más aprisa que la velocidad de la luz. Si se emplea la Mecánica cuántica en lugar de la suposición de realidad, no es preciso aplicar de propio la suposición de localidad, porque puede probarse en general que esas dos grandes teorías de la Física, concebidas independientemente, son consistentes y no se contradicen.

Ahora viene el punto decisivo. Suponiendo válida una Mecánica cuántica a la manera de Bohr, hay orientaciones de los filtros con las que se vulnera la inecuación de Bell. La Mecánica cuántica predice una correlación de fotones mejor que la suposición de realidad local.

Hoy los experimentos ya no admiten la menor duda. Las correlaciones eran más altas justo en la proporción predicha por la Mecánica cuántica. Así, la suposición de realidad local no puede ser acertada en el mundo cuántico. La realidad atómica no es local, sino que hace patente una dependencia mutua de objetos aislados que puede describirse como un todo. Partículas cuánticas que hayan estado una vez en interacción física, como los fotones en el experimento EPR, quedan después ligadas para siempre, aun cuando no subsista ninguna vinculación directa entre ellas.

Erwin Schrödinger propuso emplear para tales estados correlacionados sin acción recíproca actual el concepto de «entrelazamiento», que en inglés se dice «*entanglement*» y así recuerda en algo a la Ilustración, «*enlightement*»). Esa es propiamente hablando la característica peculiar de la teoría cuántica. Nos muestra un mundo entrelazado que existe en cierto modo en el fundamento de nuestra realidad.

Ahora bien, tomado en su sentido exacto, ese entrelazamiento no nos permite hablar por ejemplo de electrones singulares. No hay cosa tal como partículas aisladas. Tomado en sentido estricto, significa que está prohibido el análisis clásico del todo en partes. No obstante es forzoso llevarlo a cabo porque, de otro modo, no podríamos ni siquiera hablar del mundo entrelazado. Y es forzoso que hablemos para poder informarnos de nuestras experiencias (incluidas las de tipo experimental).

Nada de percepción extrasensorial

Para prevenir todo malentendido, hay que insistir en esto: del hecho de que los fotones puedan comunicarse a grandes distancias no se sigue que la mente humana pueda hacer otro tanto y haya así una suerte de telepatía, pues en el experimento descrito no se intercambia información de ningún género entre ambos aparatos de medida. Cada experimentador obtiene en su detector una serie numérica al azar, a partir de la cual nada puede saber de la serie de su colega. Las correlaciones que indican el entrelazamiento del mundo cuántico sólo pueden descubrirse cuando se coteja ambas series. Tampoco puede la teoría cuántica aplicarse para explicar las capacidades llamadas telecinéticas. Una y otra vez vuelve uno a leer acerca de alguien que, al parecer, ha logrado influir con su voluntad en el momento en que se desintegra un elemento radioactivo.

Para interpretar tal logro, se cuchichea entonces algo oscuro acerca de la realidad cuántica que depende del conocimiento humano de tales procesos y puede en consecuencia ser influido por una voluntad humana.

El hecho es que, en todos los casos en que se ha registrado desintegración radioactiva, se ha puesto de manifiesto que la estadística del proceso en conjunto ha permanecido inalterada. Hasta ahora no ha podido cambiar eso ni el observador con mayor fuerza de voluntad. No obstante, si algun día se lograra influir en ello mediante fuerzas telecinéticas, no podría invocarse a la Mecánica cuántica, pues justo entonces se habrían infringido sus leyes. El entrelazamiento de los cuantos no puede aplicarse, por consiguiente, para valorar científicamente el presunto fenómeno de la percepción extrasensorial. En caso de que un día remoto, no obstante, se diera un experimento en que se comprobaran correlaciones ESP (*extrasensorial perception*) con tanta precisión como las correlaciones EPR, sería la Física entera, con independencia de cualquier suposición cuántica, la que se vería desafiada. Tal demostración no existe hoy, y no cuento con que la haya alguna vez.

La prohibición de Pauli

En muchos de nuestros contemporáneos, el nombre del físico Wolfgang Pauli (1900-1958) sólo provoca un encogimiento de hombros. No es signo muy alentador del estado de nuestra cultura y de la formación de los intelectuales. Cuando a Pauli se le otorgó el premio Nobel de Física en 1945 por su propuesta de la llamada «prohibición de Pauli» en los átomos, que aún hemos de examinar, sus colegas en el legendario Institute for Advanced Studies de Princeton, en Nueva Jersey, organizaron un banquete en su honor. A la velada también asistió como invitado Albert Einstein. Hacia el final del acto, el gran hombre de la Física se puso en pie para pronunciar unas palabras. En el curso de su alocución, Einstein se refirió a Pauli como «su hijo intelectual», y dijo albergar la esperanza de verle como sucesor suyo en Princeton. Los científicos presentes aplaudieron entusiasmados. A su parecer, sólo Pauli podía medirse con Einstein como físico. Muchos incluso expresaron la idea de que Pauli tenía más que decir en cuestiones filosóficas. Se tenía la esperanza de que Pauli cumpliera el deseo de Einstein y se quedara en Princeton, esto es, donde había pasado los años de la segunda guerra mundial sin participar en la Física de guerra.

El valor de adentrarse en la cara oscura

¿Cómo es posible que el nombre de Pauli desate la mayor admiración en círculos especializados mientras sigue siendo desconocido para la opinión pública? Al indagar seriamente las razones, pronto se topará con componentes desacostumbrados en su pensamiento y su vivencia íntima. Junto a la influencia de la cara diurna de la inteligencia que opera conscientemente, Pauli tomaba también en consideración la nocturna y sus sueños, que intervienen inconscientemente, y trató de establecer las fuentes del conocimiento que de ella mana. Le parecían importantes, desde que aprendiera de sus experiencias durante la primera mitad de los años veinte, cuán insatisfactoria puede llegar a ser la inteligencia especializada de los expertos, fundada sólo en sí misma. Necesita un contrapeso y, desde luego, tanto en la teoría como en la práctica: «A mi modo de ver, sólo hay un estrecho camino hacia la verdad (sea la científica u otra cualquiera) que conduce entre la Escila de la mística con sus nebulosas fantasías y la Caribdis de un estéril racionalismo. Un camino que siempre estará lleno de avatares y en el que uno puede despeñarse lo mismo de un lado que del otro», como dice en una carta de 1954.

Pauli no pasaba por alto en absoluto «el peligro siempre en ciernes de recaer en las más primitivas supersticiones», y recalcaba «que todo estriba en atenerse a resultados positivos y a los valores de la *ratio*». Pero barruntaba también que la racionalidad científica necesita de su contraparte para evitar tales peligros y permitir que surja el sentimiento de certidumbre. En su imagen del mundo no había lugar para unilateralidades y, como escribiera poco antes de su muerte, consideraba «casi un dogma que es preciso tratar y valorar simétricamente pares de contrarios». Entre ellos, la pareja pensamiento-materia separada en el siglo XVII por obra de René Descartes.

A Pauli le fascinaba que ese corte se estuviera saldando con la Física atómica del siglo XX.

El salto cuántico

La nueva Física y Pauli vinieron al mundo en el mismo año, 1900: Pauli, en primavera, en Viena, y la Física cuántica, en otoño, en Berlín. En octubre de ese año, Max Planck descubría en las leyes fundamentales de la Física clásica la insalvable laguna que debía trastornar la correspondiente estructura intelectual en los siguientes decenios. En forma de «cuanto de acción», esa laguna es hoy patrimonio consolidado de todo discurso sobre el progreso (véase «El salto cuántico de Planck»). Con todo, la discontinuidad que conlleva causó al principio una conmoción, porque intervenía en el intercambio de energía entre luz y átomos (materia) y llevaba a tener que mirar con nuevos ojos esas tres magnitudes fundamentales de la Física para comprender su modo de surtir efecto, de ser realidad efectiva. La luz sólo podía concebirse en un doble papel: en calidad de onda y de partícula; la energía ya no era un valor definible en cada instante, y los átomos perdían la condición de cosas. Dicho brevemente: a los físicos se les perdían los objetos y debían contentarse, en lo íntimo del mundo átomico, con probabilidades e indeterminaciones (véase «La indeterminación de Heisenberg» y «El gato de Schrödinger»).

Cuando Pauli supo del cuanto de Planck no sólo experimentó una conmoción con ese vuelco de todos los valores, sino que a la vez le embargó el presentimiento de que los físicos podían ganar algo con ello.

El camino a la Física cuántica le ofrecía la oportunidad de dar forma a una ciencia nueva en que «totalidad» alcanzara a tener un significado concreto y en el que el observador y lo observado estuvieran vinculados. Sobre tal base Pauli indagó la relación de la Física con la Psicología, que le interesaba también porque no quería creer que la Mecánica cuántica pudiera surgir y hallar el camino, a la luz de la conciencia, sin cooperación de lo inconsciente.

El principio de exclusión

Más bien pequeño de cuerpo, Pauli empezó a estudiar Física en 1918 y, en 1924, difundió una propuesta que, a finales de la segunda guerra mundial, le reportaría el premio Nobel. La idea se introduce hoy en los manuales con el epígrafe «principio de exclusión», y a menudo se alude a ella como «principio de Pauli» o «prohibición de Pauli». Expresado en forma simple, Pauli descubrió que muchas propiedades de la materia hasta entonces incomprensibles pueden explicarse suponiendo que los electrones no puedan adoptar en un átomo cualquier estado, sino que más bien estén sometidos a una restricción, estar excluidos de aquel estado que otro electrón haya ocupado ya. Ahí plantó Pauli su cartel de «prohibido el paso».

Con ayuda de tal exclusión, Pauli pudo hacer comprensible por qué la materia es impenetrable, o como solían formularlo los físicos del siglo XIX, «ningún cuerpo puede estar donde ya esté otro». En los correspondientes trabajos Pauli admite «no poder ofrecer ... una fundamentación detallada de esa regla», pero él y sus colegas quedaron arrobados con «lo bello y enigmático» que alberga la prohibición de Pauli, pues con su ayuda queda excluido que en un átomo todos los electrones hagan lo mismo. Por eso no pueden, ni siquiera con una densa acumulación, llegar a las órbitas más cercanas al núcleo. La prohibición de Pauli fuerza a los átomos y, en consecuencia, a sus cortezas electrónicas, a adoptar una forma determinada, y de ese modo permite comprender la estructura del sistema periódico.

En palabras de su colega Paul Ehrenfest, «la prohibición de Pauli parece a primera vista concernir sólo a quienes se ocupen de la distribución electrónica en átomos como los de Bohr, o de sus espectros ..., ¡pero ese principio de apariencia tan esotérica puede calar muy hondo en nuestra vida cotidiana! Es muy entretenido aclararlo con un sencillo ejemplo. Tomemos un trozo de metal en la mano. O una piedra. A poco que pensemos nos asombra que ese tanto *[Quantum]* de materia no ocupe un espacio mucho menor. Pues vale que las moléculas estén muy apretadas, e igualmente los átomos en las moléculas, pero ¿porqué los átomos abultan tanto? Obsérvese por ejemplo el modelo de un átomo de plomo. ¿Por qué, de los 82 electrones del átomo, son tan pocos los que discurren en trayectorias cuánticas pegadas al núcleo, y todos los demás, en otras más y más lejanas? Y eso siendo tan potente la atracción de las 82 unidades de carga positiva del núcleo. De esos 82 electrones podrían congregarse muchos más en las trayectorias interiores, antes de que su repulsión mutua se hiciera demasiado grande. ¿Qué impide entonces al átomo hacerse más pequeño de ese modo? Respuesta, tan sólo la prohibición de Pauli: ni un solo par de electrones en idéntico estado. ¡Por eso los átomos son tan innecesariamente grandes, por eso la piedra o el trozo de metal son tan voluminosos!».

El efecto Pauli

De Pauli no sólo conocen los físicos el *principio* con cuya ayuda *no cabe* ya en la realidad que dos electrones se encuentren juntos en un punto y hagan cosas en común. Además, conocen también el «*efecto* Pauli», con cuya ayuda *cabe* ya en la teoría de la realidad que dos cursos de acción concurran en un punto y así hagan algo en común, incluso en la vida real. En el efecto Pauli, no se trata de que dos sucesos ocurran simultáneamente, pues ¿qué no pasará simultáneamente en el mundo sin que nadie lo note? ¿A cuánta gente por ejempo se le cae algo de las manos simultáneamente?¿Cuántos trenes parten a la vez? No, se trata de que los seres humanos perciben acontecimientos cuyos cursos se cortan en un punto del tiempo como si tuvieran un mismo sentido y formaran parte de algo común. Se trata de coincidencias de estados de cosas que, sin embargo, se viven de otra manera; a saber, como si tuvieran que ver causalmente y, de una forma peculiar, formaran parte de un «lo mismo».

Suena a misterioso, desde luego, sobre todo a físicos y otros científicos, pero al parecer de los colegas de Pauli se adecúa perfectamente a su persona, y por razones bien perceptibles. Pues en concreto todos coinciden en que parecía rodearle un aura misteriosa e inquietante que se manifestaba precisamente en el efecto Pauli.

Markus Fierz, discípulo suyo, a quien Pauli llamaba también «hermano intelectual», lo describió en cierta ocasión como sigue: «Aun físicos experimentales rigurosos y poco amigos de exageraciones eran de la opinión de que emanaban de Pauli efectos totalmente singulares. Se creía por ejemplo que su mera presencia en un laboratorio producía toda clase de infortunios experimentales, de que despertaba, si puede decirse así, la mala leche de los objetos. Eso era el efecto Pauli. Por eso, por ejemplo, su amigo Otto Stern, el famoso descubridor de los haces moleculares, jamás le permitió entrar en su instituto. ¡No es ninguna leyenda, yo les conocía muy bien a los dos! El mismo Pauli creía en su efecto de la cabeza a los pies. Me dijo que se olía una desgracia inminente en forma de cierta tensión desagradable y, cuando luego efectivamente con ella tropezaba algún otro, él se sentía notablemente aliviado y liberado. Se puede concebir perfectamente el efecto Pauli como fenómeno sincrónico».

Con ello nos proporciona Fierz una palabra clave, «sincronía», que se remite al psicólogo C. G. Jung, quien escribió en común con Pauli un libro titulado *Naturerklärung und Psique* [Explicación natural y psiquismo]. Jung presentaba su idea con el título *Synchronizität als ein Prinzip akausaler Zusammenhänge* [La sincronía como principio de relación no causal], un texto al que aquí no podemos hacer más que remitir al lector. En su lugar ofreceremos la historia más conocida entre físicos a propósito de un efecto Pauli, siendo de notar que la mayoría de científicos no le dan ningún significado ulterior a los casos que se describen y se los toman simplemente como suceso más o menos divertido que no encierra nada más en lo que seguir cavilando.

Ni les llama ni les deja de llamar la atención la simetría que ahí aparece entre las dos esferas que, desde el siglo XVII, separamos tajantemente según el proceder de Descartes como pensamiento (*res cogitans*) y materia (*res extensa*); y como dijo Fierz, ocuparse algo más de fenómenos de sincronía se les hace «poco apropiado».

La anunciada historia tiene que ver con el mencionado Otto Stern, quien trabajaba en la universidad de Gotinga y un día preparaba en su instituto un experimento complicado y costoso. En mitad de los trabajos experimentales, realizados ya muchas veces, ocurrió un desastre inhabitual (y que no volvió a repetirse jamás): uno de los medidores explotó, trayendo como consecuencia largas reparaciones y los correspondientes retrasos. A fin de no tener que pasar otra vez por eso y prevenir ulteriores accidentes, se buscó con toda diligencia la causa de la avería. Pese a todos los esfuerzos, empero, no se lograba hallar ni defecto técnico alguno ni fallo del material, y tampoco parecía haberse cometido error alguno en su manejo. Todas las instrucciones de uso se habían cumplido correctamente.

Habiendo quedado claro tal estado de cosas, se empezó a propagar más y más entre los físicos participantes la sospecha de que podían haberse entrometido en el asunto fuerzas «sobrenaturales», y a uno de ellos se le acabó ocurriendo la idea de comprobar si es que no se trataría del efecto Pauli. Era preciso averiguar qué había estado haciendo Pauli cuando la máquina explotó. ¿Dónde se encontraba en ese preciso instante? Las averiguaciones en Zurich trajeron la solución, efectivamente, en forma de una respuesta sorprendente: el día del desastre, precisamente Pauli viajaba en tren desde Zurich a Copenhague, y en ese trayecto tenía que hacer un transbordo, dónde iba a ser: en Gotinga. Pauli había puesto el pie en el andén en el preciso instante en que las luces se fundieron en el instituto.

Profesor con neurosis en Zurich

La relación entre Pauli y Jung fue posible por el nombramiento que Pauli aceptó en 1928 para una plaza en la Escuela Técnica Superior de la Confederación (*Eidgenössische Technische Hochschule*, ETH). El comienzo de su docencia vino acompañado por una neurosis, como llamaba Pauli a su estado de ánimo en aquellas fechas. Su padre le recomendó ponerse en contacto contacto con Jung, y Pauli se puso en tratamiento con él. De ese encuentro podían sacar provecho ambos, pues Pauli tenía en esos años numerosos sueños que le daban quehacer noche tras noche y discutía luego pormenorizadamente con C. G. Jung. Se desarrolló entre ambos un diálogo científico en forma epistolar que ha permanecido ignorado largo tiempo y no se publicó hasta los años 90. Las cartas giran entre otras cosas en torno al papel del inconsciente cuando los seres humanos se esfuerzan en pos del conocimiento ¿Qué aportan sus contenidos, y cómo, a la claridad del conocimiento?

Trató Pauli de responder a estas preguntas en el otoño de 1948 en un manuscrito titulado *Hintergrundsphysik* [Física del trasfondo], publicado por vez primera en 1992 junto con esa correspondencia con Jung. El texto gira en torno a conceptos físicos fundamentales como átomo, núcleo, energía, onda y radioactividad, y Pauli propone ver en ellos no construcciones racionales sino símbolos arquetípicos. Punto de partida es aquí su escepticismo por principio ante toda lógica de la investigación científica. En el mejor de los casos, le resultaba divertida la opinión de que «las teorías se derivan de los registros de datos mediante deducciones lógicas necesarias, punto de vista que aún estaba muy de moda en mis tiempos de estudiante», como dice en un artículo sobre «Fenómeno y realidad física» en que precisa: «Se ponen a punto teorías mediante una inteligencia inspirada en material empírico que, en el mejor de los casos, ha de entenderse, siguiendo a Platón, como un encubrimiento de imágenes internas por objetos exteriores y sus comportamientos. La posibilidad del entendimiento señala nuevamente la existencia de disposiciones típicas reguladoras a las que está sometido así lo interno como lo externo del ser humano».

Por disposiciones típicas entiende Pauli lo que en un lenguaje psicológico se llama «arquetipo», que en el caso de Jung se carga en la cuenta del inconsciente colectivo. El arquetipo permite fijar las relaciones profundas entre el alma humana y la materia real, sin las que seríamos incapaces de dar con conceptos que se ajusten a la naturaleza. En esa imagen hacen su aparición leyes físicas y conceptos como «proyecciones», externas e internas respectivamente, de cualidades arquetípicas. Puede alcanzarse el conocimiento una vez que la percepción humana ha transformado formas externas en imágenes internas que entonces ya atañen a otras, internas como ellas, y como las ideas platónicas, existentes en calidad de modelos que definen el horizonte del conocimiento para los seres humanos. Que los flujos de imágenes lleguen a al-

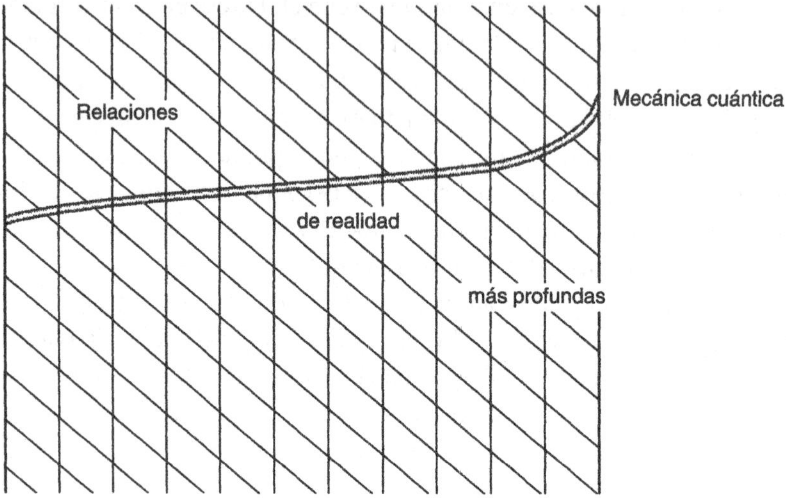

Einstein y la Mecánica cuántica. En el sueño de Pauli un vidente parecido a Einstein le muestra a Pauli la Física a modo de corte unidimensional en un mundo bidimensional, que aparece en la figura designado como «relaciones de realidad más profundas». Pauli interpreta esa segunda dimensión como lo inconsciente o arquetípico del pensamiento.

canzar congruencia es posible por compartir un sustrato arquetípico común del que provienen.

Pauli insiste en esta esbozada «identidad esencial entre lo interno y lo externo» que él encuentra ya en textos de Goethe, para quien era algo que se entiende de suyo:

> Nada es dentro, nada es fuera,
> pues lo que haya dentro lo hay fuera.

como dice en su «*Epirrhema*». Pauli establece la concordancia de la esfera interna y la externa «a título de verdad perenne tras toda ontología», una verdad que por fuerza ha de «permanecer como meta de toda ciencia». Lo excitante del desarrollo científico que compartió y cooperó a configurar estaba a su juicio en que, gracias a la Mecánica cuántica, «nuestra ciencia occidental de la naturaleza ha dado un primer paso, aún harto pequeño, en dirección a tal punto medio», paso que consiste en apartarse de la teoría «de la causalidad habitual en sentido estrecho e incluir al observador en una realidad simbólica».

Así pues, por muchas razones filosóficas, la teoría cuántica es algo completamente nuevo, como no se cansa de recalcar: «En la Mecánica cuántica el físico llega por vez primera a percatarse de que en adelante actúa también en calidad de *natura naturans* (de que él es también "principio creador natural") y no sólo de naturaleza creada, *natura naturata*: no es de extrañar que al principio se le atraviese, pues todo comienzo es difícil».

El atravesarse en cuestión se refiere a las dificultades que numerosos físicos, Einstein por ejemplo, tenían y tienen con la realidad de los cuantos y su lección filosófica (véase «El gato de Schrödinger»). Las mencionadas dificultades iniciales no parecen haberse superado sino en nuestros días, en forma de esa respuesta que hoy dan los físicos a la pregunta: ¿De dónde saca sus cualidades, en lo íntimo de las cosas, lo que es efectivamente indivisible (lo elemental)?, ¿Cómo puede el electrón, por ejemplo, tener masa y carga (y más propiedades), siendo una forma sin partes? Según el estado actual de la ciencia, tales cualidades que uno esperaría surgieran de lo interno se explican por lo externo, que se hace notar mediante la acción recíproca. El mundo conforma algo que a la vez lo conforma. La naturaleza física es a la vez *natura* y *naturans*. Dentro y fuera se componen porque eso está en su ser mismo. El mundo es un total del que los físicos forman parte: justo tal como dijera Pauli.

La radiación de Hawking

Entre las figuras más conocidas de la Astronomía se cuenta el «agujero negro». Al introducirse ese concepto propuesto primeramente en inglés («*black hole*») hizo que se extinguiera la mastodóntica forma verbal «materia estelar inestable sometida a gravitación». Con el nuevo término, los físicos trataban de captar lo que pasa con estrellas sometidas a la influencia de la gravedad cuando se agrega así demasiada materia de una vez. Sencillamente, en algún momento colapsan. Primero, la materia habitual compuesta por átomos de desploma sobre sí misma de modo que los electrones se ven forzados a desplazarse hasta el núcleo y se fusionan con los protones formando neutrones. Surgen así estrellas de neutrones que, ulteriormente, aún pueden colapsar y sustraerse a nuestra observación en forma de agujeros negros. La fuerza gravitatoria ahí reunida es tal que lo arrastra todo hacia sí y no lo deja escapar, incluida la luz.

¿En eso cierto? ¿Efectivamente nada escapa a un agujero negro? En 1974, el físico británico Stephen Hawking (nacido en Oxford en 1942), a la sazón ya en silla de ruedas, afirmaba que los agujeros negros, contra lo que se daba por sabido, podían irradiar algo, precisamente lo que se conoce como radiación Hawking. La afirmación sorprendió a sus colegas en dos aspectos y, de paso, le concedió la condición de *vedette* de las modernas ciencias naturales que Hawking ha mantenido hasta hoy.

La primera sorpresa procedía de que Hawking venía siendo hasta 1974 un vehemente adversario de la idea de que los agujeros negros pudieran irradiar algo. Con más ardor que nadie había argumentado contra algunos esfuerzos encaminados por entonces a calcular qué orden tiene la materia. incluso colapsada en un estado terminal. Como en el caso del demonio de Maxwell, la cuestión giraba en torno a la entropía y la validez del segundo principio de la Termodinámica. Se precisaba además algun método con que calcular esas magnitudes en un agujero negro.

En un primer momento, todo aquello le parecía a Hawking una estupidez. Entropía, para un físico, al final siempre está asociada a calor, y todo aquello que disponga de calor puede desprenderse de él. Pero los agujeros negros, por su naturaleza, no podían estar en situación de hacer justamente eso. ¿A qué venían entonces tales tentativas?

Así pensaba Hawking hasta que, reflexionando, llegó en 1974 a cambiar de convicción; a saber, que aun así podría haber alguna radiación. Hawking tuvo que aplicar en el empeño el entero arsenal de la Física moderna, desde Termodinámica hasta Mecánica cuántica pasando por la teoría de la relatividad, para poder fundamentar ante sus colegas esa actividad de los agujeros negros. De entonces a esta parte la mayoría se ha convencido de la existencia de esa radiación, si bien tan débil que nadie cuenta con demostración efectiva alguna (donde viene al caso una observación acerca del premio Nobel, que Hawking no ha recibido ni recibirá mientras su Física eluda la demostración experimental; en eso son particularmente tercos en Estocolmo).

El interés principal de la radiación de Hawking está en que muestra qué sorpresas reserva la Física cuando se componen todas sus leyes. Se encuentra entonces algo incluso donde debería haber... nada. De todos modos, eso sigue saliendo igual que antes del interior de un agujero negro: nada, ni siquiera la radiación que Hawking calculara. Ésta forma parte del agujero como la atmósfera de nuestro planeta, por decirlo como Christian von Baeyer. La radiación de Hawking mana inmediata a la superficie del agujero negro, región ésta que ningún ser humano alcanzará jamás, pues quien se acerque por las inmediaciones se verá atraído por la materia allí colapsada cada vez con más intensidad, pero a la vez el tiempo discurrirá cada vez más lento (conforme a la teoría de la relatividad de Einstein). Mucho antes del agujero negro, en el llamado horizonte de sucesos, incluso se detendría; y con él, nosotros.

El principio de Zeilinger

Anton Zeilinger es del parecer de que el gran Niels Bohr (véase «La herradura de Bohr») no halló suficiente audiencia cuando señalaba un extendido error: según él, la ciencia física no describe la naturaleza, como muchas veces se entiende. Más bien describe el conocimiento humano de la naturaleza. Tomándose esta afirmación en serio, y Zeilinger lo hace, puede darse con la idea de que, propiamente hablando, no hay diferencia alguna entre realidad e información sobre ella. Vistos así, conocimiento y realidad son solamente dos caras de una moneda, y siendo así, no cabe en último término diferenciarlas. Siguiendo más lejos esa pista y recordando que puede establecerse y medirse información mediante los llamados *bits*, series de unos y ceros en el caso de un ordenador, se hace claro de pronto por qué el mundo no aparece como continuo en el ámbito atómico, haciéndose patente en cambio su naturaleza cuántica. Expresamos nuestro conocimiento de la naturaleza mediante unidades discretas en forma de bits, de ahí que nos topemos con el mundo en esa misma forma. Hay cuantos en la realidad por consistir nuestro conocimiento en unidades discontinuas (por saltos).

Con tales reflexiones nos hemos adentrado no poco en el territorio de la investigación básica, tal como se practica actualmente en la Física moderna, entre cuyas cabezas rectoras se cuenta Zeilinger. Oriundo de Viena, donde trabaja, trata hace tiempo de tener en cuenta como se merecen dos ideas: una, que la información es algo físico (véase «El demonio de Maxwell»), y otra, que el conjunto de nuestros conocimientos sobre la naturaleza procede de informaciones, nuestras y suyas. Desatendiendo esas magnitudes, falta algo en nuestra imagen del mundo. Para saldar tal carencia, Zeilinger formuló ya en 1999 «un principio fundamental de Mecánica cuántica», y en verdad suena muy sencillo lo que apuntaba en él: «Un sistema elemental es portador de un *bit* de información».

Eso es todo. Pero es mucho. Como arriba se apuntaba, explica la mera existencia de saltos cuánticos (porque nosotros sólo recibimos tal tipo de información), y también el porqué de muchos de los azares que se dan en el mundo atómico y no podían soportar Einstein y otros (lo que ese gran hombre expresó con su «Dios no juega a los dados»). En efecto, al medir nosotros un sistema elemental (un átomo con propiedades dadas), éste se desprende de su información. Y luego, nada más, porque nada más hay. Según esto, no se le puede sacar nada más, y cualquier medición ulterior sólo puede producir resultados azarosos (como demuestran las investigaciones).

Zeilinger vincula su principio a una gran idea del norteamericano John Wheeler, pronto centenario (nació en 1911), quien profetizara que un día la Física entera podrá entenderse en lenguaje de información, algo que expresó con brevedad insuperable en la fórmula «*it from bit*», que aclaraba como sigue: «*it from bit* representa la idea de que a todo objeto del mundo físico subyace una fuente y una explicación inmateriales. Aquello que llamamos realidad surge en último término de cuestiones del tipo «sí o no» y de registrar las correspondientes respuestas. Dicho brevemente: por su origen, toda cosa física es teórica (de la teoría de la información), y en un universo participativo», término con que se quiere indicar que no sólo nos produce y forma, sino que también nosotros lo producimos y configuramos.

En este sentido, esa confirmación puede tener un significado nuevo según el cual una ciencia no descubre el mundo, sino que lo inventa y produce como lo hace un artista. A quien tal afirma suele preguntársele si con ello discute que haya un mundo «ahí fuera». La respuesta, naturalmente, es «no». Sabemos, y aun con precisión, que algo hay «ahí fuera». Lo sabemos gracias al azar. No podemos inventarlo. Inventa sin nosotros su camino a la realidad.

Menudencias clásicas

El demonio de Maxwell

La tesis doctoral que Max Planck presentó, aunque no trajera consecuencias (véase «El principio de Planck»), trataba de lo que los físicos llaman «segundo principio de la Termodinámica» (concepto este último que también se conoce como teoría del calor). El demonio de Maxwell, al que daremos entrada en escena tras algunas observaciones previas, da figura al intento de poner a prueba hasta el fondo a ese principio (y acaso tener que desecharlo). Su creador, el físico escocés James Clerk Maxwell (1831-1879), trajo al mundo a ese diablillo en calidad de tarea para la ciencia, quien debía aclararle con sus leyes por qué él no podía existir. Los físicos tardaron más de un siglo en dar con la respuesta adecuada, de donde puede inferirse lo espabilado que salió este diablillo.

Daremos con una solución sorprendente, pero antes hemos de ascender a esa cumbre de la ciencia que ya hemos mencionado con el nombre de «segundo principio». Oyendo ese título cualquiera adivina sin esfuerzo que debe haber un primero, y se preguntará además si hay un tercero o un cuarto. La respuesta correcta es que hay tres principios fundamentales de la ciencia física que se ocupa del calor. El primero establece que, en ninguna reacción o movimiento, se crea ni se destruye energía, sino que ésta permanece constante. De ahí que se hable también de principio de conservación de la energía, y tan seguros se sentían los físicos en el siglo XIX que se atrevieron a aventurar una afirmación universal a partir de él: la energía es constante en el mundo.

Puesto que dedicaremos el resto de este artículo al segundo principio, mencionaremos siquiera de pasada que el tercero indica algo acerca del cero absoluto de temperatura. Para entenderlo, sólo hay que pensar en que los objetos se contraen al aumentar el frío. Naturalmente no pueden menguar a placer. Tiene que haber un límite que impida asimismo seguir descendiendo a la temperatura. En ese punto todo se habrá quedado helado literalmente. Se habla de cero absoluto para distinguirlo de ceros relativos como el de la escala Celsius que leemos en nuestros termómetros. Este cero se ha fijado arbitrariamente en el punto de congelación del agua y sirve para entenderse acerca de temperaturas medidas. Pues bien, el tercer principio afirma que no cabe alcanzar el cero absoluto, situado en la escala Celsius en –273°, a lo que se puede plantear una cuestión que mejor dejamos sin responder, si arrojar allí o no a los graciosos que pregunten qué se nos ha perdido a nosotros en semejantes fríos.

Dirección en la naturaleza*

El gran interés de la Física y otras ciencias por la energía dependía en el siglo XIX ante todo de la necesidad de entender mejor cómo funcionaban las máquinas. Eran los tiempos de la gran industrialización y por doquier se instalaban máquinas eléctricas y de vapor para desempeñar toda clase de trabajos. Los empresarios, y no sólo ellos, querían saber cómo sacar el máximo rendimiento de una máquina con el mínimo gasto, que en términos físicos exigía responder a esta pregunta: cuánta de la energía aportada a una máquina en forma de carbón o corriente eléctrica podía transformarse en trabajo. Estaba claro que no toda podía aprovecharse y mucha se perdía, digamos por rozamiento o sencillamente por enfriamiento de partes calientes (disipación). Para poder ofrecer informaciones más precisas, los físicos distinguieron entre energía conjunta o total aportada a una máquina y energía libre o útil que podían transformar en trabajo, como transportar cargas.

En sus tentativas por captar con más precisión qué pudiera ser esa energía libre, a los físicos se les ocurrió, dicho muy en general que, al pensar sólo en energía, estaban desatendiendo y dejando escapar un aspecto esen-

* En puridad, «sentido» y no dirección, pero aquí y en otros lugares «el sentido de la naturaleza» resulta bastante equívoco. (*N. del t.*)

cial tanto de los procesos naturales como de los mecánicos: la dirección en que transcurrían. No se entiende aquí por dirección el que una bola vuele hacia arriba o hacia abajo, o que lanzada contra una pared rebote, sino que puesto un cubito de hielo en un vaso de agua, por ejemplo, el calor discurra constantemente desde el fluido caliente al sólido frío, y nunca en dirección contraria.

Quien se tome un vaso de vino fresco en una cálida noche de verano notará que la temperatura del vaso no hará sino ascender. Parece quedar excluido que el aire ya caliente se sirva además de la energía del líquido. El vaso se va calentando hasta haber alcanzado el nivel de la atmósfera nocturna, y entonces toca a su fin el proceso de transferencia de energía.

En palabras de Max Planck: «Que la conducción de calor discurra de cuerpos más calientes a más fríos, o bien en direccion inversa, es algo sobre lo cual el principio de la energía no permite inferir la menor cosa». Planck se refiere aquí con «principio de la energía» al primer principio de la Termodinámica, junto al cual pondría muy pronto el segundo en sus célebres «Lecciones de Termodinámica» donde lo formula como sigue: «En la naturaleza existe para todo sistema de cuerpos una magnitud con la propiedad de que su valor, en todo cambio que afecte únicamente al sistema, sólo puede aumentar o permanecer constante».

El físico Rudolf Clausius había introducido para esa magnitud un nombre que debía recordar a «energía», que procede como se sabe del griego *energeia,* significando aquí algo así como fuerza y efectividad. En busca de una expresión acertada, Clausius topó con el término griego *entropein*, con el significado de «invertir» o «revertir», del que formó la «entropía» que desde entonces nos ocupa. Es patente que en la naturaleza hay procesos reversibles. Así, el agua puede enfriarse primero hasta helarse y, ascendiendo la temperatura, fundirse luego. Pero en su mayoría estos procesos son irreversibles, sin que esto lo decida la energía aportada o sustraída, sino la entropía. Si un proceso es irreversible, la entropía aumenta, no pudiendo sino crecer y jamás disminuir. En otras palabras, en su mayoría los procesos naturales discurren de suerte que la entropía aumenta, algo que Clausius resumió en una formulación universal: la entropía del mundo tiende a alcanzar su máximo.

El clasificador de Maxwell

Hoy resulta más bien difícil figurarse qué interés despertaba la Física del XIX en algunos círculos intelectuales, sobre todo después de haberse atrevido a plantear afirmaciones universales como ésa. Pronto se discutió con ardor qué podía ser exactamente esa entropía, sin reparar en que, en lo esencial, tampoco se sabía qué fuera exactamente esa «energía» en apariencia inequívoca que, sin embargo, ofrecía la teatral propiedad de ser indestructible. Y también pronto hubo interpretaciones que operaban con el concepto de orden, más fácil de imaginar, y proclamaban que, conforme al segundo principio, el desorden del mundo no podía sino crecer, remitiendo así a una situación que todos conocemos de la vida diaria, en que el desorden de una habitación sólo puede crecer si nadie la arregla.

De hecho, algunos intelectuales particularmente sagaces veían en el segundo principio una prueba física de la decadencia de la cultura, insensatez que sólo mencionamos por insinuar qué fácil es abusar de ideas científicas. Los artífices del segundo principio tenían problemas bien distintos, como entender qué comprende exactamente la entropía y cómo los procesos naturales adoptan con su ayuda la dirección que muestran. Lo que no es cuestionable, sin embargo, es que haya un discurrir direccional en la naturaleza, ni que una gota de tinta en un vaso de agua, por ejemplo, sólo pueda disolverse y nunca reconstituirse. O que si uno coloca un recipiente con un gas a temperatura superior junto a otro recipiente con el mismo gas a temperatura inferior hay intercambio de energía sólo desde el lado caliente hacia el frío, y no a la inversa, intercambio que termina cuando ambos tienen la misma temperatura. En ese momento la entropía del sistema ha alcanzado su máximo.

Los físicos habían empezado a captar ese proceso con precisión suponiendo que los gases u otros sistemas físicos consistían en átomos. Aquí se ruega tener cierto miramiento, pues tan grande como hoy parezca su simpleza, era también el escepticismo con que entonces se recibía. A la sazón, nadie habría sabido decir con seguridad si esas formas que habían recibido tal nombre ya en la Antigüedad existían efectivamente. Y con más razón, nadie tenía siquiera una vaga idea de qué aspecto tendrían. Pese a ello, es admisible introducirlos a título de hipótesis, y quien tal hace dispone de la posibilidad de interpretar de algún modo la temperatura de un gas, concibiendo los átomos en forma de bolitas duras y elásticas en movimiento más o menos rápido que

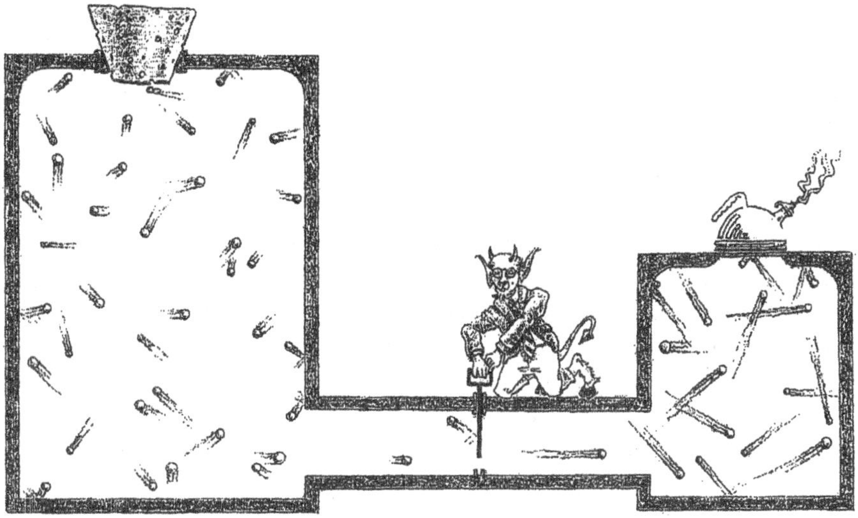

La parte izquierda está caliente (la mayoría de átomos son rápidos); la derecha, fría (la mayoría, lentos). En el caso normal todo se iguala. El demonio clasifica y escoge los átomos de modo que ocurra lo contrario: sólo deja pasar los átomos lentos de la izquierda y los rápidos de la derecha. Entonces lo caliente se vuelve más caliente mediante lo frío. En la naturaleza no ocurre nada semejante, lo que plantea una pregunta: ¿qué es lo que no puede funcionar en ese demonio? ¿Por qué no puede existir?

pueden chocar entre sí. Siendo rápido, la temperatura del gas que componen será alta; siendo lento, baja. Si chocan bolitas rápidas y lentas, intercambian energía y, como los átomos lentos reciben entonces algo de los ejemplares más rápidos, se comprende ya bien el segundo principio: el cual afirmaría entonces que, a consecuencia de los choques, las velocidades de todas las bolitas que ronden por allí acabarán siendo iguales, justo lo que se observa.

Para Planck y los demás participantes en la discusión era patente que esa interpretacion mecánica del calor rendía una satisfactoria imagen de conjunto de la realidad física, hecho éste que en nada alteraba el que los muchos críticos que la teoría tenía señalaran ante todo que esos átomos situados en el centro de todo el razonamiento estuvieran descritos muy insatisfactoriamente y su funcionamiento siguiera siendo oscuro. Objeción justificada, sin duda, pero no es de esperar que una buena hipótesis aclare a la vez todas las cuestiones de la Física, como se indica en «La escoba de Brenner». Basta que sea de ayuda en algunos casos; eso sí, siempre que no traiga a la vez problemas mayores. Pero justo ése parecía ser el caso, y a resultas precisamente de un experimento mental del escocés Maxwell que se hizo célebre como «el demonio de Maxwell» y ha tenido ocupada a la profesión hasta nuestros días.

Maxwell se figura los dos gases arriba mencionados colocados en dos cámaras conectadas mediante una válvula. Ahí coloca a su demonio, a quien asigna una tarea sencilla, clasificar átomos. Cuando de la cámara caliente salga un átomo rápido, debe rechazarlo; cuando lento, admitirlo. Y a la inversa: cuando venga de la fría uno rápido, darle paso, y cuando una molécula lenta, rechazarla. Para que funcione su diabólica máquina, Maxwell supone que los átomos no tienen todos igual velocidad, sino que ésta se distribuye conforme a lo que se conoce en la jerga del oficio como «distribución de Maxwell» y proporciona el fundamento para el tratamiento estadístico de gases; en concreto significa que, en el lado caliente, hay muchísimos átomos rápidos, pero también unos cuantos lentos; y otro tanto en el lado frío, donde hay muchísimos lentos, pero también unos cuantos rápidos.

Sin demonio había una compensación de temperaturas tal como predice el segundo principio. Con demonio, empero, se vuelve más caliente el gas caliente y más frío el frío. Y la pregunta de Maxwell en 1871 es por qué no puede darse un demonio semejante. ¿Cómo impide el segundo principio la intromisión de tal diablejo?

Cuestión de información

La expresión «demonio de Maxwell» procede del físico británico lord Kelvin, quien se ocupó del asunto en 1874 y se percató de que esa construcción intelectual ocultaba ya un problema simplemente en el hecho de no estar probados los principios primero y segundo de la Termodinámica. Se trata de compendios de experiencias a las que en cualquier momento podrían venir a sumarse otras nuevas. ¿Y quién podría estar seguro de que siempre fueran a estar de acuerdo con los correspondientes enunciados de la Física?

¿Qué pasaría si alguien pudiera construir efectivamente un ingenioso sistema técnico que invirtiera la dirección natural de los procesos?

Muchos contemporáneos de Maxwell, lord Kelvin, Clausius y Planck se esforzaron por despachar de una vez a ese diablejo, pero salvo la indicación más bien poco útil de que se trataba de un jugueteo académico sin concecuencias prácticas, a los científicos no se les ocurrió nada interesante durante decenios. De hecho, no fue sino hasta 1929 cuando hubo al fin un progreso digno de mención en este campo. En esas fechas, el físico de origen húngaro Leó Szilárd publicó un texto con el prolijo título «Sobre la disminución de entropía en un sistema termodinámico por intervención de seres inteligentes».

Si ese lenguaje un tanto puntilloso, pero científicamente preciso, no le ha hecho desistir, el lector habrá podido deducir ya que Szilárd, en primer lugar, aborda precisamente el asunto del demonio de Maxwell, y en segundo, que pone el dedo en la llaga. El demonio no puede funcionar como aparato meramente físico; además tiene que ser inteligente. El demonio ha de tomar decisiones, y sólo puede ejecutarlas disponiendo de los conocimientos necesarios. En este punto entra en juego un concepto hoy aplicado como algo obvio pero que, al igual que muchas grandes ideas de la humanidad, primero tuvo que ser descubierto y aceptado. Nos referimos al concepto de información, cada vez más popular a partir de la segunda guerra mundial y cuya ausencia en el habla corriente es hoy inconcebible.

A Maxwell y Planck les fue forzoso apañárselas sin tal información, literalmente hablando, y entonces el demonio plantea el problema descrito. Con información, el asunto se hace más fácil de comprender, pues el diablejo tiene que hacerse primero con las informaciones necesarias para sus decisiones, lo que no funciona sin producir cierta entropía, tal como Szilárd pudo calcular a bulto. Pero lo que es aun más importante, el demonio también ha de almacenar forzosamente la información en alguna parte, lo que impide construirlo de un tamaño discrecionalmente pequeño. Szilárd proponía que no podía entenderse la Física sin incluir en sus cálculos conceptos como medición, información y memoria. Si se quiere exponer de forma sencilla su solución al problema de Maxwell, lo que ocurre es que la imposibilidad de una visión de conjunto confunde al demonio de manera que, en algún momento, ya no puede distinguir con suficiente precisión entre átomos rápidos y lentos, con lo que el segundo principio parecería haber salido indemne.

El precio del olvido

Los físicos admiraban a Szilárd, quien, poco después de su ataque al demonio, colaboró además con Albert Einstein en la redacción de la legendaria carta enviada al presidente estadounidense Roosevelt, como secuela de la cual se puso en marcha el proyecto Manhattan. En los tiempos revueltos de la segunda guerra mundial, había otros demonios que conjurar, y así siguió el de Maxwell hasta principios de los cincuenta, sin que ningún físico retomara la solución de Szilárd; algunos lo hicieron en esas fechas, entre otros propósitos, con el de comprender más exactamente en el marco de la nueva Física que operaba con cuantos la acción recíproca de demonio y bolitas —los antiguos átomos—. En eso estaban cuando les llamó la atención entre otras cosas que la antigua magnitud, la entropía, y la nueva, la información, en el fondo dependieran mutuamente. Una es más o menos lo contrario de la otra, que lleva a concluir que información es algo físico, sometido a las leyes de la Física. A finales de los años cincuenta y comienzos de los sesenta, cuando la construcción de ordenadores ocupó el puesto que había tenido en el siglo XIX la de máquinas de vapor, de nuevo los físicos quisieron saber dónde podían sobrevenir pérdidas termodinámicas.

Particular empeño puso en el asunto Rolf Landauer en IBM, quien con el segundo principio y el demonio de Maxwell en mente, trataba de averiguar el punto exacto en que se producía en las calculadoras la transformación de energía en calor, perdiéndose la energía para sus fines propios. En 1961 tuvo éxito y pudo formular el principio de Landauer, con el que por primera vez puede entenderse realmente qué le hace la vida tan dura al demonio.

Contra el punto de vista tradicionalmente defendido, dice Landauer, no surgen pérdidas termodinámicas cuando se procesa información (recogida y utilización). El único paso que conlleva una pérdida elemental inevitable es la destrucción de información, el olvido. Sólo hay que tener a la vista todo lo que tiene que hacer el demonio: no se trata sólo de medir y clasificar uno o dos átomos en la cámara, sino de observar y comprobar cantidades ingentes de átomos, y eso significa que precisa una memoria igual de gigantesca, un volumen de almacenamiento que, con toda seguridad, la hará enseguida mayor que el dispositivo entero, y así completamente sin valor. Junto a su tarea de obtener información, por tanto, el demonio ha de llevar a cabo una tarea aún más importante, eliminar información. Tiene que borrar sin desmayo su memoria y, a cambio, paga lo que podría llamarse poéticamente «el precio del olvido». Se ve apremiado a ello por el segundo principio de la Termodinámica, que entonces sí se impone definitiva y soberanamente a todos los demonios y sus exorcistas.

Cuando el físico norteamericano Charles Bennet pudo aplicar en 1984 el principio de Landauer a la memoria del demonio de Maxwell, mostrando que de ese modo el gas y sus átomos volvían a dotarse exactamente de la entropía exigida por el segundo principio, la Física recuperó por fin su paz espiritual que el demonio de Maxwell le había robado por más de un siglo, a menos que mañana alguien encuentre algún aspecto hasta entonces pasado por alto. Esa es una posibilidad que no deberíamos olvidar, aunque tengamos que pagarlo con entropía.

La paradoja de Olbers

Tras haber hablado varias veces de la cara nocturna de la ciencia, ahora nos volveremos a la del mundo para tratar de entender el color de la noche, la negrura del cielo. De entrada, no parece haber nada asombroso en que oscurezca al ponerse el Sol o girar la Tierra, tanto da, de suerte que el Sol desaparezca de la vista de los humanos que se hallen en suelo europeo, mientras luce para quienes se encuentran en los Estados Unidos o Asia (en caso de no estar nublado).

¿Qué íbamos a ver sino negro cuando la estrella que es el centro de nuestro sistema no está visible, cuando la noche ha borrado al día? ¿Qué hay en ello por lo que asombrarse o preguntar?

Para empezar, señalemos un problema más bien accesorio en este punto; a saber, que el cielo nocturno de hecho no es incoloro en absoluto, sólo que nuestros ojos no ven colorido alguno.

Si utilizamos algún aparato físico de medición que nos informe de las longitudes de onda de la luz captada, comprobaremos que la oscuridad del cielo rebosa de colores: es polícroma. A nuestro aparato visual, con ojos y cerebro, le parece negro el cielo nocturno tan sólo porque utilizamos las células fotosensibles receptivas al color únicamente de día, y por la noche las dejamos que descansen.

Ya sabemos que de noche todos los gatos son pardos y todos los cielos negros.

Así nos ha conformado la evolución y, sin profundizar en más fundamentos, dejaremos pues a la fisiología y a la vista que descansen ambas sobre sí mismas.

Un problema cósmico

Nos interesa la oscuridad de la noche en cuanto problema cósmico, cuestión que lleva un nombre propio en la literatura científica, donde se habla de «la paradoja de Olbers» en honor de Heinrich Wilhelm Olbers (1758-1840), oriundo de Bremen, médico de día y astrónomo de noche. En 1820, presuntamente por razones de salud, abandonó la práctica médica para dedicarse en adelante de forma intensa y continuada a aclarar una paradoja que le irritaba, claro, por el siguiente motivo: para él era obvio suponer que en el universo haya un número incontable de estrellas, «una inmensidad» como escribe él mismo, y de ahí viene su problema, pues a través de una inmensidad de estrellas se puede mirar tan poco como a través de un bosque intrincado. Toda mirada acaba topándose con un árbol en algún momento y, correspondientemente, toda mirada al cielo debería acabar topándose con una estrella luciente en algún momento. Así, el cielo nocturno no debería poder verse negro, sino más bien blanco, como una sábana extendida, si hay una inmensidad de estrellas.

Pero, aun así, el cielo no es blanco. Que él como el universo entero parecen negros es algo sabido desde que se mira a la Luna y se pintan claros de luna. Y la cuestión es entonces cómo se explica que el firmamento se oscurezca cuando ya no luce el Sol.

Por lo demás, el color azul que vemos en un día despejado se debe a la atmósfera, que difunde la luz solar dependiendo de su energía y privilegia así a la luz azul (con el sol poniente muy bajo, ésa precisamente se desvía por refracción y es la restante la que vemos, el hermoso rojo dorado que nos arroba el ánimo en una cálida atmósfera).

¿Por qué la noche es negra?

¿Hay alguna pregunta que pudiera sonar más ingenua? Cabe sospechar que ahí precisamente se esconde la razón de que los científicos tardaran tanto en tomársela en serio. Antes se asombraron de otras cosas: en concreto, lo que salta directamente a la vista; ¿Cómo es que las estrellas lucen? ¿Arde fuego en ellas? ¿Cómo explicarse, además, que titilen? ¿Y por qué todas las luces en el cielo nocturno parecen igualmente grandes? ¿Serán todas las estrellas lejanas de igual tamaño o sólo nos lo parecen?

Difíciles cuestiones científicas todas ellas que hoy se ha llegado a poder responder satisfactoriamente, al contrario de nuestra cuestión inicial a la que ahora volvemos: la noche y sus colores. Quien se pregunte ante un público lego por qué ha de irrumpir la oscuridad al anochecer, recibirá como respuesta espontánea alguna indicación de lo más obvio: que el Sol se ha puesto y ya no está ni luce en el cielo. A primera vista eso es acertado, naturalmente, pero se queda demasiado corto, pues el universo no se acaba en el Sol, como es sabido. Aun antes de poder medir por millones de años luz y contar por millones y miríadas, los humanos estaban seguros de que hay más estrellas que esa única en torno a la cual giramos con la Tierra. Naturalmente que nadie puede saber con exactitud cuántos cuerpos celestes del tipo del Sol ofrece el universo, pero tampoco puede nadie escabullirse con esa perogrullada, pues trae una consecuencia. Cuando no hay modo de saber algo importante para un problema planteado, hay que establecer algún criterio a título de conjetura, y cualquiera que pretenda responder a la cuestión de la oscuridad de la noche tiene que presentar primero su imagen del universo con la que va a aventurar una solución al enigma.

Así, de ocuparse alguien de esta cuestión, no puede quedarse simplemente en que el Sol está ausente. Tiene que manifestarse en detalle acerca del cosmos o, lo que es igual, establecer de alguna forma no trivial el aspecto que debe tener el mundo. ¿En qué contexto, sobre qué presupuestos se aclararía la negrura del cielo?

Respuestas ofrecidas

En este punto surge a menudo una objeción: que la luminosidad de las estrellas disminuye al aumentar su lejanía, y de ahí que se las vea cada vez menos y al cabo nada. Esto es atinado, claro. Pero no lo es menos que, con una ocupación regular de los cielos —y no cabe otra a menos de añadir ulteriores suposiciones—, el número de estrellas seguirá creciendo al alejarse, de manera que la intensidad lumínica decreciente de cada estrella se compensará con su número creciente.

Persiste por tanto la cuestión de ese oscuro «por qué», y resulta irritante por hallarse tan directamente a la vista. Respuesta sumamente humana es la que propone el filósofo Hans Blumenberg. En su libro titulado *Die Vollzählig-*

keit der Sterne dio con una fórmula bonita y paradójica; a saber, que precisamente si sólo hubiera estrellas no veríamos ninguna. Y en efecto, si el cielo nocturno estuviera iluminado uniformemente por las gigantescas acumulaciones de estrellas del cosmos, se vería sólo blanco por todas partes, pero ninguna estrella en particular. Visto así, la razón de la oscuridad está en darnos a los humanos una oportunidad de ver estrellas y estremecernos ante su inmensidad como el gran Kant, a quien embargaban sentimientos sublimes al contemplar sobre sí el cielo estrellado. Es fácil que así le viniera a la cabeza la idea de que hay cuestiones que le están vedadas a la razón humana, sin que nadie esté jamás en situación de responderlas. Entre ellas, la del número de las estrellas que plantea la conocida canción infantil. «¿Cuántos luceros hay en el toldo de los cielos?» Como dice la canción, la respuesta la sabe el buen Dios, lo que de paso nos descubre la razón de tal número: seguro que a Dios no le gustaría echar en falta ni al más pequeño de sus luceros, pues cuando se trata de Dios lo que se tiene en mente efectivamente es todo, cada estrella y cada ser humano.

Desde el lado de la ciencia, podría objetarse que Olbers partió de una suposición desacertada al explicar la ausencia de luz. Puede que no haya «incontables» estrellas, sino muchísimas pero en número finito. Entonces la mirada al cielo nocturno discurriría a través de ellas como por un soto, reconociendo qué hay al otro lado.

El problema de esta solución está en que no hay gran trecho entre suponer un número finito de estrellas, a pensar que vivimos en un mundo de tamaño también finito. Pues ¿a qué vendría haber sitio infinito que no se usara? Donde nada hay, nada podemos descubrir, ni orden ni desorden ¿Es aún cosmos lo más remoto si ya no hay nada? Pero si el universo sólo se extiende en una distancia finita, ¿qué encontramos allende sus márgenes?

En otras palabras, la cuestión del color del cosmos ha de meditarse con más cuidado de lo que parece de entrada, y exige suposiciones acerca del mundo en que vivimos, donde tenemos nuestro sitio. Al hacerlo así, salta a la vista que las suposiciones llevan a consecuencias con las que hay que cargar y que tienen su precio. Las más difíciles corresponden a la extensión del cosmos; es decir, a la cuestión de saber si el universo es finito o se extiende infinitamente, distinción que de entrada remite solamente a la dimensión del espacio. Pero que también podemos ampliar a especulaciones sobre el tiempo de que dispone el universo o el transcurrido hasta ahora. De no concedérselo demasiado largo, bien pudiera ser que que Olbers y otros que le sucedieron no vieran las innumerables estrellas del cielo por estar tan alejadas que la luz de las últimas aún no hubiera tenido tiempo de alcanzarnos. En cuyo caso, de todos modos, tendríamos que admitir otra pregunta: ¿Cómo han llegado las estrellas mismas a lugar tan remoto? ¿O estuvieron allí siempre?

Aspecto del asunto este último que sopesó el primero un contemporáneo de Olbers, el escritor estadounidense Edgar Allan Poe (1809-1849). En febrero de 1848, un año antes de su prematura muerte, Poe habló durante más de dos horas en la Society Library de Nueva York acerca de la historia del surgimiento del cosmos, «cosmogony of the universe» según dice textualmente. Resumió lo entonces expuesto en un ensayo dedicado al gran naturalista Alexander von Humboldt y titulado «*Eureka: A Prose Poem*». En él se imagina un universo vivo y latiente que alternativamente se expande y se contrae como un corazón. Y hacia el final del texto, Poe, a quien fascinaba como a buen poeta más la oscuridad que la luz, aborda el asunto del cielo nocturno y escribe: «Si hubiera una serie infinita de estrellas, el trasfondo del cielo nos ofrecería una claridad uniforme como ocurre en la Vía Láctea, pues no habría entonces en todo ese fondo un solo punto en que no hubiera una estrella. En tales circunstancias, el único esquema con que entender el vacío que nuestros telescopios hallan en incontables direcciones tendría que suponer que la lejanía del fondo invisible es a tal punto gigantesca que aun no ha habido radiación luminosa alguna en disposición de alcanzarnos».

Poe aborda el moderno tema de la velocidad de la luz y la edad de las estrellas introduciendo en la discusión sobre el cosmos también otras ideas que resultan a la vez originales y actuales. Anticipa así por ejemplo la estructura jerárquica del universo como *cluster of clusters*, hoy comprobable, y llega a barruntar aquello que en el siglo XX llegaría a ser para Einstein una de las ideas rectoras de su cosmología: *space and duration are one*. Dicho de otro modo, espacio y tiempo forman una unidad, idea poética que Albert Einstein transformó en Física en su teoría de la relatividad.

Las palabras de Poe sobre la duración dejan claro que, al describir el cosmos, tiene en mente tan sólo el tiempo físicamente medible. En los cuentos por ejemplo no se necesita reloj alguno, y nadie quiere saber cuándo fue esa vez que «érase una».

Pero dejemos esa unidad recién introducida que Einstein llamaría continuo espacio-tiempo y sigamos con el color de la noche. Pues hay en efecto muchas otras posibilidades para explicar la oscuridad. Una consiste en introducir la suposición de que el universo no está vacío en absoluto, sino repleto de materias que, como el polvo o la niebla, permiten que se filtre luz procedente del fondo del espacio, se abra paso hasta la Tierra y alcance nuestros ojos o un telescopio. La dificultad aparece aquí cuando uno quiere ser preciso y advierte que luz absorbida significa energía. Si hay materia que absorba mucha energía durante mucho tiempo, se calentará de suerte que, al cabo, comenzará a arder. En otras palabras, aun pretendiendo que la luz simplemente se esfume por el camino, de modo que no la veamos, no se puede pasar de largo sin pagar ante la caja de la verdad. Hay que satisfacer el precio correspondiente, en este caso uno tan alto que prohibe la ansiada solución.

La solución moderna al antiguo enigma

Ya hemos señalado que lo bonito de la paradoja de Olbers está en que sólo es posible discutir con sentido la cuestión de la oscuridad de la noche proponiendo un marco cosmológico. En otras palabras, he de decir primero cómo me imagino el cosmos para tratar de aclarar por qué se ve oscuro.

Quien hoy pretenda ofrecer un cuadro del universo ha de utilizar forzosamente ideas de la teoría de la relatividad, y se puede permitir figurarse el surgimiento del universo como secuela de alguna especie de acto creador a partir de un punto. Con ello se piensa en el acontecimiento cósmico acaecido hace un tiempo inconcebiblemente remoto que llamamos en alemán «chasquido primordial» (*Urknäll*) y en inglés «la gran explosión» (*Big Bang*),* con el que podrían avenirse aun los custodios de la doctrina católica en el Vaticano.

En la teoría de la relatividad, lo esencial a nuestros fines está en una intuición que ya formulara poéticamente en el siglo XIX Alexander von Humboldt, indicando que toda mirada al espacio lo es también al tiempo. No vemos las estrellas en el cielo tal como se ofrecen ahora, sino como lo hacían

* Aquí se usará «estallido». *Knallen* es lo que hacen un látigo, un portazo o un bofetón; como principio del mundo, ni que decir tiene, resuenan en él connotaciones distintas a las de una explosión con las que podrían avenirse los custodios de la doctrina católica en el Vaticano. (*N. del t.*)

cuando la luz que hoy nos alcanza emprendió su viaje. En el cielo no vemos presente alguno, sino pasado. Vemos el Sol tal como lucía hace unos minutos; la estrella polar, como hace unos años, y la nebulosa de Andrómeda, como hace millones. Esto depende de las gigantescas distancias cósmicas, tan grandes que se miden en años o minutos luz.

En este punto, alguien sacará una conclusión ocurrente: está claro entonces lo que nos enseña la Astronomía: que puede haber famosas estrellas resplandeciendo incluso en la portada del cielo mucho después de haberse agotado. Pero ya no nos detendremos más en mirarla, para poner ahora la vista en la oscuridad e irnos habituando a la idea de que esa negrura que vemos nos muestra cómo se veía el universo hace mucho, mucho tiempo.

Imaginemos un observador en el ángulo inferior izquierdo del esquema. Está mirando a la vez al universo y su pasado. Esto es posible e inevitable por ser la velocidad de la luz muy grande, ciertamente, pero no infinita. En las inmediaciones de ésa, nuestra posición, vemos otras galaxias (junto con las estrellas de nuestra propia Vía Láctea), y mucho más al fondo, el universo en un tiempo en que aún no había estrella alguna. No podía entonces la materia formar aún estructura alguna, como saben los físicos, que además pueden dar alguna indicación acerca de qué hubiera aun más al fondo, y así, anterior en el pasado. Concretamente, podemos captarlo en el momento en que habían pasado unos 300.000 años desde el estallido primordial. Es el instante exacto en que el universo, en un abrir y cerrar de ojos, se hace translúcido, como escribe Rudolf Kippenhahn en su *Kosmologie für die Westentasche* [Cosmología de bolsillo]. Esto significa en concreto que «nos quedamos clavados ante un muro impenetrable» que, según el modelo de la Física, tiene una temperatura de 3.000 grados Kelvin. Después, cuando el universo se sigue enfriando, pueden surgir átomos que dejan pasar luz. Antes, el universo consiste en una especie de plasma tan impenetrable a la luz como niebla espesa. Así, la negrura del cielo es «un impenetrable muro de 3.000 grados Kelvin», como escribe Kippenhahn, añadiendo que no es «que más allá la materia siga siendo aún hoy impenetrable a la luz, nada de eso; lo era entonces, cuando emitió la luz que hoy nos alcanza. Más atrás, o mejor dicho, antes en el pasado, no alcanza nuestra mirada».

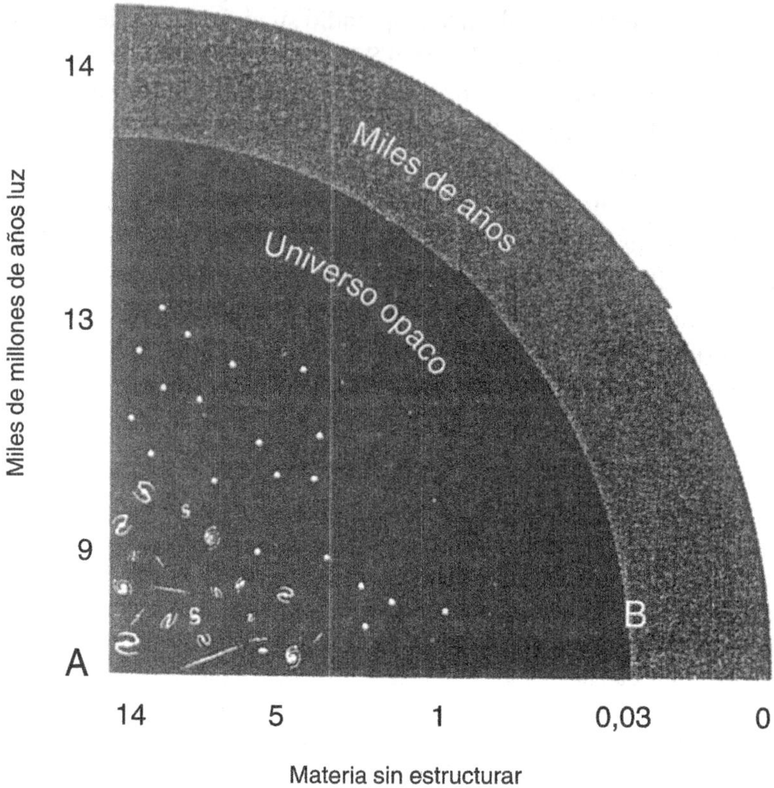

En el ángulo inferior izquierdo se encuentra el observador A, quien mira a la vez al universo y su pasado. En el eje vertical puede leerse la distancia; en el horizontal, la edad del cosmos a la que se emitió un fotón que nos alcance hoy. En la figura da la impresión de que el observador se hallara en el centro del universo. Sólo se encuentra, empero, en el centro de su horizonte. Hoy ofrece a la posición del observador B justamente el mismo aspecto que a la de A. Pero si B mira a A también ve el pasado, y allí, la materia en el preciso momento de volverse translúcida

Eso que vemos es el universo en un punto del tiempo en que aún era impenetrable a la luz. Con mayor precisión, eso significa que la materia de que a la sazón se compusiera no dejaba pasar luz alguna. En el sentido actual del término, materia no había tampoco después del estallido primordial. Demasiado calor para eso. Las partículas elementales, protones y electrones, trataban ciertamente de combinarse en razón de su diferente carga para formar hidrógeno, pero una y otra vez pasaba una partícula de luz separando cuanto quería juntarse. Sólo cuando el universo se enfrió hasta 3.000 grados Kelvin, permanecieron los átomos compuestos y la luz pudo pasar.

Cuando oscurece de noche vemos el universo en el momento en que aún era opaco. Con ello parece resuelta la paradoja de Olbers: pero no del todo. Pues, aun así, seguimos hablando de una temperatura de muchos miles de grados. Aunque suene a poco si se piensa en un estallido primordial supercaliente, hay que hacer constar que, calentada de tal modo toda materia conocida, empezaría a arder y luciría intensamente. Y sin embargo ofrece un aspecto negro como la pez. ¿Cómo se salda esta contradicción?

La respuesta se halla en la teoría relativista y algo que ella hace posible, que el universo se esté expandiendo. Según esa idea, la materia se mueve alejándose de nosotros, lo cual lleva a que la luz que nos alcanza se haya vuelto de baja energía y onda larga.

Tan larga que nuestros ojos ya no pueden notarla, pero sí los instrumentos físicos de los astrónomos, que nos permiten reconocerla en la famosa radiación cósmica de fondo.

En palabras de Rudolf Kippenhahn: «Que oscurezca de noche nos indica que no hay estrellas desde siempre y que el universo se expande. Es asombroso que, para tal observación, que nos conduce directamente a semejante propiedad fundamental del universo, no se precisen telescopios gigantes ni estaciones orbitales. Nos basta mirar por la ventana».

Para hacernos por nosotros mismos una imagen de la maravilla del cielo nocturno sólo tendríamos que apartar, en algún momento, los ojos de la pantalla.

La jaula de Faraday

Tan gran influencia tiene en la historia de la ciencia el físico inglés Michel Faraday (1791-1867) que casi es una pena presentarle sólo en calidad de inventor de una jaula. La jaula de Faraday está hecha de un material conductor de electricidad, siendo los más adecuados los metales, como cobre o plata, y de ese modo impide que un campo eléctrico proveniente del exterior alcance su interior. En la vida cotidiana nos ofrecen algunos ejemplos los automóviles o los aviones, lo cual significa que las descargas eléctricas de una tormenta no pueden alcanzar a ocupantes o pasajeros y matarlos. No es de extrañar que época tan móvil como la nuestra tenga en gran estima el descubrimiento de Faraday, ni que su nombre se conozca por asociación con la eficacísima jaula en que, de vez en cuando, todos nos sentamos y nos vamos de viaje sin peligro, aunque caigan rayos y truenos.

Pero merece la pena echar otra mirada a Faraday, quien además tuvo la idea de empezar a hablar de campos eléctricos y magnéticos. Se había observado a comienzos del siglo XIX que una corriente eléctrica pasando por un alambre hacía que se moviera una aguja imantada colocada a cierta distancia de ella. ¿A través de qué estaban conectados alambre y aguja? ¿Qué se movía a través del aire? Los científicos hacían cábalas al respecto, hasta que el autodidacta Faraday salvó el espacio que los separaba mediante un campo que incluso supo hacer visible con virutas de hierro.

Siendo impecable, ese logro no era sino el principio del razonamiento de Faraday. Pues si una corriente eléctrica produce un campo magnético, pensaba él, también un campo magnético debía producir a la inversa una corriente

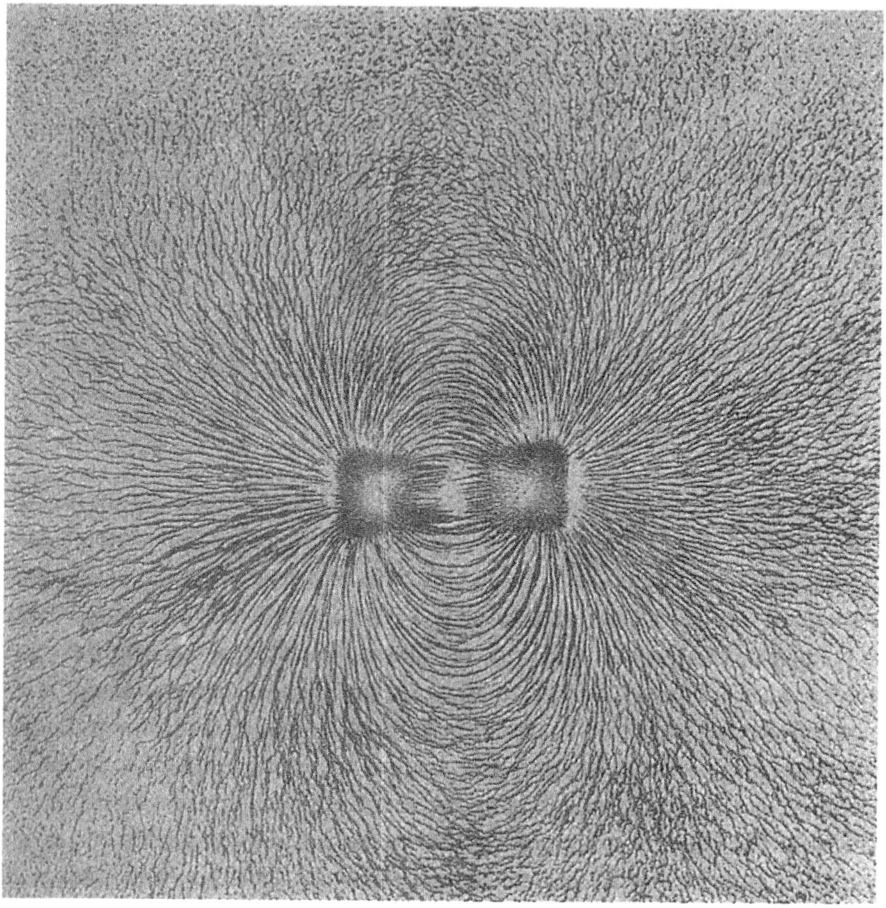

Con virutas de hierro se pueden hacer visibles las líneas de fuerza de un campo magnético.

eléctrica. Tras largos años de pruebas, logró demostrar que esa transformación es efectivamente posible. Se llama «inducción electromagnética» y proporciona la base del suministro de corriente eléctrica hasta la fecha.

La convicción de Faraday de que la naturaleza opera simétricamente ha de remitirse al pensamiento romántico, época en que viviera el físico inglés y caracterizada entre otras cosas por comprender la naturaleza en polaridades. Al día corresponde la noche; a la realidad, el sueño; a lo interno, lo externo; a lo consciente, lo inconsciente; y si algo eléctrico puede generar algo magnético, entonces también ha de ser posible lo inverso. ¡Es bonito pensar que toda la técnica de producción eléctrica ha de agradecerse a una ocurrencia romántica!

Ocurrencias románticas aún tuvo Faraday, por lo menos otra: sacar a la ciencia de la esfera privada del laboratorio y llevarla a la luz pública del teatro. A tal fin, concibió las *Christmas Lectures*, lecciones navideñas que se siguen llevando a cabo en Londres hasta la fecha y que también organizó para niños, introduciéndolas con su «Historia natural de una vela». Ahí dejó expresado cómo debía ser una tal lección. No dar una mera clase complementaria (aunque tantas provengan de ahí), sino más bien encandilar al oyente de tal modo que se inflame en él una vela y, luego, ya ande por la vida llevando consigo la luz de la ciencia que aquélla difunde. Si por el camino le pilla algún chispazo de antipatía, siempre puede cobijarse en una jaula de Faraday.

Las ecuaciones de Maxwell

A comienzos de la segunda mitad del siglo XIX el físico escocés James Clerk Maxwell (1831-1879) meditaba acerca de las fuerzas generadas por campos eléctricos y magnéticos que concibiera y descubriera Michael Faraday. Al hacer visibles tales campos mediante virutas de hierro (véase «La jaula de Faraday»), aparecen unas líneas no del todo carentes de atractivo estético, que a la vez ofrecían, sin embargo, todo el aspecto de avenirse a una descripción matemática.

Cuando Maxwell las hubo contemplado largamente, de la reunión de su mirada interior y el aspecto de aquellas líneas a describir, surgieron de repente los símbolos con que podía hacerse. Como contaba a sus amigos, ya sólo necesitó transcribirlos,

A finales del decenio de 1850, se abrió así paso entre los físicos un sistema de ecuaciones que no podían sino admirar, obra de un jovenzuelo. «¿Fue un dios quien escribió esos signos?», se preguntaban muchos para expresar su asombro con la cita del Fausto de Goethe.

Las ecuaciones de Maxwell aclaraban cómo pueden los campos magnéticos y eléctricos estructurarse y activarse mutuamente para manifestarse en forma de ondas en movimiento y atravesar un espacio. Mirando con más detenimiento, se vio que esas ecuaciones describen cómo surge y se mueve una onda lumínica, con lo cual ésta pasaba a plantearse como mero caso específico de las ondas electromagnéticas hasta entonces invisibles. Las ecuaciones de Maxwell señalaban la entrada a posibilidades nuevas que se hicieron realidad a finales del XIX. Pudieron entonces los físicos generar y enviar sistemá-

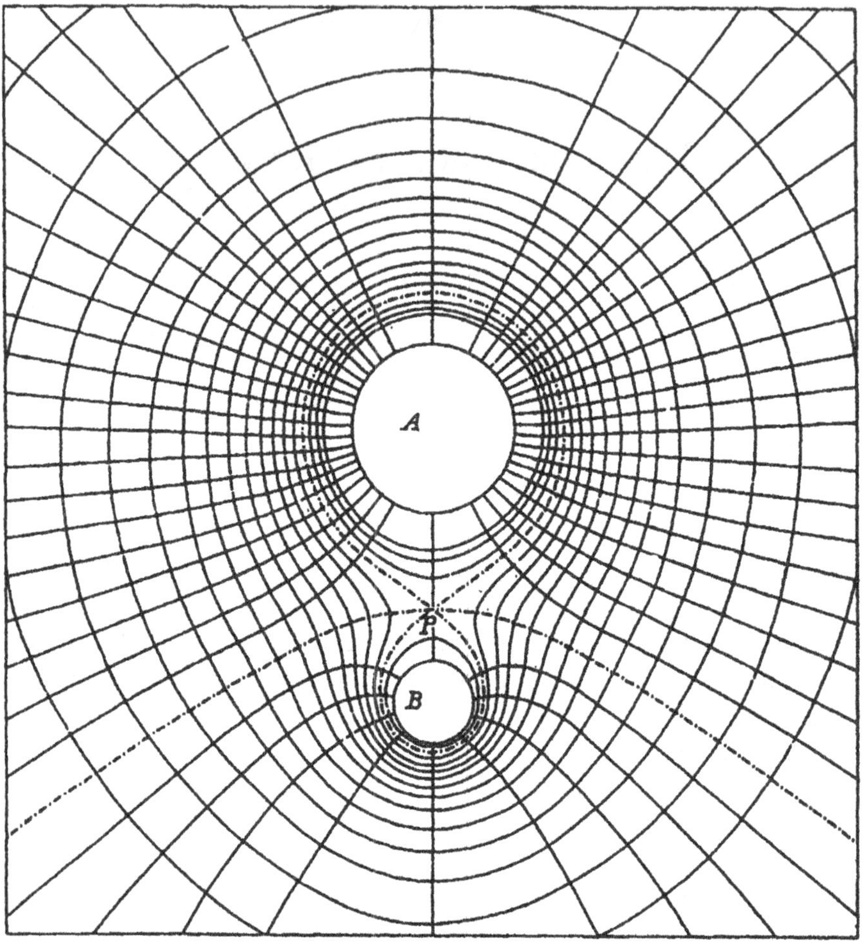

Líneas de fuerza de campos electromagnéticos.

ticamente por primera vez esas ondas electromagnéticas sin las cuales resulta inconcebible nuestra vida cotidiana. Hoy las utilizamos en radio, televisión y teléfono móvil, así como en muchas otras ocasiones.

Las ecuaciones de Maxwell no sólo describen el movimiento de la luz, sino que también muestran una singular propiedad de la misma: moverse siempre a igual velocidad con independencia de que la fuente lumínica se halle en movimiento o en reposo. Es lo que expresa la constante minúscula *c* en

Notación habitual en manuales actuales para estudiantes:

$$\nabla \cdot \mathrm{E} = 4\pi\rho \qquad (1)$$

$$\nabla \cdot \mathrm{B} = 0 \qquad (2)$$

$$\nabla \times \mathrm{E} + \frac{1}{c}\,\dot{\mathrm{B}} = 0 \qquad (3)$$

$$\nabla \times \mathrm{B} - \frac{1}{c}\,\dot{\mathrm{E}} = \frac{4\pi}{c} j \qquad (4)$$

Notación empleada por Maxwell al comienzo de sus investigaciones, algo menos abreviada:

$$\frac{\partial Ex}{\partial x} + \frac{\partial Ey}{\partial y} + \frac{\partial Ez}{\partial z} = 4\pi\rho \qquad (1)$$

$$\frac{\partial Bx}{\partial x} + \frac{\partial By}{\partial y} + \frac{\partial Bz}{\partial z} = 0 \qquad (2)$$

$$\left.\begin{aligned} &\frac{\partial Ey}{\partial x} - \frac{\partial Ex}{\partial y} + \frac{1}{c}\dot{B}z = 0 \\ &\frac{\partial Ez}{\partial y} - \frac{\partial Ey}{\partial z} + \frac{1}{c}\dot{B}x = 0 \\ &\frac{\partial Ex}{\partial z} - \frac{\partial Ez}{\partial x} + \frac{1}{c}\dot{B}y = 0 \end{aligned}\right\} \qquad (3)$$

$$\left.\begin{aligned} &\frac{\partial By}{\partial x} - \frac{\partial Bx}{\partial y} - \frac{1}{c}\dot{E}z = \frac{4\pi}{c}jz \\ &\frac{\partial Bz}{\partial y} - \frac{\partial By}{\partial z} - \frac{1}{c}\dot{E}x = \frac{4\pi}{c}jx \\ &\frac{\partial Bx}{\partial z} - \frac{\partial Bz}{\partial x} - \frac{1}{c}\dot{E}y = \frac{4\pi}{c}jy \end{aligned}\right\} \qquad (4)$$

Notación relativista, muy abreviada:

$$\partial_\nu F^{\mu\nu} = \frac{4\pi}{c} j^\mu \qquad (1 \text{ y } 4)$$

$$\varepsilon^{\mu\nu\kappa\lambda}\partial_\nu F_{\kappa\lambda} = 0 \qquad (2 \text{ y } 3)$$

Tres modos de notación de las ecuaciones de Maxwell.

esas ecuaciones. Dicho de otro modo: la velocidad de la luz es constante y, si bien ello no trasluce sin más al sentido común, tal predicción se demostró acertada y dio ocasión a Albert Einstein para hacer de ella piedra angular de su construcción teórica que conocemos como teorías de la relatividad.

Por lo demás, para aquellos a quienes se les hagan difíciles los signos matemáticos —como nos pasa a muchos—, las ecuaciones de Maxwell pueden resumirse en palabras como sigue:

1. La fuente de un campo eléctrico (E) es una carga eléctrica (pudiendo ser positiva o negativa).
2. Un campo magnético (B) no surge de una carga magnética (no hay monopolo magnético).
3. Mediante su variación en el tiempo, un campo magnético constituye uno eléctrico.
4. La variación en el tiempo de un campo eléctrico genera un campo magnético, con lo que sobreviene un flujo de corriente (j).

Suponiendo el espacio vacío (sin carga ni corriente), las ecuaciones se encadenan en una ecuación de onda que describe la luz.

El barreño de Newton

Sir Isaac Newton (1642-1726) descolla de todos los demás científicos e investigadores de la naturaleza, como señalara él mismo con modestia, tan sólo por alzarse sobre hombros de gigantes. Al cabo de su larga vida, Newton se imaginaba también como un niño jugando en una playa y alegrándose por un par de conchas que ha encontrado, mientras en verdad el gran océano de lo ignorado se extiende ante él aún por explorar.

Por bonito que esto suene, sus contemporáneos y la posteridad han puesto la vista ante todo en las conchas que Newton sostenía en su mano, las que nosotros podemos admirar y aprender desde aquellas fechas en manuales y libros de texto, en forma de leyes de la mecánica newtoniana. Naturalmente, las generaciones siguientes pudieron aportar correciones a su teoría del movimiento, lo sabemos como muy tarde desde el 2005, año conmemorativo de Einstein; pero sigue valiendo la pena aprender todo cuanto aquel inglés acabó en sus años mozos y publicó en 1687 en su obra capital, *Philosophiae naturalis principia mathematica*. Al fin y al cabo, con la mecánica de Newton se puede calcular con suma precisión no sólo la frenada de un coche, sino también las trayectorias para ir en cohete hasta la Luna y volver.

La manzana de Newton

La mecánica de Newton vale para el cielo y la tierra, tanto ahora como entonces, hecho éste que hizo tan impresionante su aparición. La leyenda que en este punto se cuenta de una manzana cayendo del árbol mientras Newton la observaba parece corresponder a la verdad. Cuando la manzana cayó en su regazo, quisieron la fortuna o el azar que se hallara la Luna en el cielo, lo que llevó al caviloso soñador a la cuestión de cómo consiguen los satélites mantenerse arriba, mientras la fruta y los humanos caemos hacia abajo, hacia la Tierra.

Las cavilaciones de Newton sacaron a la luz dos ideas esenciales. La primera, que hay fuerzas inherentes a toda masa. La Tierra atrae por su masa a la manzana, sólo que apenas se percibe. Pronto se empezó a hablar de fuerza gravitatoria o gravedad* de la Tierra, idea que al cabo aclaró cómo logran los humanos vivir por todas las partes de una bola llamada Tierra sin caerse y precipitarse al cosmos. La palabra «pesantez» recuerda también la experiencia cotidiana de tener que luchar con nuestro peso contra la gravitación cuando nos levantamos de una silla o queremos practicar salto de altura.

No aducimos este ejemplo deportivo por casualidad, sino para señalar que las fuerzas se hacen efectivas no sólo mediante masas, sino también mediante movimientos. Ello nos lleva a la segunda idea de Newton, quien manzana en mano comprendió de pronto por qué no cae la Luna. La razón está en su movimiento, que es giratorio (de rotación) y la lleva en torno a la Tierra, confiriéndole una fuerza que contrarresta la gravedad terrestre, una fuerza centrífuga. La resultante es la trayectoria orbital de la Luna, que así viene a ser estable y equilibrada.

El reloj de Newton

Si alguien encuentra leyes que rigen en la Tierra tenemos todos los motivos para admirarle. Pero si las encuentra que alcancen los cielos, empezamos a reverenciarle. Y eso es lo que pasó con Newton, admirado además por otra razón. Como ya apunta el título de su mencionada obra principal, citada siempre en la literatura como los *Principia*, Newton se expresa con éxito en lenguaje matemático, cumpliendo así las promesas de Galileo Galilei (1564-1642)

* Hay aquí una venerable cuestión de traducción ligada a la dualidad término romance-cultismo latino, pero también físicamente hablando a la relación entre «peso» y «gravedad». La traducción más fiel de «*Schwerkraft*» (como de «*pesanteur*») sería «pesantez». (*N. del t.*)

cuando fantaseaba acerca de que el libro de la naturaleza estaba escrito en el lenguaje en que ahora oficiaba Newton. Galileo aún no conoció ninguna ley formulada con exactitud. Hasta Newton, no se hizo realidad por vez primera aquella visión de unas leyes naturales matemáticas; y por eso Newton hacía notar, no sin segundos sentidos, que había nacido en el mismo año en que moría Galileo.

El doble triunfo de Newton, comprender las fuerzas de la naturaleza y ser capaz de expresarlas en lenguaje matemático, hicieron de ese genio, humana y personalmente de tan difícil trato, una figura histórica sin par. El filósofo Immanuel Kant tenía a la Física de Newton por verdad irrefutable, y trató de comprender con más exactitud ese prodigio del conocimiento humano en su *Crítica de la razón pura.*

Kant concibió la figura de un «Newton de las plantas» para insinuar que no podría darse en Biología, ciertamente, lo que se había dado en Física; a saber, un Newton que pudiera encontrar las ecuaciones matemáticas de la vida. Sin que ello fuera obstáculo para que otras ciencias rogaran por la aparición en sus filas de un Newton semejante que proporcionara a sus colecciones de datos, en su mayoría un tanto prolijas, un marco teórico en que poder desenvolverse por vez primera como disciplinas exactas. A su entender, toda ciencia quisiera llegar a ser Física y tener su Newton. Todas querían dominar su respectivo objeto —el cosmos, la Tierra, el océano o la vida— como lo lograra Newton, quien había mostrado patentemente que el universo discurre como una maquinaria de relojería conforme a leyes, precisamente las suyas, por lo que también podría escribirse «conforme a Sus Leyes», pues aun cuando Newton las hubiera hallado, con certeza las había hecho Otro en quien el piadoso físico creía con íntimo fervor.

La metáfora del reloj puede parecer clara, desde luego, pero no sólo en aquel tiempo eran muchos quienes se inquietaban viendo peligrar su libertad individual en calidad de partes de semejante maquinaria. Ese *clockwork universe* surte su efecto fatal hasta hoy, cuando los contemporáneos investigadores del cerebro ven en peligro el libre albedrío humano a resultas de sus investigaciones y lo ponen en cuestión. Pueden hacerlo sólo por estar convencidos de que, en el interior de nuestras cabezas, discurre una maquinaria newtoniana en que todo está fijado y avanza de un modo prestablecido.

El propio Newton, empero, no pensaba así. Sus leyes son ecuaciones, claro, cuyas soluciones son movimientos de cuerpos celestes o de moléculas en la cabeza. Cuando son muchos los cuerpos o moléculas que se influyen hay que habérselas con muchas incógnitas, y Newton no tenía claro que el número de ecuaciones de que disponían sus leyes bastara para despejarlas. Más bien conjeturaba que hay más incógnitas que ecuaciones, por lo que suponía que, de vez en cuando, Dios tendría que intervenir aquí o allá para corregir algo y que de hecho así lo hace. Hoy sabemos que, aun en procesos simplísimos, hay más incógnitas que ecuaciones, por lo que no puede hablarse de un curso prescrito del acontecer; ni en el cielo ni, con más razón, en las cabezas. Si a uno le preocupa el asunto, no debería quitarle el sueño si somos libres o no, sino más bien maravillarle que algo se pueda llegar a predecir. El universo en que vivimos es menos reloj que nube, como lo expresó una vez Karl Popper: las leyes naturales rigen en cualquiera de sus partes, pero no se sigue de ahí que sepamos en qué resultará al fin.

Un barreño con agua

Incluso, según Newton, sabemos menos de lo que muchos creen, y el ejemplo paradigmático de cómo damos vueltas a tientas por la habitación del mundo lo ofreció ese honorable caballero inglés. Se trata de un objeto que parece anodino a más no poder, un barreño lleno de agua. Se cuelga de un gancho atado por una cuerda al techo de una habitación. Primero, se espera hasta que todo se quede quieto: la cuerda sin retorcer, el barreño inmóvil y la superficie del agua lisa y plana. Todo es aún lisa y llanamente simple. Pero enseguida se hace más refinado y diabólico. Sólo necesitamos empezar a darle vueltas al barreño sin cambiarlo de lugar. Retorcemos así la cuerda, hasta que alcance suficiente tensión, y soltamos.

Para entender o siquiera discutir lo que entonces ocurre, es forzoso introducir un concepto que aún no hemos mencionado, aun cuando se trata de la idea central de la mecánica de Newton: la inercia. En alemán, lo primero que evoca esa palabra «*Trägheit*» es algo así como dejarse llevar, dejadez, desidia o pereza. En latín, el concepto se expresa por el término «*inertia*», que en inglés sólo hay que pronunciar de otra manera, y significa exclusivamente una capacidad mecánica de persistencia. La gran idea de Newton es que los cuerpos, en virtud de su masa, no sólo poseen pesantez o la propiedad de producir fuerza gravitacional, sino también la propiedad de la inercia física. Esto significa que, una vez en movimiento, permanecen en el mismo estado mientras otra fuerza no lo estorbe. Cuando lanzo una bola en la bolera, rueda hasta que acierte a dar en su objetivo o en la pared. Cuando me estoy moviendo en coche, el movimiento sigue hasta que frene y, si en caso de urgencia lo hago en seco, mi cuerpo seguirá moviéndose en el interior hasta que se vea retenido, es de esperar, por el cinturón de seguridad.

A lo largo de más de dos mil años, los seres humanos no acababan de entender qué pasa cuando se coge una piedra en la mano y se lanza (véase «El asno de Buridan»). ¿Cómo puede seguir volando cuando ya no se le aplica ninguna fuerza? El genio de Newton proporciona por primera vez una respuesta, reconociendo a las masas la propiedad de ser inertes. Y ya con esa idea de inercia, volvemos con nuestro barreño, al que habíamos dejado colgado y nos lo encontramos moviéndose por obra de la cuerda retorcida.

¿Qué ocurre ahora? De entrada, el barreño gira lentamente, claro, pero el agua que contiene no le acompaña en su giro. Como descubrió Newton, es inerte y persiste en su lugar, como se aprecia en que su superficie sigue plana. (Puede observarse esto mismo en un vaso de cerveza que se tenga delante en la mesa y se haga rotar ligeramente). Si alguien pretende acercar la yema de su dedo por ese procedimiento, pongamos por ejemplo un mosquito que esté nadando en la espuma, notará enseguida que no funciona, y tendrá que afanarse de alguna otra manera para echar mano o una mano al pobre animalito. Cuando el movimiento giratorio del barreño se va haciendo más rápido, su rotación empieza en un momento dado a trasladarse al contenido– transmitida por el rozamiento entre la cara interna del barreño y el agua—, y entonces la superficie del líquido comienza a combarse en forma de U. El agua se pega hacia arriba a la pared del barreño, pronto está más alta en el borde que en el centro, y esto no cambia aunque detengamos el barreño de golpe. Primero el agua sigue girando hasta que, en algún momento, el rozamiento hace que se detenga. Este es el experimento del barreño de Newton, donde la pregunta es si sabemos cómo entender lo sucedido.

Movimiento relativo

Newton tenía ahí unos cuantos problemas que dependen de una misma cuestión: cómo hacc el observador para establecer el movimiento. Si algo se mueve, una bola de bolos o un coche, por fuerza ha de haber algo que no se mueva; esto es, que esté inmóvil o pueda tomarse por tal. Todo movimiento de un cuerpo se establece por referencia a otro y, si se expresa esto en palabras de origen latino, se diría «relativamente» a otro.* La bola se mueve relativamente a la pista de la bolera o a la pared; el coche, relativamente a la calle o las casas; los ocupantes, relativamente al coche en que están sentados cuando frena; y la pregunta de Newton era ¿relativamente a qué se mueve el agua en el barreño?

Naturalmente, habrá quien exclame en este punto que está clarísimo: relativamente al barreño. Pero las cosas no pueden ser así, al menos no todo el tiempo. Sólo al principio, cuando soltamos el barreño. En esa fase, el agua permanece inmutable, como hemos visto y puede comprobarse cuando se quiera, lo que significa que al principio el barreño gire relativamente al agua, que es como decir que el agua se mueve relativamente al barreño.

Un poco más tarde, agua y barreño giran a una, de modo que no hay movimiento relativo; pero, pese a ello, el líquido quiere escapar hacia fuera: asciende por la pared, obra sobre él una fuerza que no puede provenir sino de un movimiento, el suyo. Y ahí precisamente plantea Newton su pregunta: ¿Relativamente a qué se está moviendo el agua en el barreño?

Cuán sutil es efectivamente el problema se advierte si se modifica el experimento de suerte que no se detenga al barreño y, simplemente, se le deje seguir girando. En un momento dado, la cuerda recupera su forma inicial, sin torsión alguna, lo que sin embargo no hace que el movimiento se detenga en virtud de la inercia.

La cuerda vuelve a retorcerse —en sentido contrario— hasta que lo está con la tensión suficiente para detener, sólo entonces, la rotación, tras lo cual el movimiento recomienza a la inversa. En el punto de inversión hay un momento de quietud para el barreño, en tanto el agua, merced a la inercia, sigue girando.

* La expresión alemana, «*in Bezug auf*» podría parafrasearse «llevándolo a», como se lleva una pieza a su patrón para cotejar, que es lo que significan re-ferir, re-lacionar o re-latar. Que tampoco en romance la palabra tiene menos vueltas que la cosa en cuestión de movimiento se puede apreciar con dos breves apuntes. Uno, que mal se puede «com-parar» a menos que se sepa antes cómo parar el punto de com-paración. Y dos, el nombre de la conocida teoría de Einstein, que vengo traduciendo «de la relatividad» por no molestar, cuando en puridad el artículo determinado «la» y el sentido de «relatividad» constituyen una especie de oximorón encubierto.

Por obvia e inocente que parezca la situación, ese endemoniado barreño la vuelve cada vez más retorcida. Pues en el instante que se acaba de describir, en esa quietud antes de cambiar el sentido de giro, el movimiento relativo entre agua y barreño es exactamente como al principio: un elemento inmóvil y otro en movimiento. Sólo que, al soltar el barreño, era el agua lo que estaba en reposo y ahora es el barreño. El movimiento relativo es el mismo, aunque con esta gigantesca diferencia: la forma de la superficie del agua ya no es plana como al comienzo, sino combada (cóncava). Por consiguiente, como ya se ha dicho, el efecto de alguna fuerza que aquí se muestra no puede explicarse diciendo que el agua se mueve relativamente al barreño. ¿Pero y entonces? ¿Relativamente a qué se mueve el agua en el barreño, al que ahora dejaremos en paz para que alcance lentamente su quietud?

El espacio absoluto

Los intentos de Newton por alcanzar alguna claridad en la cuestión le sacaron de su pequeña habitación en un experimento mental de proporciones cósmicas. Se imaginó un barreño que rotara en el fondo del universo y arrastrara consigo al agua. Si le seguimos en ese viaje cósmico, lo primero que salta a la vista es que, allí fuera, se hace difícil encontrar algo relativamente a lo cual se mueva otra cosa —sea agua o barreño—. Aun así, Newton se imaginó el espacio completamente vacío. ¿Pero qué queda entonces para establecer con su ayuda movimientos relativos?

Eso que nos deja confusos no representaba problema alguno para Newton. A su entender, la respuesta se hallaba clara ante los ojos de cualquiera. Era el espacio mismo, a quien concedía por añadidura el rango de absoluto y, de ese modo, el existir sin condiciones. Dios lo había hecho, sencillamente, dejándolo dimanar de sí. En ese espacio absoluto que permanece «constantemente igual e inmóvil», tienen lugar todos los movimientos y, además, explica el experimento del barreño de la siguiente manera:

«Comenzando el experimento, el barreño rota respecto al espacio absoluto; el agua empero está quieta respecto al mismo, de ahí que sea plana su superficie. Una vez el agua recibe el movimiento del barreño, rota respecto al espacio absoluto, de ahí que se torne cóncava su superficie. Retorcida la cuerda cada vez con mayor tensión, el barreño frena su movimiento y el agua prosigue su rotación —relativamente al espacio absoluto—, por lo que su superficie permanece cóncava. Así, en tanto el movimiento relativo entre agua y barreño no puede explicar las observaciones, basta explicar por completo el movimiento relativo entre agua y espacio absoluto. Es el espacio quien proporciona el sistema de referencia que define el movimiento.»

Esmérate más, Einstein

Así dice Brian Greene en su libro *Stoff, aus dem der Kosmos ist* (El material de que está hecho el cosmos) para señalar a continuación que, con Einstein, el barreño de Newton, naturalmente, no se jubiló aún y por mucho tiempo. ¡Al contrario! Como saben incluso aquellos a quienes les cuesta tanto entenderlas, las teorías de Einstein hicieron obsoleto el concepto clásico de un espacio absoluto. Para comprender modernamente respecto a qué rotan el barreño o el agua que contiene, hay que habituarse a la idea de que no vivimos en un espacio absoluto a través del cual fluye regular e independientemente un tiempo asimismo absoluto, como Newton aún suponía. Más bien vivimos en un continuo tetradimensional en que espacio y tiempo están inseparablemente unidos en forma de espacio-tiempo, y relativamente al cual rota según las teorías de Einstein el barreño de Newton. Si la superficie del agua se vuelve cóncava, eso indica un movimiento que el agua lleva a cabo relativamente al conjunto de la materia repartida por doquier en el cosmos.

Greene se pelea a lo largo de 500 páginas con el cómico barreño cósmico, intentándolo todo para echarle mano con ondas gravitacionales, teorías de cadenas y otros refinamientos. No privaremos a ningún interesado de otros placeres de los muchos que ofrece la lectura de su libro. Quien se adentre en sus páginas, se enterará entre otras cosas de que la idea de Einstein, el espacio-tiempo, no está nada lejos de los conceptos originarios de Newton, ya que el espacio-tiempo «es tan absoluto para la teoría de la relatividad como el espacio y el tiempo absolutos lo eran para Newton». Por eso Einstein no quería al principio ni oír hablar de ese nombre hoy tan popular: «la teoría especial de la relatividad». A éllo que le iba en el asunto era precisamente lo contrario: las magnitudes que no cambian y a las que por eso se llama «invariantes». Su teoría de relatividad es más bien una teoría de invarianza en que el espacio-tiempo está fijado de una vez por todas. Esto sólo cambiará, drásticamente, eso sí, en la teoría desarrollada consecuentemente a ésta, la teoría general de la relatividad, que priva al espacio-tiempo de su tradicional papel pasivo y hace de él un participante en la danza cósmica de materia y energía.

El sentido común

No hay alternativa: pese a que todo parezca al principio claro y a la vista en este barreño, para llevar a buen puerto la discusión hemos de empezar por embarcarnos en un viaje a abstractas regiones en las que enseguida el sentido común se empieza a sentir mal. De hecho, las oscilaciones y giros del agua le dan mareos, lo que es de lamentar, ciertamente, aunque quizás quienes deberían reconfortarle son quienes pretenden divulgar o comprender la Física. Las apelaciones al *common sense* [sentido común] no son de mucha ayuda y, desde luego no sólo con Einstein, sino ya con el mismo Newton, cuyo concepto de inercia pone a nuestros sentidos en más de un brete. Para verlo, sólo es preciso, primero, ir a un prado y mirar cómo a un par de metros de allí cae la manzana hacia el regazo de Newton. Y entonces, en segundo lugar, querer acertarle a la manzana de una pedrada y tener que decidir adónde apuntar. ¿Adonde la manzana está en el momento de mirar, es decir, ahora? ¿O algo más abajo, adonde estará cuando la piedra cruce su trayectoria de caída?

Quien se decida por la segunda, tendrá que volver a probar suerte. Se ha olvidado de la inercia que hace caer la piedra lanzada igual que la manzana. Y de que mientras observamos todo esto, la Tierra sigue girando con todos nosotros y, en alguna parte, alguien como Newton o como Greene vuelve a colgar un barreño con agua, puede incluso que enmedio del universo, donde no hay dónde enganchar un gancho. Esperemos que no sea para darnos jabón (eso sí, con mucha pompa), sino sólo para lavarse.

Los rayos Röntgen o rayos X

Wilhelm Conrad Röntgen (1845-1923) descubrió en 1895 «un nuevo género de radiación», como él mismo lo llamara. Su logro puede analizarse en tres planos: el médico, el científico en general, y el del pensamiento humano y su cultura correspondiente.

En el plano médico, baste señalar que Röntgen recibió el máximo galardón que puede alcanzar un investigador, con lo que no nos referimos al Nobel de Física que pudo recoger en 1901, siendo como se sabe el primer científico en obtener ese premio, sino al hecho de que en alemán «röntgen», con minúscula, se haya convertido en un verbo de oficio cuyo significado conoce todo el mundo, como el de «encuadernar» o «programar», algo que cuadra particularmente con un hombre que respondió a la pregunta de un periodista: «¿Qué pensó usted cuando advirtió el efecto de penetración del nuevo tipo de radiación?», con estas palabras hoy clásicas: «No pensaba, investigaba».

En el plano científico, hay que dejar constancia de que Röntgen preparó el camino a la disciplina que hoy, con el nombre de Biología molecular, se dispone a influir en nuestra imagen del ser humano y definirla en lo que le corresponde. Dos son los desarrollos que pueden observarse ahí. Por una parte, el análisis de Röntgen de las estructuras cristalinas proporcionó un atisbo de la multiplicidad de formas de proteínas y ácidos nucleicos, ayudando así ante todo a preparar el icono del siglo XX, la doble hélice del material genético ADN. En segundo lugar, el camino hasta esa estructura central de la vida lo facilitó enormemente el descubrimiento efectuado en 1927 de que los rayos X pueden proporcionar al investigador mutaciones en el material genéti-

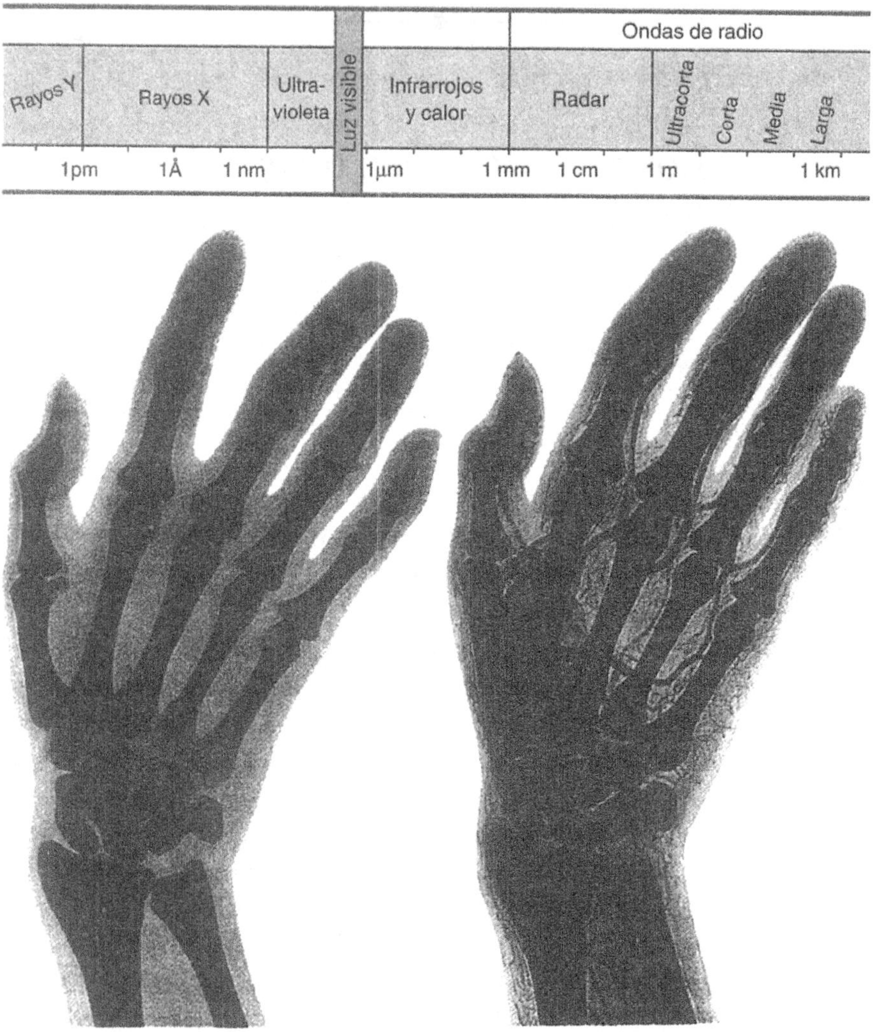

Arriba, espectro electromagnético en que se incluyen los rayos X; abajo, efecto radiográfico de los mismos al atravesar una mano.

co. Eso, que acaso suene hoy a trivialidad, se sintió entonces como algo sumamente excitante, pues de repente unos genes hasta entonces más bien inaccesibles y ocultos en lo íntimo de la vida se transformaban en formas con que podían dar los rayos X. Los genes ganaron así carácter físico, pues podían interpretarse como uniones estables de átomos, y merecía ya la pena sacar a la luz su ordenación espacial, lo que se logró en 1953 con el descubrimiento de la doble hélice.

El tercer plano en el que los rayos X han dejado huella es en la cultura humana. Sin entrar en más consideraciones científicas, ya cabía decir que esos nuevos rayos eran luz invisible, combinación de conceptos ésta que hoy nos es tan familiar como «pensamiento inconsciente». Pero ésta, como aquella realidad, tuvieron antes que ser halladas alguna vez y, rastreando sus orígenes históricos, se hace una observación notable. Luz invisible y pensamiento inconsciente entraron en el campo visual del ser humano por primera vez en la famosa época que conocemos por Romanticismo. El Romanticismo se consideraba contracorriente de la Ilustración y su ideal de racionalidad, y consecuentemente concebía el mundo en polaridades. Para los románticos, se dan junto al día (racional), la noche (irracional); junto a lo general, lo individual; junto a los hechos, valores; junto al pensar, soñar; y junto a lo visible, lo invisible, y cada par consiste en contrarios en pie de igualdad. Y en efecto, los físicos de esa época pudieron comprobar la existencia de luz ultravioleta e infrarroja, y así, de luz invisible, resultado comprensible y reproducible que confirió una verosimilitud incontrovertible a la existencia de lo inconsciente.

Por excitantes que sean esos descubrimientos, otro tanto lo es para el historiador que, cien años después de los románticos, se repitiera el doble descubrimiento de lo invisible y lo inconsciente.

Pues cuando Röntgen hallaba sus nuevos rayos, Sigmund Freud exploraba la cara nocturna de nuestro pensar y su primacía respecto a la conciencia, sincronía entre descubrimientos que, sin duda, no es azar y precisa explicación.

Por mucha conmoción que provocaran la interpretación freudiana de los sueños y el psicoanálisis, me parece que a largo plazo trajo aún más el descubrimiento de Röntgen. Pues, en efecto, junto a las radiaciones cósmicas y radioactivas descubiertas simultáneamente, y relacionándolas con las ondas electromagnéticas, a la sazón producidas por vez primera, de repente se hacía patente a un amplio público que el mundo no es cómo parece. Con ello se modifica un área fundamental de la cultura, pues, tras tal descubrimiento, quien pretenda mostrar el mundo habrá de presentarlo por fuerza distinto de cómo parece. Y aceptando esto, se entenderá ya que, tras el descubrimiento de Röntgen, la pintura tuviera que cambiar y buscar otras metas diferentes de las que persiguiera en el siglo XIX. En efecto, aparece entonces alguien como Picasso para declarar que «Yo no pinto lo que veo, sino lo que pienso».

De repente, ya no se confiaba en la vista, aunque los rayos X parecieran a primera vista mostrar al ojo más de lo que antes le era accesible. Pero mirando con más detenimiento se empieza a ver más bien lo contrario, pues ahora vemos que no vemos casi nada de lo que ofrece la realidad. Y a quien le duele el daño, poco le dolerán burlas, así que aún añadimos en este punto una pregunta: si a la vista de tales hallazgos seguimos sabiendo qué es lo que vemos. Es más, ¿sabemos siquiera ver?¿Lo aprendemos en algún momento una vez que nuestros ojos se han abierto a la luz del mundo? Los rayos X pueden abrirnos los ojos aunque no los vemos, o precisamente por eso.

En tratos con lo infinito

El manzanillo de Mandelbrot*

Así se llama a veces familiarmente y allanándoles el trato a los conjuntos de Mandelbrot. En ambos casos, se quiere significar una línea cerrada de trazado fantástico y propiedades sumamente impresionantes. Con alguna habilidad, su acabado puede ampliarse de suerte que forme un árbol de Mandelbrot al que pueda brincar el gato de Schrödinger para ponerse a salvo de los físicos que le persiguen amenazando su vida (ver «El gato de Schrödinger»).

Llamándole «manzanillo», lo que no necesariamente tiene que resultarle esclarecedor a todo el mundo, se honran las dotes visionarias del matemático Benoit Mandelbrot, quien descubriera en los años 70 este trazado extremadamente ramificado y desflecado, esbozando sobre tal fundamento una nueva comprensión de la naturaleza. Con esos árboles, vemos una naturaleza distinta, educación de la mirada que no debemos a un artista, sino a una calculadora; y donde lo único que hacemos es reconocer lo que nos muestra, siempre que mantengamos los ojos tan abiertos como el matemático Mandelbrot cuando puso en marcha por vez primera su ordenador en los años 60 y produjo esa maravilla visual que sentimos sumamente incitante desde el punto

* El apellido Mandelbrot puede leerse «pan de almendras», con que «*Mandelbrots Baum*», árbol de Mandelbrot, suena a «*Mandelbaum*», almendro, si ya no a un árbol prodigioso que dé turrón. «*Apfelmännchen*» puede leerse literalmente «hombrecillos manzana», para lo que no he encontrado equivalente en uso en castellano. Así, el conjunto suena a un escenario tan raro, como poco, para que los almendros den manzanas, y como mucho, para que árboles turroneros den hombrecillos rechonchos (y agujereados) como manzanas. Aunque efectivamente nada de esto resulte demasiado esclarecedor. (*N. del t.*)

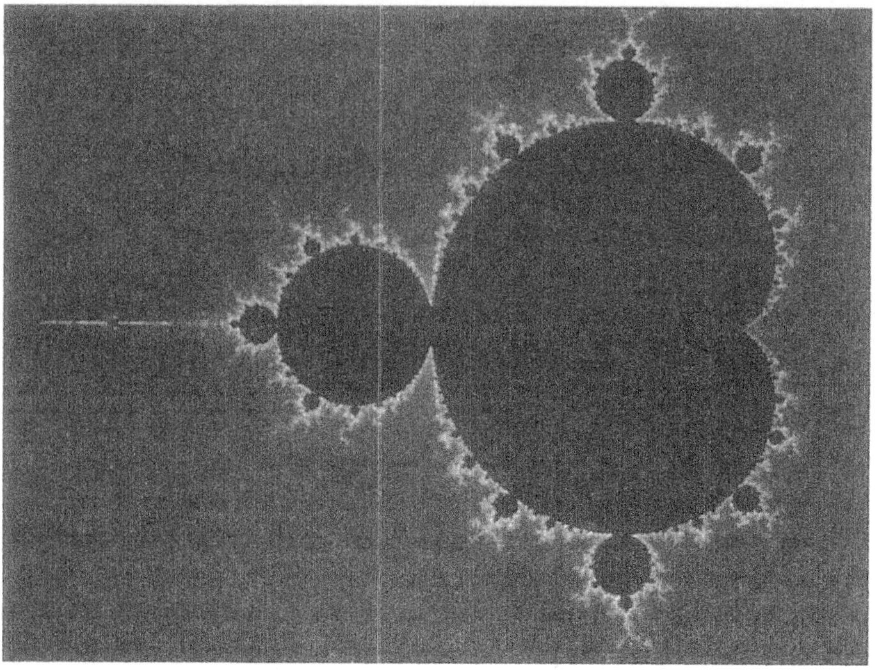

Manzanillo de Mandelbrot.

de vista estético. Y por eso lo cargamos antes en la cuenta del arte que de la ciencia, algo que no disgusta a su creador, nacido en Varsovia en 1924 y hoy nacionalizado en los Estados Unidos, dado que no tiene problema alguno a la hora de definir «arte»: es lo que cuelga en un museo; y si alguien expone allí uno de sus manzanillos (pagando un precio correspondientemente alto), será justa y cabalmente una obra de arte. Entretanto, circulan montones de camisetas estampadas con el fruto de la cabeza de Mandelbrot, y hace tiempo que se dedican muchas ediciones ilustradas a la belleza de su figura.

Tan fantástico como su aspecto es sencillo su origen, sencillez rayana en lo estremecedor si uno no se deja confundir por la idea de que se trata de Matemática. En esa área de pensamiento, hay números llamados complejos por tener dos dimensiones, una real y una imaginaria. La primera palabra es luminosamente clara y todos estamos familiarizados con los números reales; por ejemplo 1,2,3, y pueden serlo también quebrados, 1/2, 3/5, 4/9 y semejantes.

Todos esos números reales se hallan en una línea llamada eje numérico, y luego eje real, con la que se las arreglaron durante siglos los matemáticos occidentales y de otros lugares sin necesitar nada más.

Cambió la situación en tiempos del Renacimiento cuando alguien quiso saber si tiene alguna solución la ecuación $x^2 + 1 = 0$. En números reales, ni pensarlo, puesto que su cuadrado siempre es positivo. Matemáticos hubo, ciertamente, que en un principio no quisieron saber nada de números cuyo cuadrado resultaba negativo, pero después descubrieron que podían colocar junto al eje numérico otro, perpendicular a aquél, donde no es el 1 real quien marca la pauta, sino la solución de la ecuación arriba presentada, que se escribe con el signo radical $\sqrt{}$ y se enuncia con más precisión como $x = \sqrt{(-1)}$. A esta notable «raíz de menos 1» la designan hoy los matemáticos por la letra *i*, y llaman a los números vinculados a ella «imaginarios», desafortunada palabra, pues parece evocar que en este asunto se trata en su totalidad de meras fantasías. En la práctica, dieron lugar a la comprensión matemática del mundo. Los nuevos números (los imaginarios) abrían nuevas dimensiones que no se hallan simplemente en el eje original, sino laterales respecto a él, razón por la que se propuso también llamarles números laterales. Por desgracia no prevaleció esa propuesta y, desde entonces, hablan los matemáticos de un plano númerico complejo con números reales e imaginarios (a), en que se puede generar el manzanillo (b), en la práctica, con suma sencillez.

Se empieza con un número complejo Z; elevado al cuadrado, se añade otro complejo C y se calcula el resultado (donde «se» quiere decir, naturalmente, un ordenador). Se toma al resultado, $Z^2 + C$, como nuevo número inicial a partir del cual se repiten las operaciones anteriores, elevar al cuadrado y añadir C. De nuevo se obtiene un número con el que se continúa procediendo de igual manera, repetición de una misma operación a la que se llama «iteración». Un número Z da por resultado un $Z^2 + C$, del que resulta el siguiente $Z^2 + C$ del que de nuevo se hace un Z, y así sucesivamente tantas veces como se quiera o como se deje calcular al ordenador.

De practicar esa iteración con números reales, el resultado sería previsible. Todos los cálculos llevarían a valores infinitamente grandes. Comencemos por ejemplo con $Z = 1$ y escojamos para C digamos 2, resultando como valor de $Z^2 + C$ en este primer paso 3, en el siguiente, 11, en el tercero, 123, y así sucesivamente. Esto es aburrido y sin interés alguno. La situación cambia por completo al dar entrada a números complejos. Al elevar al cuadrado, se liberan los signos negativos afectados por la raíz, que se encargan de que las reiteraciones permanezcan en lo finito y no vaya todo a dar en lo ilimitado. Que el cálculo lleve a resultados cada vez mayores y al cabo infinitos, o bien permanezca todo en lo finito, depende del número C, que abandona así su papel secundario produciendo algo espectacular, a saber, la línea que conocemos y admiramos como manzanillo de Mandelbrot. El conjunto de Mandelbrot presenta un límite en un plano. Dentro de la superficie circunscrita se hallan todos los números C que llevan por iteración a valores finitos. Fuera, todos los C que llevan por iteración a valores infinitos. Como el camino a lo infinito puede cubrirse a diferente velocidad, cabe formar zonas con diferentes tonos cromáticos que dan su atractivo estético a las representaciones gráficas. Por hermoso que resulte esto, la auténtica gracia de la figura de Mandelbrot está en la línea misma. A saber, que en ninguna posición es recta y, cuanto más cerca se mire, más se ramifica. Algo así no lo había visto nunca el mundo y, desde entonces, somos nostros los que podemos y tenemos que ver el mundo de otra forma.

El matemático visual

En calidad de matemático visual y de fugitivo judío, Benoit Mandelbrot llevó tanto externa como interiormente una vida aventurera que no entró por cauces más tranquilos sino en 1987. Desde entonces es profesor de Matemática en la Universidad de Yale, en New Haven, Connecticut. El camino hasta allí, en absoluto de rosas, empezó en noviembre de 1924 en la capital polaca, Varsovia, cuando nació en una familia judeo-lituana de comerciantes que debió huir de la amenaza nacionalsocialista hacia París, donde sin embargo sólo pudo permanecer 3 años. Iniciada la segunda guerra mundial, los Mandelbrot se vieron obligados a buscar nueva residencia, que hallaron en el sur de Francia, donde sobrevivió Benoit hasta 1945. En la posguerra, pese a su deficiente formación previa, logró estudiar en la universidad francesa primero Matemática e Ingeniería, y luego doctorarse en 1952.

En la época que siguió, cambió a menudo de residencia entre la norteamericana Princeton y diversas ciudades europeas, como Ginebra y Lille, hasta que en 1958 fue a parar de rebote al centro de investigación que había creado IBM en el estado de Nueva York, en Yorktown Heights. Ahí pasó los diez años siguientes, logrando mantenerse entretanto al margen de la corriente principal de investigación, que se ocupaba ante todo de fenómenos estadísticamente predecibles y matemáticamente calculables. Su visión interior le decía que, con eso, no se abarcaba todo lo que interesaba o resultaba interesante al ser humano.

A resultas de esa situación, se dedicó a echar un vistazo por numerosos terrenos y siempre nuevos. No le suponía la menor molestia que se tratara de temas tan distintos como las oscilaciones de las cotizaciones bursátiles, el ruido en las líneas telefónicas, la redundancia en el lenguaje o lo fragmentario de paisajes naturales como las costas de Gran Bretaña o el trazado de los fiordos noruegos. Y así fue que, mirando cierta vez con toda atención el contorno de la isla inglesa, le saltó a la vista algo sumamente notable: la pregunta referente a la longitud de su línea costera ¡no tenía respuesta fiable! Las enciclopedias diferían en sus indicaciones más de un 20 por 100 y, analizando con más detenimiento tal estado de cosas, advirtió Mandelbrot que el resultado dependía no poco de la escala del mapa utilizado. ¡Cuanto más precisa la escala, tanto más parecían alargarse las costas inglesas!

«¿Cuánto mide la costa de Gran Bretaña?» fue finalmente el título de su artículo de 1967, que abrió camino presentando al mundo por vez primera la idea de que era forzoso irse despidiendo de una idea antiquísima, la de que puede explicarse la naturaleza con ayuda de las figuras geométricas clásicas que Euclides dibujara o planeara en la Antigüedad. Sus figuras de contornos nítidos, esfera, cono o circunferencia, son fáciles y cómodas de calcular, cierto, sólo que no son las que constituyen la naturaleza. En palabras de Mandelbrot, que hoy pueden sonar más bien simples pero que tan intensamente perturbaron a los científicos del momento, «las nubes no son esféricas, ni cónicas las montañas, una costa no es circunferencia, ni una corteza un plano, y ni el rayo traza líneas rectas». Para recalcar dónde está el quid de la cuestión, podría decirse con más exactitud y claridad que «las nubes no son en parte alguna esféricas, ni las montañas cónicas en ninguno de sus puntos, como en parte alguna es una costa circunferencia, ni plana una corteza en ninguno de sus puntos, y ni siquiera el rayo sigue en punto alguno una línea recta».

La fracturada geometría de la naturaleza

La geometría del mundo, dicho lisa y llanamente, no es tan plana y recta como nos figuramos tan contentos para adaptárnosla y hacerla calculable. Antes bien, la naturaleza esconde montones de objetos enteramente rotos, rasgados y astillados. Está hecha de costas con agudas aristas, cortezas descascarilladas, matorrales rasgados, enrevesados cursos de ríos, pieles arrugadas y labradas, yemas escamosas que se dilatan, cabezas de coliflor en profusa guarnición y muchas otras formas que hacen todo lo posible, salvo ser tan pulidas y esmeradas como los objetos que nosotros producimos, marcos de cuadros, lápices o reglas. La geometría del mundo no es tan plana como Euclides propuso verla.

En los años 70 Mandelbrot introdujo en la ciencia una palabra para eso, una que hace mucho se ha vuelto de uso común enriqueciendo el lenguaje cultural. Nos referimos al concepto «fractal», derivado del término latino «frangere» en el sentido de «romper», que ha dejado huella en el alemán cotidiano en términos como *Fragment* o *Fraktion*. Así, fractales son los objetos sin perfil acabado. El primero y más famoso lo hemos presentado al empezar: el manzanillo de Mandelbrot.

Cuando decimos que los fractales son objetos cuyos límites nunca son planos ni rectas, podría pensarse que una circunferencia se cuenta entre ellos. Naturalmente que una circunferencia es curva en cualquiera de sus partes, pero si uno se imagina un segmento de esa circunferencia aumentado más y más, la figura que aparece se estirará más y más hasta acabar siendo recta. Justo lo que no ocurre con los fractales. Si se toma un segmento cualquiera del manzanillo y se aumenta, con la línea que aparece puede proseguirse ese procedimiento hasta cansarse, que siempre volverán a aparecer nuevas roturas de la línea sin que llegue jamás a hacerse recta. Así, los fractales son objetos cuya línea de delimitación nunca puede llegar a ser recta y plana, por mucho que aumentemos la precisión con que la observamos.

Dimensiones de la naturaleza

Para obtener fractales, algo habrá que fracturar. ¿Pero el qué? Quien pretenda saber exactamente qué es lo que está roto en un fractal obtendrá como respuesta que... su dimensión. Esa palabra se usa corrientemente, por ejemplo, en el sentido de explorar un asunto en todas sus dimensiones. En el lenguaje de la ciencia, dimensión de un objeto significa algo parecido, es decir, todas las direcciones en que puede extenderse. Desde hace milenios se tenía en mente, al decir eso, tres dimensiones que conocemos en forma de alternativas al dirigirnos hacia arriba o hacia abajo, mirar adelante o atrás, o torcer a derecha o a izquierda. La habitación en que estoy sentado tiene tres dimensiones, la hoja en que escribo me ofrece dos, y la línea que trazo en ella es unidimensional. Todo en el mundo es uni, bi o tridimensional; tal se pensaba hasta que llegó Mandelbrot, le echó el ojo a la costa de Gran Bretaña, y de allí hizo brotar sus manzanillos.

Planteemos una cuestión concreta: ¿qué dimensión tiene la costa de Gran Bretaña? Es patente que más de una (con tantos repliegues), pero no una segunda, pues incluye una superficie con esta dimensión. Así es que la costa de Gran Bretaña, como todo objeto que haya salido a su madre la naturaleza —de tal palo, tal fractal—, no puede tener ninguna dimensión expresada por un número entero, 1, 2 o 3, cosa que Mandelbrot puso en claro primero y luego nos aclaró a todos. Sólo una que se exprese, claro, mediante fracción, una dimensión fraccionaria, o fractal, y la tarea de Mandelbrot consistió en adelante en acomodar esa intuición visual en un sistema matemático.

Autosemejanza

El punto de partida fue de nuevo una idea visual que hoy se conoce con el término «autosemejanza». En sus primeras observaciones de cotizaciones de bolsa, con cursos aparentemente caóticos, o de otras curvas de medida de valores oscilantes con cursos erráticos (temperaturas febriles o datos climatológicos), hubo algo que llamó su atención: que la línea que los abarcaba en conjunto parecía repetirse en pequeño. Mirando con más detenimiento, pudo establecer que no se podía reconocer ninguna coincidencia exacta, cierto, pero sí una gran semejanza, justamente, esa autosemejanza. Eso significa, por ejemplo, que al reducir la escala a que se dibuja la costa de Gran Bretaña, surgen los mismos patrones y configuraciones ya conocidos del trazado a gran escala. Mandelbrot siguió sistemáticamente el rastro de ese fenómeno descubriendo que la naturaleza estaba repleta de él; por ejemplo, en venas y arterias cuyas ramificaciones adoptan una y otra vez la misma conformación hasta en los minúsculos capilares, o en montes, rocas y piedras cuyas formaciones cristalinas también siguen siendo muy similares al contemplarlas a resoluciones de imagen cada vez mayores.

Como buen matemático que era, tras abordarlo cualitativamente, logró sintetizarlo cuantitativamente y definir una dimensión fractal valiéndose del número de partes autosemejantes a descubrir con un factor dado de resolución (escala).

Ampliada matemáticamente la definición clásica de dimensión con esa elegante solución, se hizo posible plantear la cuestión de las dimensiones de objetos naturales, como matorrales o árboles, con el resultado de que la costa de Gran Bretaña se sitúa en 1,26, siendo pues más línea que superficie; y el cerebro humano con su corteza sumamente replegada, en algún punto entre 2,73 y 2,79. Esforzándose Mandelbrot en otra ocasión por determinar las dimensiones de nubes y vientos, advirtió por añadidura que un sistema de predicción meteorológica sólo puede funcionar si su complejidad, y así su dimensión fractal es al menos tan grande como la de su objeto.

Desde esa autosemejanza de las estructuras fractales, no hay gran trecho hasta la idea de un procedimiento con que «generar» tales formas, como ocurrió con los manzanillos: reproducir una y otra vez (iterativamente) el mismo proceso de cálculo, esto es, avanzar paso por paso, partiendo cada nuevo cálculo del resultado del anterior, tal como se describe en el recuadro. Se alcanza así uno de los más excitantes descubrimientos matemáticos del siglo XX, el conjunto de Mandelbrot, venido entretanto a valer como «la más compleja de las formas matemáticas», maravilla que aún hoy hace entrar en éxtasis a su descubridor cuando escribe sobre ella: «Ese conjunto es una pasmosa combinación de extrema simplicidad y vertiginosa complejidad. A primera vista, se trata de una "molécula" de "átomos" combinados, de los cuales uno parece un corazón y el otro es casi circular. Pero, mirando de más cerca, descubre uno un conjunto infinito de moléculas más pequeñas formadas igual que la grande...».

No seguiremos extasiándonos aquí con la estética de ese conjunto al que se han dedicado numerosos libros, con títulos como «La belleza de los fractales», donde se muestra, con la ayuda de ordenadores mejores que aquellos de los que dispusiera Mandelbrot en sus comienzos y en muchas variaciones, qué infinitas ramificaciones hace posibles la naturaleza y cuán asombrosa-

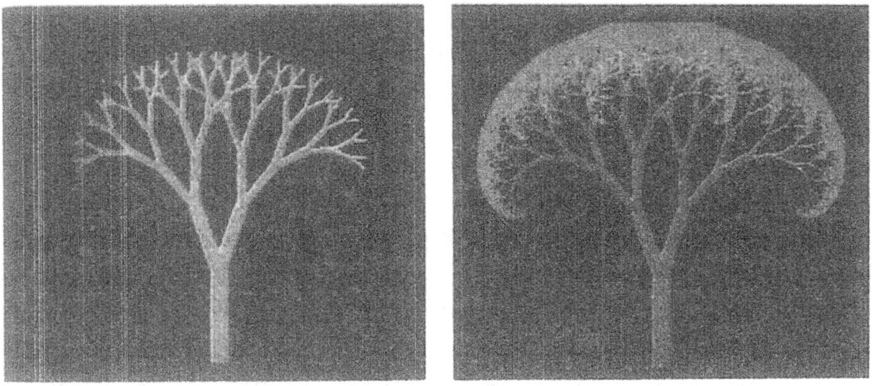

Generación de un fractal arbóreo. Cada rama se bifurca hasta que surge una especie de sombrilla. Tras la iteración decimotercera el árbol (a la derecha) comienza a ofrecer un aspecto realista.

mente hondo es posible adentrarse en una estructura con un procedimiento sencillo: la iteración de Mandelbrot.

Nos preguntaremos, en cambio, por esa sencillez del procedimiento. Pues en todo caso, Mandelbrot utiliza, como sus sucesores, la operación de elevar al cuadrado. ¿Y eso es realmente sencillo? ¿No lo hay más simple?

La respuesta es claramente no. Un resumen un tanto injusto y francamente descuidado de la Física antes de Mandelbrot podría ser decir que era li-

> Surgen curvas fractales mediante ramificaciones. Por eso los árboles se cuentan entre los objetos predilectos que elaboran los matemáticos con inclinaciones fractales. Los árboles consisten ante todo, claro está, en ramificaciones. El tronco se bifurca en grandes ramas de las que van surgiendo ramas y ramitas cada vez menores. Tan sólo hay que introducir en el ordenador el ángulo de bifurcación adecuado y hacer que lo aplique a escalas cada vez menores. Al cabo de una docena de iteraciones, el árbol de Mandelbrot comienza a ofrecer un aspecto realista. Si se quiere hacer correctamente, se puede ir variando además el grosor de las ramas, en lo que un matemático con dotes estéticas procederá conforme a la regla de Leonardo da Vinci, según la cual, avanzando la ramificación, la merma de las ramas ha de ser tal que se mantenga el grosor en conjunto.

neal. Lineal es algo que puede seguirse con una regla y discurre con una bonita regularidad. Si un traje cuesta 400 euros, pues dos, 800, a no ser que el vendedor ofrezca descuento. Entonces justamente se acaba la línea recta y comienza la no linearidad. De ella trata Mandelbrot, y la forma más simple de introducirla en la concepción matemática de la naturaleza es el cuadrado. Por eso probó con esa iteración y dio en la diana.

De golpe se pueden captar no sólo procesos naturales lineales, sino también no lineales (complejos), que corresponden a las figuras más refinadas de la vida. «Se pueden obtener figuras fractales de alta complejidad mediante reiteración de una transformación geométrica simple, y modificaciones de poca monta en esa transformación traen como efecto cambios globales. De ahí no hay gran trecho a la idea de que un conjunto pequeño de información genética pueda traer como efecto la aparición de formas complejas y, por ende, que también ligeras modificaciones genéticas puedan provocar notables metamorfosis.

Tras esta conjetura se esconde un gran programa de investigación aún por realizar que quizás lleve en su seno *A New Kind of Science*, por citar el título de un libro del año 2002, en que el británico Stephen Wolfram propone concebir el mundo no mediante leyes naturales, sino mediante iteraciones de unidades elementales. Puede que a Mandelbrot le gustara ese punto de partida, pero se expresaría con más modestia. Para él, lo que cuenta no es una ciencia nueva, sino su antigua meta, consistente en «reducir a reglas simples la complejidad del mundo». En eso trabajaba entonces y sigue trabajando ahora. En todo caso, con los fractales ha acercado la Matemática a los seres humanos.

El número de Euler

Vivimos en una época en la que nos gusta hablar de crecimiento. Deseamos un saludable crecimiento económico, o nos preocupamos por un rápido crecimiento de la población. En lo esencial dos son las formas de crecimiento que suelen distinguirse en tales discusiones, una de las cuales discurre pausada y se puede entender y seguir sin dificultad, en tanto la otra se cumple de forma explosiva e inquietante. No sólo en el lenguaje de los especialistas, sino en la política diaria se usan a menudo, para ambas formas de crecimiento, sendos adjetivos: lineal y exponencial. Este último esconde un número a la vez notable y asombroso que introdujera en el mundo de la ciencia un matemático oriundo de Basilea, Leonhard Euler (1707-1783). Se designa mediante la letra minúscula *e*, que es una ayuda a la memoria, pues se recuerda entonces sin dificultad que viene de *E*uler y que describe el tipo *e*xponencial de crecimiento.

No sólo es el número de Euler uno de los regalos más grandiosos que hiciera a la humanidad ese matemático, sin duda el más fecundo del siglo XVIII, a lo largo de los muchos años en que enseñó y trabajó en la Academia de Berlín y sobre todo en la de San Petersburgo.

Abarcaron sus intereses, entre otras cosas, una *Teoría musical* y una *Teoría del movimiento planetario*; escribió asimismo una *Teoría naútica*; planteó unos *Nuevos fundamentos de la Artillería*, y aún encontró tiempo para escribir *Cartas a una princesa alemana*, título tras el cual se hallaba una muchacha de dieciséis años, Friederike von Brandenburg-Schwedt, a quien Euler había dado clases de Matemática. Redactado en francés, el extenso libro apareció por vez primera en 1769 y aún puede encontrarse hoy. En esas cartas se aventura el matemático con valentía a expresarse, incluso sobre asuntos de los que admite abiertamente «no tener la menor idea», cierto, pero en los que quizás pueda ayudar a la inteligencia a tomar impulso; por ejemplo en éste: «¿Por qué suscita en nosotros sensación de placer una música hermosa? Qué dice Euler en su respuesta a la princesa, redactada a 6 de mayo de 1760, es algo que no descubriremos aquí, recomendando en cambio tanto más la lectura de esas cartas.

Crecimiento exponencial

Habría estado bien que Euler también se hubiese explicado en sus cartas acerca del número *e* y el crecimiento exponencial que permite captar. Por desgracia, renunció a hacerlo, así que tendremos que tomarnos nosotros todo el trabajo.

Al hablar de crecimiento, se piensa en que algo crece con el tiempo, pudiendose distinguir dos formas como se indicaba arriba. Puede que ese aumento sea un monto constante por unidad de tiempo, o puede que no y ese monto vaya cambiando. La unidad de tiempo se suele escoger según el problema de que se trate. En intereses de la cartilla de ahorros, uno calcula por años; tratándose de incremento de información en Internet, por semanas; del curso por desgracia no siempre ascendente de acciones bursátiles, por días o por horas, y del crecimiento biológico de bacterias, por horas o minutos, breve enumeración que basta para dejar clara la magnitud de las pretensiones de la Matemática al afirmar que sabe cómo reconocer y expresar lo común a todos esos procesos de crecimiento, su patrón. En cualquier caso, lo intenta, y aquí nos esforzaremos por entender qué hace al respecto y cómo.

Quedémonos por el momento en el caso de un crecimiento con un monto fijo por unidad de tiempo. Escogeremos como ejemplo el aumento de las pilas de periódicos viejos que acumulamos para llevar al basurero. Como añadimos un periódico por día, su magnitud (la altura) crece proporcionalmente al número de días. Dicen entonces los matemáticos que el crecimiento depende linealmente del tiempo.

Sigamos ahora con nuestro periódico viejo, sólo que esta vez no vamos a tirarlo, sino a jugar con él. Lo rasgamos por la mitad y apilamos las dos partes. Rasgamos de nuevo esa pila por la mitad, y volvemos a apilar las dos: mitades, y seguimos así unas cuantas veces hasta que ocurre una de dos: que nuestras fuerzas ya no dan para rasgar la pila cada vez más gruesa, o bien las tiras de papel son tan pequeñas que no pueden apilarse y todo se desperdiga por todas partes.

Aunque en la práctica nunca lleguemos hasta ahí, podemos figurarnos que seguimos dividiendo y duplicando la torre de papel indefinidamente, con lo que alcanzamos rápidamente la misma altura que la pila entera de periódicos para la basura. El crecimiento de las tiras de papel no es lineal, pues no hay un aumento fijo por unidad de tiempo, sino que crece de forma exponencial, donde es el porcentaje de aumento por unidad de tiempo el que es fijo. La altura no crece proporcionalmente al tiempo, sino a las existencias (en este caso, de tiras de papel).

Esta comprobación también vale en toda su extensión para la población del mundo. A fin de cuentas, más seres humanos tienen más niños y, así, nuestro número crece dependiendo del número de existencias alcanzado (nosotros), lo que significa que, en ningún caso, crece sólo linealmente. Crece exponencialmente si la población se comporta como la altura de la pila que hacíamos con tiras de periódico, a saber, cuando el tiempo requerido para que se duplique permanece fijo y es constante.

Entretanto, sin embargo, los estadísticos creen que, en los últimos decenios, la población mundial ha crecido incluso más deprisa aún; para ser precisos, de tal modo que el tiempo necesario para duplicar el número de humanos no ha permanecido constante, sino que se va acortando. Este tercer tipo de crecimiento, al que los especialistas llaman «hiperbólico», no entrará en nuestras consideraciones, puesto que aquí nos interesa el número de Euler del que hemos afirmado que se encuentra vinculado al crecimiento exponencial.

Exponentes

Las palabras exponencial y exponente tienen igual raíz latina, *ex*, que en este caso afirma de algo «estar puesto fuera de», es decir, destacado o sobresaliendo. De donde el sentido de obra «expuesta» en una galería o el del término «exponente» para una cifra sacada del renglón y puesta en lugar desta-

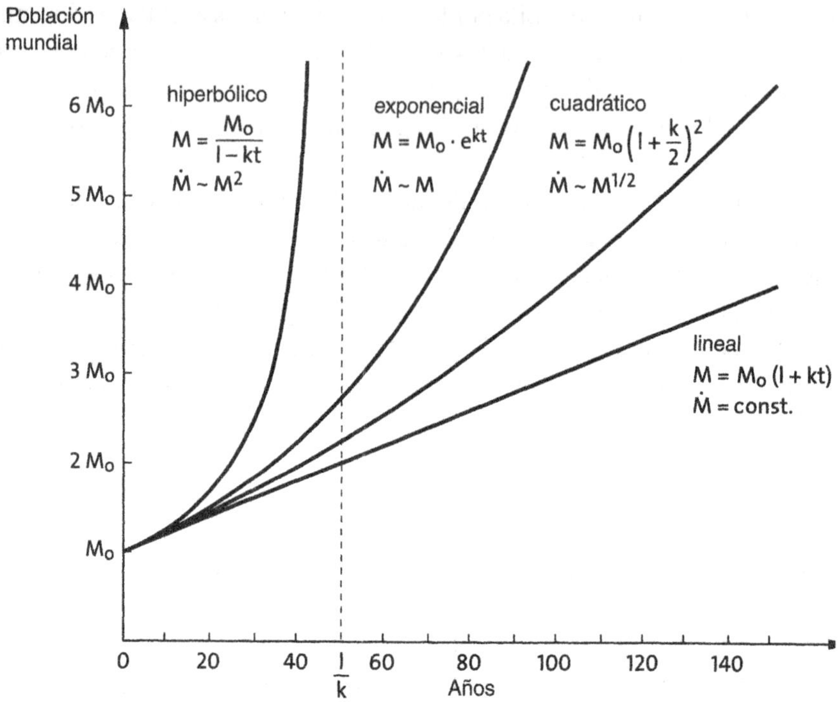

Crecimiento lineal y exponencial tal como aparecen definidos en el texto y aquí dibujados.

cado sobre él.* En la célebre ecuación de Albert Einstein e =m · c², el 2 oficia de exponente, anunciando que la velocidad de la luz ha de multiplicarse por sí misma. También habría podido escribir *E=m · c · c,* pero no le habría gustado a nadie.

Los matemáticos inventaron los exponentes para poder escribir mejor grandes cifras, prefiriendo por ejemplo en lugar de 1.000 —es decir, 10 · 10 · 10— escribir 10^3, («diez elevado a 3»), y 10^6 («diez elevado a 6) en lugar de

* En mi opinión la diferente estructura de alemán y lenguas latinas lleva al autor a confundir pasado con presente (o con pasante). Por lo mismo que un dado no es un Dante, su descripción cuadraría más a «expuesto» que a «exponente» que, si se llama así, es por exponer algo (a saber, la potencia), aunque ciertamente esté expuesto, como cualquier palabra, a toda clase de percances. (*N. del t.*)

10 · 10 · 10 · 10 · 10 · 10, es decir un millón, 1.000.000, y así sucesivamente. En algún momento observaron que esa notación admite hacerse general y puede definirse así con pleno sentido que es 10^X, aun cuando el exponente x ya no sea un número entero.

Un número dotado de exponente —en los ejemplos mencionados, siempre el 10— se llama base de esa numeración exponencial, y no es sorprendente que también en este terreno los matemáticos hayan ocupado todos los lugares disponibles. Por ejemplo, puede dotarse a la velocidad de la luz de un exponente arbitrario y escribir así $c^{2'7}$ (con lo cual se significa un número calculable inequívocamente aunque no por ello ha de tener necesariamente algún sentido físico); y como es natural también se puede tratar así al número de Euler y escribir e^x («e elevado a x»): que es justamente lo que puede describir eso que arriba se presentaba como crecimiento exponencial y ocurre a diario en el mundo; por ejemplo, cuando se acumulan intereses o crece el número de transistores en cada chip de computador (y con ello el rendimiento de las máquinas nuevas, véase «La ley de Moore»).

Pendientes, diferenciales y derivadas

Para atisbar lo peculiar de la expresión e^x echemos un vistazo una vez más al crecimiento lineal. Decíamos que procede de modo constante, lo que significa que su tasa de cambio es fija y no se modifica.

En un crecimiento exponencial la cosa ofrece otro aspecto. Aquí lo que cambia es el incremento, y exactamente, en la misma cantidad que el crecimiento.

Los matemáticos calculan la tasa de cambio de un proceso mediante la pendiente de la curva correspondiente, operación para la que se acuñó en la jerga de los especialistas la expresión «diferenciación». En este caso, se le llama «derivación» por buenas razones que, sin embargo, no nos atañen aquí.*

Una recta que describe un crecimiento lineal tiene una pendiente constante, y una curva que describe uno exponencial, una pendiente variable, que

* Sin entrar en las polémicas entre Newton y Leibniz sobre la invención del cálculo diferencial, y demás razones históricas más o menos buenas, el término para «diferenciación», *Steigung*, es el mismo usado poco antes en el sentido corriente, «pendiente». (*N. del t.*)

se fija mediante la curva y de una manera simple y a la vez interesante: la pendiente de una curva que asciende exponencialmente es idéntica a la curva misma. La derivada de e^x vuelve a ser e^x, como dicen los matemáticos, y tal coincidencia es posible exclusivamente teniendo como base el número de Euler, que habrá que definir ahora con más precisión.

Valores límite y series

Euler no dio con su número *e* por los motivos prácticos mencionados, sino llevado por su gusto por los números y las series. A sus colegas y a él les interesaba, entre otras cosas, cómo abarcar series infinitas de números. Qué ocurre por ejemplo cuando se va sumando 1 + 1/2 + 1/3 + 1/4 + 1/5 + 1/6 y así interminablemente. ¿Resulta algo finito?

Se conocían series infinitas que no se hacían infinitamente grandes. Al calcular pongamos 1/2 + 1/4 + 1/8 + 1/16 + 1/32 etc. se nota enseguida que la suma jamás rebasará el valor 1, pues, en efecto, sólo añade la mitad del monto que falta hasta alcanzar 1, y esto en cada paso del cálculo por definición.

A los matemáticos nunca les interesan sólo los números de una serie, sino otra cuestión: si hay allí leyes generales que descubrir. Euler se apañó una función a la que designó por la letra griega ζ [zeta] de modo que ζ(1) era la serie arriba mencionada: 1 + 1/2 + 1/3 + 1/4 + 1/5 + 1/6...; ζ (2) era $1/1^2 + 1/2^2 + 1/3^2\ 1/4^2 + 1/5^2 + 1/6^2$... y es fácil ver qué ha de ser ζ (n). Eso que al lego se le hace más bien un juego ofrece a menudo al matemático un método decisivo para comprender algo de los números, de los cuales entre los más emocionantes se cuentan los primos, divisibles sólo por 1 o por sí mismos. Hasta hoy los matemáticos siguen buscando una regla que les permita calcular, a partir de un primo dado, el siguiente. Parece que la función ζ contiene el secreto de los números primos, sospecha que los especialistas persiguen hasta hoy en forma de «conjetura de Riemann» sin poder confirmarla.

Euler pudo pronto hacerse con ζ(2) (en tanto que ζ (1) se demostró tercamente irreducible y tendente a infinito). Lleno de orgullo presentó Euler su resultado: $\zeta(2) = \pi^2/6$, y sus colegas no pudieron sino asombrarse de cómo lo había hecho y cuán propiamente venía a encajar allí el número π.

Cuando al avanzar una serie infinita sigue siendo calculable, los matemáticos hablan de su valor límite, que conocen también en secuencias numéricas. Por ejemplo, Euler se preguntó hacia dónde se desarrolla la secuencia en que se va añadiendo cada vez a 1 una cantidad cada vez más pequeña, y qué pasa si, además, se dota al conjunto de un exponente. Así, respecto a lo primero, 1 + 1/2 , 1 + 1/3, 1 +1/4, 1+1/5..., que con una reiteración infinita resulta en 1, naturalmente. Al final, claro, ya no se está añadiendo nada.

Pero ¿qué pasa cuando en lugar de 1 + 1/n se trata de seguir la pista hasta infinito a la expresión $(1 + 1/n)^n$? ¿Hacia dónde discurre la secuencia numérica $(1 + 1/2)^2$, $(1 + 1/3)^3$, $(1 + 1/4)^4$, $(1 + 1/5)^5$, etc.?

Como buen matemático, Euler quería saber ante todo si tal valor límite existía. Una vez convencido de ello —es decir, tras haberlo probado—, pudo darle nombre. Es el número de Euler, *e* = 2'718281828459... donde, al igual que en el número π, el desarrollo numérico tras la coma jamás termina, lo cual significa que *e* es un número irracional. Así, no puede escribirse como cociente de dos enteros, e incluso es como π número trascendente, por decirlo con el término especializado, lo que para nuestros efectos significa tan sólo que es casi inconcebible, es decir, inconcebible sin ecuaciones matemáticas demasiado complicadas.

$$e = \lim_{n \to \infty} (1 + 1/n)^n$$

$$e^x = \lim_{n \to \infty} (1 + x/n)^n$$

Bacterias, bancos, bosques...

Hojeando en una enciclopedia la entrada «número de Euler», se encontrará a menudo que constituye «la base de los logaritmos naturales». La operación logarítmica invierte el proceso que hemos expuesto antes como potenciación: elevar a un exponente o potencia. Así como la sustracción es inversa de la adición y la división de la multiplicación, hay también una regla de cálculo que devuelve los elevados exponentes a a las bajezas del cálculo ordinario, pero que aquí no seguiremos más lejos. El predicado «natural» aplicado a esos logaritmos tiene que ver con la observación de que el crecimiento exponencial desempeña un papel en muchos procesos naturales. Cuando se dice que «se multiplican» las bacterias de un cultivo o la biomasa de un bosque, o que los átomos «se dividen» al desintegrarse, el proceso siempre admite expresarse con precisión matemática mediante el número de Euler. Cuando se dividen células, puede calcularse asimismo con su ayuda cuántas acabará habiendo en un momento dado, tal como puede calcular el interesado cómo crece su patrimonio cuando se suma a su interés el interés de los intereses, lo que se llama interés compuesto.

Proviniendo Euler de Suiza, cabe sospechar que estuviera familiarizado con el tema; de hecho, uno de sus maestros residente asimismo en Basilea, el matemático Jacobo Bernouilli, puso particular brío en el empeño de saber cómo crece un capital a interés compuesto cuando los intereses no se abonan a fin de año, o al cabo de cualquier otro plazo estipulado, sino continuamente desde el momento de la imposición. Quien se ponga a calcular esto vendrá a dar con el número de Euler y su función e^x.

Una prodigiosa identidad

Parece que *e* surge siempre dondequiera que algo se desarrolla, por ejemplo la vida. Esto ya es de por sí prodigioso, pero, además de su número, Euler encontró algo que lo era aún más. Como queda dicho, los matemáticos tratan constantemente de llevar su tema a lo general. Y así, ciertamente Euler disfrutó de que su e^x admitiera escribirse con pleno sentido para cualquier exponente arbitrario, aunque con una restricción: los exponentes tienen que ser números reales, esto es, que deben medir algo real.

Ahora bien, junto a éstos se había descubierto números a los que tal aplicación les estaba vedada. Por ejemplo la solución de la ecuación $x^2 + 1 = 0$. Todo número real que se eleve al cuadrado tendría que ser por fuerza positivo; pero eso no cabe en tal ecuación. Primeramente se intentó ver en ello casos especiales e ignorarlos, pero, desde el Renacimiento, números similares se abrieron paso en otros cálculos semejantes. Euler fue el primero que los aceptó, los tomó en serio e introdujo para ellos el símbolo *i*, por considerarlos sin demasiada fortuna *i*-maginarios, con lo que se quiere decir que no creía poder encontrarlos en la realidad. Su número imaginario *i* se definía como solución de la ecuación $x^2 + 1 = 0$, y así, $i^2 + 1 = 0$ o $i^2 =$ o también $i = \sqrt{(-1)}$.

Con dos números nuevos en su haber, Euler no podía por menos que preguntarse cómo se relacionaban. Naturalmente para empezar se planteó el problema de cómo definir algo como e^{ix}, pero en este breve texto aceptaremos sin más que Euler lo logró. En el proceso advirtió que no sólo podía componer *e* con *i*, sino que incluso merecía particularmente la pena si además tomaba el número π. Como observó Euler manejando sus números, es cierta la identidad:

$$e^{i\pi} + 1 = 0$$

que en palabras se enunciaría «*e* elevado a *i* veces *pi*, y más uno, es igual a cero». Puede que esta fórmula no parezca de entrada merecer particular consideración, pero hay quienes ven en ella el secreto del mundo, con sólo que se supiera cómo descifrarlo.

Antes de bromear demasiado con tal suposición, debería repararse en que ahí, en esa fórmula, está presente todo y forjado en una sola pieza. Para empezar, esa notable amalgama de números imaginarios y trascendentes, multiplicados y elevados a potencia. Luego, frente a esos prodigios de la Matemática tan lejanos al lego, se hallan las cosas más simples del mundo: el uno y el cero, el signo de sumar y el de igualdad, a lo que aún incorpora la fórmula de Euler lo geométrico, representado por π; lo algebraico, por i; y lo aritmético, por el 1 y el 0; y el elemento que los reúne a todos es su número *e*.

Quizá sea el matemático norteamericano Keith Devlin quien ha dado con las palabras más hermosas para la identidad que ese número expresa en esta ecuación: «Así como un soneto de Shakespeare capta la esencia verdadera del amor, o una pintura nos muestra la belleza de la forma humana, que no se deja falsear por lo superficial, así la ecuación de Euler cala en las honduras últimas de la existencia».

Y el matemático Benjamin Peirce, quien trabajara en la Universidad de Harvard en el siglo XIX, iniciaba su curso sobre la ecuación de Euler con estas palabras: «Señores, esto es ciertamente verdadero; es absolutamente paradójico no sabemos cómo entenderlo ni qué significa. Lo hemos demostrado, sin embargo, y por eso sabemos que es verdad».

La ecuación de Euler nos muestra, mediante una verdad, cuán hermoso es el mundo: ofrece la fórmula más notable de la Matemática, pero es que además el mundo no la ha descubierto por sí solo.

El hotel Hilbert

El hotel Hilbert recibe ese nombre por un matemático que descolla entre muchos de sus colegas, David Hilbert (1862-1943). Con ayuda de ese hotel, se trata de hacer visible lo singular de ese concepto que la ciencia de Hilbert llama infinitud. Naturalmente, también usamos en la vida cotidiana las palabras sinfín o infinito, por ejemplo cuando algo se nos hace infinitimanente tedioso o en una clase aburrida el reloj no quiere avanzar sino infinitamente despacio. Pero cuando los matemáticos se apropian de un concepto, transforman algo que había que entender en un sentido más bien vago en algo con un significado sumamente preciso. Esto puede llevar a visiones sorprendentes, pongamos como ejemplo la de que aun sumando infinitamente muchos números el resultado no tiene que ser necesariamente infinito (véase «El número de Euler»).

La peculiaridad del hotel Hilbert consiste en que dispone de infinitas habitaciones, y lo ventajoso de tal disposición se puede ver si suponemos, para empezar, que está completo; y en segundo lugar, que, más entrada la noche, aún hay huéspedes que ansían ser admitidos. En un hotel corriente, ya no hay nada que hacer y la puerta sigue cerrada. En el de Hilbert, sencillamente se desplaza a todos los huéspedes una habitación más allá. Si aún llegan más, sencillamente se repite el procedimiento y, aun cuando la cosa continúe toda la noche, siempre sigue quedando sitio para nuevos viajeros que lleguen en busca de habitación.

La conferencia de Hilbert y la clase honorífica

Por encantador que resulte en este aspecto el hotel Hilbert, aquí nos gustaría darle otro sentido a esa expresión y estenderla al lugar en que se ha reunido una serie de matemáticos muy particular. Llamados en la literatura anglosajona «*The Honors Class*», sus miembros se señalan por haber resuelto alguno de los problemas de Hilbert. La profesión entiende por tales los temas que éste expusiera en 1900 ante el congreso internacional de Matemática que a la sazón se celebraba en París. De hecho, Hilbert no habló de «Soluciones matemáticas», sino que enumeró «Problemas matemáticos», que a primera vista resulta curioso en una época que, merced a los éxitos colosales alcanzados por la ciencia, en el siglo XIX miraba optimista hacia el futuro y esperaba lo mejor. Al mirar con más detenimiento, empero, queda claro que la llamada de Hilbert iba en la misma dirección, pues los 23 problemas enumerados en París pretendían indicar los temas clave a resolver lo antes posible, para dar a su ciencia el fundamento que le permitiera discernir con certeza entre lo verdadero y lo falso. En palabras de Hilbert: «Oímos en nuestro interior una exhortación constante: ahí está el problema, busca la solución. Puedes hallarla por puro razonamiento, pues en Matemática no hay *ignorabimus*».

Una muestra escogida de problemas de Hilbert en su formulación textual:

1. Problema de Cantor de la potencia del continuo
2. No contradicción de los axiomas aritméticos
3. Igualdad de volumen a igualdad de base y altura
4. Problema de la recta como nexo más corto entre dos puntos
6. Tratamiento matemático de los axiomas de la Física
7. Irracionalidad y trascendencia de números definidos
8. Problema de los números primos
16. Problema de la topología de curvas y superficies algebraicas
18. Construcción del espacio a partir de poliedros congruentes
20. Problema general de valores en el límite

Con el término latino «*ignorabimus*» —«ignoraremos»— recurre Hilbert a un dicho del fisiólogo Emil Du Bois-Reymond (1818-1896), quien se declaraba abiertamente en 1872 por la existencia de «límites en el conocimiento de la naturaleza», y defendía el parecer de que hay enigmas que ninguna ciencia es capaz de resolver. ¿Quién dará razón de qué es ser consciente? «Lo ignoramos y lo ignoraremos», dijo Du Bois-Reymond, por supuesto en latín como correspondía a un caballero educado del XIX: «*Ignoramus et ignorabimus*».

Idea insoportable para Hilbert, quien inició con esa conferencia de París una ofensiva general contra tal pesimismo y señaló a sus compañeros de armas los 23 blancos principales. Que lo hiciera hace más de cien años lleva directamente a preguntar cuántos de esos problemas se han resuelto entretanto, cuántos de esos terrenos en que estaban puestas sus miras han sido conquistados. Es notable que no pueda responderse sin más. Tan sólo está claro que hay algunas soluciones, y que los matemáticos que consiguieron las correspondientes demostraciones constituyen la clase honorífica a la que damos alojamiento en el hotel Hilbert.

Problemas con números

Si algo llama la atención en los problemas de Hilbert es el hecho de ser 23. Cualquiera habría enumerado 10, 20 o 25, pero no 23. También celebramos a lo grande nuestro 50° cumpleaños y no el 49°, por más que éste sea un cuadrado perfecto. Podría ser, naturalmente, que hubiera justo esos 23 problemas. Más probable parece, sin embargo, que Hilbert, debiendo fijar algún número ya que su conferencia no podía durar infinitamente, optara por uno primo, que sólo se representa a sí mismo y no es divisible por ningún otro (excepto 1). Los números primos siempre han sido personajes importantes y de gran significación para los matemáticos. Su primado les viene de que no dejan que nada los descomponga en ninguna circunstancia, y por eso siempre se quiso saber algo más de ellos. ¿Cuántos primos son exactamente en la familia? ¿Cómo se distribuyen entre los números naturales? ¿Y cómo se llega de un primo al siguiente?

Si convenimos en que hay infinitos números naturales, 1, 2, 3, 4, etc. —donde sabemos que siempre podremos seguir contando y aun al mayor de los números añadirle algo—, lo primero que se le viene a uno a la cabeza es la sospecha de que sólo puede haber un número finito de primos. En cualquier caso, muchos menos que números naturales. Pero ¿cuántos exactamente? Para sorpresa general, ya en la Antigüedad pudo probar Euclides que no hay primo máximo y, con ello, que los hay en número infinito (algo que, por lo demás, daba a Hilbert la posibilidad de numerar con ellos las habitaciones de su hotel). Y lo que es más notable, los matemáticos podían y pueden mostrar que, a ese respecto, los números primos no les van a la zaga a los naturales en absoluto. Quien prolongue su pensamiento a lo infinito encontrará que tanto montan unos como otros. Ambos conjuntos de números son equipotentes, como se dice, lo que también significa que uno puede hartarse tanto de unos como de otros.

Esta idea, ciertamente demostrable pero, no obstante, difícil de transmitir al sentido común, tentó a algunos matemáticos a ver si se podría hallar en alguna otra parte un conjunto de números cuya infinitud se distinguiera de aquélla de los números naturales. Como con su ayuda se puede ir avanzando número a número por las regiones de lo infinito, se dice que los números naturales son infinitos pero enumerables, o enumerablemente infinitos. Dotados ya de este concepto, la cuestión planteada arriba se enuncia como sigue: ¿hay conjuntos infinitos de números que tengan que estimarse de otro modo y no se dejen enumerar tan simplemente como los naturales ni se comporten como los primos?

La respuesta es sí, y quien los encontró fue el matemático Georg Cantor (1845-1918), quien supo imaginar lo que se llama un procedimiento diagonal con que verificar que el conjunto de todos los números es de potencia superior a la del conjunto de los números naturales. «Todos los números» quiere decir quebrados, racionales, irracionales, trascendentes y aún otros, todos los cuales pueden definirse con suma precisión, aunque aquí no pretendamos tal cosa, y se conocen como números reales. Con ellos y su infinitud, ya podemos volver a los problemas de Hilbert, pues una mirada a la lista muestra que el primero se refiere a Cantor. Se trata, por una parte, de las dos infinitudes que pudo distinguir —la de los números naturales que llamábamos enumerables y la de aquéllos otros que Cantor llamó literalmente «allende lo enumerable» [*überabzahlbar*]. Y también se trata en segundo lugar de otra cuestión, si junto a esas dos infinitudes hay alguna más. Cantor así lo supone, de ahí que hable de un continuo de infinitudes que pretende rastrear sin haberlo logrado en aquellas fechas de 1900.*

Ahora bien, Hilbert quería saber qué panorama ofrecía «el problema de Cantor de la potencia del continuo», exponiendo así ante sus colegas el primero de sus problemas: quienes entretanto lo han resuelto... si puede decirse

* En puridad, Cantor sabía ya en 1900 construir esas otras infinitudes y las tenía ordenadas una tras otra. Lo que quería saber y no sabía es si la infinitud del continuo es la que sigue en tamaño a la infinitud enumerable (si el continuo es o no el segundo infinito en tamaño). (*N. del t.*)

así, pues, en efecto, la solución afirma que el problema no puede resolverse. Es indecidible, como dice la pulcra expresión oficial y como expondremos de inmediato con más detalle, tras echar un vistazo al problema 8°, el de los números primos, que hoy sigue esperando solución. Éste gira en torno a la cuestión de cómo se distribuyen los números primos, que en concreto significa buscar una regla que, a partir de un primo dado, por ejemplo el 23, permita calcular el siguiente, en este caso el 29. Que no es sencillo, lo supieron siempre los matemáticos, pues ¿cómo se ha de entender que la distancia no siempre aumente y al 29 siga directamente el 31, por presentar a una pareja?

El problema de los números primos ha ocupado a las mayores inteligencias numéricas a lo largo de los siglos sin que se atisbara solución alguna, y lo único que tenemos es una conjetura. Se remite a Bernard Riemann (1826-1866), muerto demasiado joven y cuyos talentos podrían hacer fantasear a cualquier historiador. Por ejemplo, supo cómo ampliar y generalizar una función que Euler introdujera, la función ζ (véase «El número de Euler»), de modo que su valor numérico pueda también reducirse a cero. Ahora bien, tales puntos cero

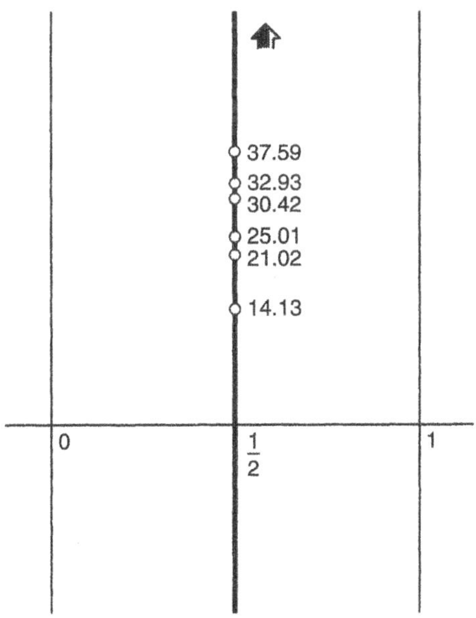

La línea en que se sitúan los ceros de la función zeta ampliada por Riemann, con algunos valores concretos calculados.

no se distribuyen arbitrariamente, muestran un patrón, y según Riemann parecen situarse todos sobre una línea. Si esto puede probarse, el mundo de los primos está en orden.

Pero eso aún no se ha logrado, y habiendo fracasado Riemann en el empeño, ha de hacerse la advertencia de no ponerse a ello como pasatiempo. Con prisas, no se dejará ver ahí nada de nada; sería de suma importancia en esto entender los ceros de Riemann. Para ser precisos, parece que no sólo señalan dónde se distribuyen los primos, sino también de qué energía pueden disponer los átomos pesados. El mundo de la inteligencia y el mundo de la materia estarían así unidos directamente en un mismo patrón que hace soñar a muchos conocedores de la música de los números primos. ¡Si tan sólo supiéramos qué pasa con esos ceros y si es acertada la conjetura de Riemann!

Indecibilidad

No cabe siquiera mencionar en su totalidad los problemas a que aludía Hilbert, y aún aturdiría más enumerar los nombres de todos los miembros de esa «*Honors Class*», los matemáticos que han logrado tener éxito en alguno de los 23 problemas. Nos limitaremos a dos ámbitos temáticos que, por suerte, Hilbert nombró en los dos primeros lugares. Tras el continuo de Cantor, viene la «no contradicción de los axiomas aritméticos», y aunque también esto suene bastante restringido y especializado, provocó uno de los más importantes vuelcos del pensamiento matemático. En este punto, el mundo de Hilbert se ha derrumbado por completo, y lo hizo ya en el año 1931. En aquellas fechas un lógico, oriundo de Viena, Kurt Gödel (1906-1978), logró probar que el «*ignorabimus*» era un piadoso deseo, un sueño que la realidad no admite. Pues, a ese respecto, sí podemos saber algo con certeza, lo que Gödel probó en el teorema hoy legendario que lleva su nombre, cuya mejor formulación aunque un tanto abrupta cabe suponer que sea aquí la siguiente:

«En todo sistema formal que contenga al menos una teoría de los números naturales, hay una proposición indecidible; es decir, una que no puede probarse y cuya negación es igualmente imposible probar.» (A lo que se conoce también como primer teorema de incompletud de Gödel). De ello se sigue que «no puede probarse la ausencia de contradicción en el sistema desde dentro de un sistema formal que contenga al menos una teoría de los números naturales». (Que es lo que se conoce como teorema de incompletud por antonomasia o bien como segundo teorema de incompletud de Gödel).

Así figura en una *Encyclopedia of Philosophy* (norteamericana), y lo que hizo Gödel probando ese teorema hizo tambalear los cimientos del pensamiento hasta hoy. Si uno quisiera expresar con la mayor sencillez de qué nos informa, probado sin la menor sombra de duda, podría decirlo así: en cualquier sistema con que procedan a pensar seres humanos, cabe formular enunciados que no pueden probarse. Se los puede suponer verdaderos (correctos), o desecharlos como falsos (erróneos), pero quien lo haga tiene que cargar con su decisión. Inicialmente, cualquiera es libre, pero «en cuanto siga, somos siervos», como Goethe hace reconocer y explicar al mismo diablo en el *Fausto*.

Con los teoremas de Gödel llegó a la Matemática lo que Hilbert trataba de evitar como el diablo el agua bendita: la indecibilidad. Y un ejemplo concreto de cuestión indecidible se encuentra en el primero de los problemas de Hilbert: saber si junto a las formas enumerable y no numerable de infinitud hay otras. Cantor mismo era del parecer de que no se puede encontrar o construir ningún conjunto que, atendiendo a su potencia, encaje entre los números naturales y los reales. Curiosamente llamó a eso hipótesis del continuo y trató en vano de probarla. Así vino a convertirse en el primer problema de Hilbert y, en 1963, el norteamericano Paul Cohen dio a conocer que así seguiría por siempre. Esa cuestión, si entre las dos formas de infinitud hay alguna otra, es y seguirá siendo indecidible, y el problema del continuo, irresoluble. Con toda certeza, ignoramos e ignoraremos, como habría podido decir Paul Cohen con las palabras para entonces casi centenarias de Du Bois-Reymond. Y si bien puede que uno lo lamente por Hilbert personalmente, en conjunto la Matemática se ha vuelto más humana.

De alguna manera, también es hermoso que aun en esas esferas no se pueda saber todo y siga habiendo cuestiones pendientes. Y de cualquier forma, eso no rige para todo: incluso después de Gödel, todo huésped seguirá obteniendo habitación en el hotel de Hilbert.

Misterios

Por mucha conmoción que resulte de la incompletud de Gödel para todo el programa de Hilbert, hacer susceptible de prueba a todo enunciado matemático, la prueba de Gödel encaja casi a la perfección en un acontecer característico de la mayor parte de las ciencias de la naturaleza a lo largo del siglo XX. Se diría que sus representantes tienen cierta predilección por el prefijo «in-»: Max Planck comprueba la in-constancia, o discontinuidad, de la naturaleza (véase «El salto cuántico de Planck»), Werner Heisenberg descubre la in-determinación de la realidad atómica (véase «La indeterminación de Heisenberg»), Benoit Mandelbrot y sus colegas dejan clara la im-predecibilidad de procesos complejos (véase «El manzanillo de Mandelbrot»), y así podría proseguirse añadiendo in-completud e in-certidumbre.

Todas esas tendencias, y no sólo la indecibilidad de Gödel, apuntan en una dirección que nadie habría esperado en el siglo XIX, pero que dota a la ciencia de una dimensión humana. Pues, cuando el desarrollo de un sistema sigue siendo impredecible, aun conociendo todas las leyes pertinentes, eso significa, viéndolo en positivo, que es posible la libertad. Y si los físicos encabezados por Albert Einstein encuentran que la incompletud les viene impuesta, porque hasta una nimiedad como la luz sólo puede comprenderse en conjunto admitiendo para una afirmación —la luz se mueve como onda— también su contraria —la luz se mueve como partícula—, entonces eso no significa sólo que no podemos decir qué es la luz, sino también, visto en positivo, que podemos seguir viviendo la luz como un misterio aun cuando sepamos todo sobre ella. En tanto Hilbert pretendía privarnos de lo misterioso, siendo para él lo primero la certeza del pensamiento, Gödel nos lo devolvió. Con él y tras él, sigue siendo hermoso el pensamiento, aun cuando discurra tan sólo lógicamente. Siempre puede toparse con alguna sorpresa, aunque haya filósofos que lo discutan; pongamos como ejemplo a Ludwig Wittgenstein, quien se equivocó al opinar en su *Tractatus Logico-philosophicus*, bajo el epígrafe 6.1.2.5.1, que la lógica forzosamente ha de demostrarse tediosa y no confiaba en que pudiera traer sorpresa alguna.

El problema decimoctavo

Uno de los problemas ulteriores de Hilbert trata de la construcción del espacio a partir de poliedros congruentes, algo que ciertamente suena abstracto, pero puede adoptar formas concretas. Los poliedros son cuerpos con varias caras iguales, como las pirámides por ejemplo, y la cuestión, si es posible colmar con ellos un espacio, por completo y sin huecos. Fácilmente se le ocurre a uno limitarse en tal tema a una superficie, y entonces se ve claro enseguida que se puede alicatar por entero la pared del cuarto de baño con cuadrados. Pero aun así ¿cómo pintaría la cosa con otras figuras, triángulos, pentágonos u otras?

Hemos de dejar aquí fuera de consideración la forma general del problema, pero acabaremos esta sección con un caso específico: cuántos colores se precisa para caracterizar los países que muestra un mapa, de modo que dos estados cualesquiera con un tramo de frontera común aparezcan con diferente color. Ya en el siglo XIX se conjeturó que bastan cuatro colores, y desde entonces se han seguido haciendo esfuerzos por probar ese teorema de los cuatro colores. Sólo empezó a haber algún progreso tras atacarse el problema decimoctavo de Hilbert, y de entonces a esta parte el teorema ha quedado «probado», donde las comillas insinúan que no todos los matemáticos están de acuerdo en el uso de ese término. Lograrse, sí se logró indicar un procedimiento para diseñar todo mapa político posible y hacer que un ordenador lo llenara luego completamente con cuatro colores. Hecho esto tras un tiempo de cálculo nada despreciable, se decidió aceptarlo como prueba del teorema de los cuatro colores.

Seguro que a Hilbert le habría interesado esto, pero no le habría resultado divertido, de modo que también aquí queda algo por hacer. Discutiéndose en círculos especializados si con ello quedaba probado o no el teorema de los cuatro colores, se planteó también la cuestión en su forma más general: para qué se necesitan las pruebas. La mayoría resultan tan complicadas que se hurtan a toda comprensión por parte del público. El matemático Andrew Gleason observó a ese respecto que «en realidad las pruebas no tienen por misión convencer a alguien de que algo es verdad. Sirven sólo para indicarnos por qué lo es».

¿Y acaso nosotros no hemos sabido siempre que la Matemática esconde problemas a montones? Hilbert lo probó con su requerimiento. Tal vez ahora nos merezcamos también nosotros una cama en su hotel.

La antinomia de Russell

Hablando, es fácil incurrir en contradicciones. Si además producimos dos enunciados que suenen a paradoja y podamos fundamentarlos igualmente bien, nos hallaremos en una antinomia, como llamara Immanuel Kant al patinaje sin fin en que puede ir a parar el pensamiento. A título de ejemplos, nombraba él la proposición de que el mundo tiene comienzo en el espacio o en el tiempo, puesto que ambas respuestas posibles admiten sendas demostraciones válidas por igual y sin diferencia alguna (indiferencia ésta que a nadie puede dejar indiferente).

Como antinomia muy popular, siempre se vuelve a citar la de un cretense llamado Epiménides, quien afirma que todo cretense miente. Si el mentado cretense dice la verdad, entonces él también miente (que es una primera contradicción); si Epiménides miente, es decir, si es falso que «todo cretense miente», entonces... ¿entonces qué? En caso de que la contraria de «todo cretense miente» afirme que «todo cretense dice la verdad», valdría que «si nuestro cretense miente, entonces está diciendo la verdad». Conque tendríamos una segunda contradicción y con ello una antinomia. Pero, de hecho, la negación de «todo cretense miente» dice que «hay al menos un cretense que no miente».Y para acabar de comprender el ejemplo del cretense, habría que averiguar ahora si ése que dice la verdad es nuestro Epiménides. Sólo en tal caso tendremos una antinomia.

Estos ejercicios preparatorios deberían haber dejado ya claro que encontrar una antinomia no es cosa baladí. Una de las más fecundas la planteó un filósofo, escritor y matemático, oriundo de Gales, Bertrand Russell (1872-1970), galardonado en 1950 con el premio Nobel de Literatura. En los primeros años del siglo XX, andaba Russell cavilando en la teoría matemática de conjuntos, a la sazón recién esbozada, que hacía de «los números naturales» el conjunto de los números naturales, y de «los triángulos rectángulos» el conjunto de los triángulos rectángulos a fin de comprenderlos mejor. Con conjuntos se puede operar bien siempre que esté inequívocamente establecido de qué elementos constan, algo que parece fácil de definir en cualquier caso y, así, no plantear problema alguno. Sólo que entonces llegó Russell y caviló un conjunto con el que surgían dificultades. En tanto entren como elementos números o figuras cualesquiera, todo sigue en calma. La tormenta en el vaso de agua matemático estalló cuando Russell empezó a admitir a los conjuntos mismos en calidad de elementos. La lógica permite definir fácilmente conjuntos que no se contengan a sí mismos como elemento, ejemplo de lo cual es el conjunto de los números naturales, que no es otro número natural; y así, también se puede proponer formar un conjunto con todos aquellos conjuntos que, como el anterior, no se contienen a sí mismos como elemento. Sólo habrá entonces una pequeña dificultad: decidir si este último conjunto se contiene a sí mismo o no.

Quien se pare a pensarlo descubrirá la antinomia de Russell, que su descubridor planteaba garbosamente con el ejemplo de un barbero. Figurémonos un pueblo donde hay un solo barbero que se gobierna en su trabajo por la máxima siguiente: «Yo afeito a quienes no se afeitan a sí mismos». Quien pregunte ahora quién afeita al barbero irá a dar de cabeza con la antinomia de Russell. Pues si el barbero no se afeita a sí mismo, entonces tiene que afeitarse; pero si se afeita él solo, no le es lícito afeitarse.

Aplicado al conjunto que arriba presentábamos, si el conjunto se incluye a sí mismo como elemento, entonces no puede incluirse como elemento. Si, por el contrario, es de los que no se incluyen a sí mismos, entonces tiene que incluirse, y ahí se queda clavado el pensamiento y de ahí no pasa

La antinomia de Russell mostró que una teoría de conjuntos ingenua va a dar en problemas antes o después. Sí, era imperativo encontrar una base lógica (axiomática) libre de contradicciones, y a ello se puso junto con el filósofo Alfred. N. Whitehead en el famoso libro *Principia Mathematica*. Si quieren saber cómo se evita con toda sencillez la antinomia de Russell, sólo tienen que dejar de hacer frases que refieran a sí mismas; por ejemplo: «...y esto que le digo es perfectamente demostrable». Hacerlo sólo trae disgustos antes o después.

La máquina de Turing

Alan Turing (1912-1954) se cuenta hace ya tiempo entre los científicos inmortales, puesto que la memoria colectiva de Occidente le ha hecho un sitio a su nombre en la expresión «máquina de Turing». Eso sí, no sin antes haber empujado al matemático británico a darse una muerte temprana por causa de su homosexualidad. Con cuarenta años apenas, la constante discriminación sufrida le hizo suicidarse con cianuro potásico.

Ya en su juventud se había ocupado de uno de los problemas que Hilbert planteara a los matemáticos (véase «El hotel Hilbert»), el llamado «problema de la decisión». Y con apenas veinticinco años, pudo demostrar... ¡que había un número infinito de problemas irresolubles por principio! Descubriendo a la vez algo positivo: que hay una máquina universal (la máquina de Turing) capaz de hacer las veces de cualquier otra y resolver cualquier problema computable. Con esos descubrimientos lógico-matemáticos, ponía los fundamentos de un concepto que materializaría después de la guerra: la máquina pensante o cerebro electrónico,

Turing propuso las ideas que se acaban de esbozar ya en el año 1937, en un artículo publicado con el título «*On computable numbers, with an application to the* Entscheidungsproblem» [*De números computables, con una aplicación al* Entscheidungsproblem]. Desarrollaba también en ese texto un concepto venido entretanto a ser de uso habitual, que las calculadoras han de trabajar con un sistema digital binario si es que han de hacer algo más que calcular y, por ejemplo, jugar al ajedrez. Antes, empero, vino la guerra, y Turing aceptó ser reclutado por el servicio secreto británico para tratar de resolver el enigma planteado en forma de máquina de cifrar, llamada, precisamente, *Enigma*. La máquina codificaba radiogramas de modo tan complicado que el alto mando de la Fuerza de Defensa alemana estaba seguro de ser invencible en ese campo. Ayudado por su equipo, empero, Turing no sólo pudo forzar el código Enigma, sino que también estuvo pronto en situación de calcular y descubrir las correspondientes configuraciones de la máquina en cada ocasión, logro que ha permitido a algún historiador decir que sería ciertamente exagerado afirmar que Turing había ganado la guerra, pero acertaría en cambio quien dijera que, sin él, Inglaterra la habría perdido.

Así pues, programar grandes dispositivos de cálculo fue la ocupación de Turing en los años cuarenta, en el curso de la cual desarrolló la idea de «subprogramas» (*subroutines*) y la posibilidad de poner a prueba automáticamente el *software* empleado. Con la experiencia obtenida, se dedicó luego a una cuestión fascinante: «*Can a machine think?*» [¿Puede pensar una máquina?]. En lugar de largos debates filósoficos, propuso una prueba concreta para aclarar la cuestión. Veía claramente que, en cualquier caso, un cerebro admite ser simulado por una calculadora —un ordenador—, y supuso que el aparato iría mejorando constantemente. Ahora bien, si sus simulaciones llegaran a ser un día tan buenas que un ser humano no pudiera distinguir si una respuesta le era dada por un ordenador o procedía de otro cerebro humano, debería admitirse entonces, según Turing, que la máquina podía pensar.

Esa prueba de Turing no es tan convincente como su máquina, «la máquina de Turing», que se puede entender mejor introduciendo un concepto central en lo referente a computabilidad, a saber, «algoritmo». Por tal se ha de entender un procedimiento de solución de un problema —calcular números primos, por ejemplo— que puede llevarse a cabo en un número finito de pasos y proporciona resultados inequívocos. Se usan algoritmos, por ejemplo, al resolver ecuaciones, y la cuestión de saber si todo problema es resoluble mediante algoritmos contiene un antiguo tema de la Matemática.

Desarrollada en torno a 1936, la máquina de Turing trata de dar al algoritmo forma practicable («explícita») y, en el curso de su construcción, se percató Turing de que podía construir la correspondiente máquina universal, capaz incluso de manejar cualquier problema, siempre que éste sea resoluble por vía algorítmica.

Una máquina de Turing es una calculadora particularmente simple consistente en cinco partes: cinta de operaciones, mecanismo de paso para la misma, los correspondientes cabezales de lectura, borrado y escritura, sistema de almacenamiento y panel de control. Qué haga la máquina en un determinado segmento de la tarea depende de dos magnitudes: descripción en la cinta y estado interno de la máquina, fijado por la memoria operativa. A toda combinación posible de esas dos magnitudes le está asignada una indicación determinada en el panel de control: éste establece si un campo será leído, borrado o escrito de nuevo, en qué sentido se moverá la cinta a continuación y cuando se detendrá la máquina. El corazón de la máquina de Turing está en ese panel de control, del cual depende que una máquina así sume, reste, multiplique o lleve a cabo alguna otra operación.

Programada con destreza, una máquina de Turing puede contar, calcular, llevar a cabo transformaciones algebraicas, sacar conclusiones lógicas, o jugar al ajedrez, las damas o al tres en raya; puede probar teoremas matemáticos, traducir y muchas más cosas.* Puede con todo aquello que sea algorítmicamente factible. Pero precisamente eso no es todo, aunque así se opine a menudo. Ya en 1936 pudo señalar Turing —en un trabajo conjunto con Alonzo Church— que hay problemas en que fracasa todo algoritmo: uno tal es el problema de parada de la máquina de Turing. Gira en torno a esta cuestión: si una máquina de Turing, que trabaja con una cinta previamente escrita, llega o no a detenerse tras un número finito de pasos, resultando que la cuestión de la parada puede responderse en ese caso particular, ciertamente, pero no hay procedimiento general para poder decidirlo.

*«Nuestro cuatrillizos son quintuplets en el desarrollo de Turing. Es decir, cuando nuestro nivel de instrucción órdenes ya sea una impresión (sobreimpresión) o una moción, a la izquierda o a la derecha, Turing estándar de la instrucción siempre para una imprenta y una moción, derecha, izquierda, o ninguno.» (*Undecidable,* nota 12, p. 300). (Traducción automática de la página web de Wikipedia dedicada a Turing; nota del traductor manual.) (*N. del t.*)

La conjetura de Poincaré

Además de sobrino del que fuera presidente de la república francesa entre 1913 y 1920, Raymond Poincaré, el matemático francés Henri Poincaré (1854-1912) fue durante su vida sumamente popular no sólo en su patria, sino en el mundo entero. A comienzos del siglo XX, se asentía como a algo consabido al oír su nombre, «ah, sí, Poincaré», en tanto «Einstein» sólo provocaba un encogimiento de hombros. Hoy ocurre a la inversa. Esto plantea a la historia de las ciencias un interesante enigma, aunque parece de todos modos que la situación está cambiando paulatinamente desde que los periódicos informan de la «conjetura de Poincaré» o, lo que es igual, de que ha sido probada por el matemático ruso Grigori Perelman. Perelman, quien lleva una vida retirada desde hace años, no responde a invitaciones de la Unión Matemática Internacional y ha rechazado una de las distinciones mayores de la Matemática, la medalla Field, ha logrado resolver un problema imposible de roer por los expertos durante cien años.

La conjetura de Poincaré se cuenta entre los 23 problemas de que se dio noticia en el capítulo dedicado al Hotel Hilbert, y atañe a propiedades de superficies. Los matemáticos distinguen entre superficies simplemente conexas, como les llaman ellos, y aquéllas que no son tales. Puede comprobarse si una superficie presenta aquella propiedad imaginándose una línea conexa en la superficie. Sólo en una superficie simplemente conexa se puede deformar la línea de suerte que venga a convertirse en un solo punto, en otro caso, no. En la superficie de un neumático de coche, pongamos por caso, se puede poner una raya que recorra la figura entera rodeando el agujero central. Esa raya ya no puede entonces condensarse en un punto, conque un neumático no nos proporciona una superficie simplemente conexa.

A los matemáticos les gustan las generalizaciones y las dimensiones superiores, y así construyen esferas no sólo tridimensionales, sino enedimensionales, para preguntarse luego cómo caracterizarlas. Algo que resulta interesante no solo en los círculos especializados, porque según Einstein y su teoría de la relatividad, vivimos precisamente en la superficie tridimensional de un espacio-tiempo tetradimensional.

Dicho esto, la conjetura de Poincaré afirma que toda superficie simplemente conexa se produce como transformación de superficies esféricas. Anteriormente los matemáticos habían probado que esto rige para dos dimensiones, y después fueron capaces de probarlo para más de tres dimensiones. Sin resolver y con dificultades, quedaba exclusivamente el caso de nuestro mundo, que muestra tres dimensiones, hasta que Perelman se puso manos a la obra precisamente con eso y presentó recientemente una prueba a la que sus colegas no han podido hallar fallo alguno hasta la fecha.

De vivir Poincaré, seguro que se habría puesto a pensar cómo es que, al menos por lo que atañe a su conjetura, nos encontremos como en casa en una realidad que, sin embargo, plantea las más altas exigencias matemáticas, y seguro que habría escrito un libro al respecto, puesto que Poincaré redactó libros admirables sobre la ciencia en general, por ejemplo *El valor de la ciencia* o *Ciencia e hipótesis*. En este último dice cosas como ésta: «No estudia el científico la naturaleza por ser ésta aprovechable, sino por hallar contento en estudiarla, y lo halla por ser tan hermosa. No fuera tan hermosa y no merecería la pena aprender a conocerla».

Bien pudiera llamarse a ésta «la conjetura estética de Poincaré», y podremos hacernos mejor idea si nos dirigimos ahora a un problema para cuya solución había establecido un premio en el año 1885 el rey Oscar II de Suecia. Quería saber si el sistema solar es estable o no. Poincaré se inscribió y ganó el premio, estudiando el caso de dos planetas que orbitan en torno a un astro central. Su pregunta era: ¿cómo se verán influidas ambas órbitas si aparece un cometa e introduciendo con su masa nuevas fuerzas desvía con los planetas?

Para sorpresa suya, comprobó que la probabilidad de que uno de los dos cuerpos celestes entre en un movimiento inestable y abandone su órbita es máxima cuando la proporción entre los tiempos de revolución de uno y otro es un número racional. Hasta el decenio de 1960, no lograron los matemáticos dar un paso más y demostrar que también se puede señalar, a la inversa, una condición de estabilidad de órbitas planetarias: se da cuando la proporción entre sus períodos orbitales corresponde a la proporción (o sección) aúrea. En otras palabras, órbitas que se hayan determinado mutuamente conforme al patrón de la sección aúrea acreditan la máxima estabilidad que hay en los cielos ante influencias perturbadoras. ¡La seguridad nace de la belleza! Tan sólo por ser hermosa la naturaleza podemos estudiarla, y desde ahí no hay un gran trecho a la conjetura estética de Poincaré.

Un punto divide a una línea conforme a la sección aúrea cuando la proporción entre el segmento menor y el mayor es igual a la proporción entre la longitud del mayor y la total. La sección aúrea esconde un principio de crecimiento, pues, al prolongar la línea añadiéndole el mayor de sus segmentos resultantes de una sección aúrea, su nueva longitud vuelve a estar dividida conforme a la proporción aúrea en el punto de la prolongación. Si se dibuja un cuadrilátero de suerte que sus lados correspondan a los segmentos mayores o menores de una línea dividida mediante sección aúrea, el observador sentirá la figura particularmente bella. Es un cuadrilátero aúreo.

Las enrevesadas reglas de la vida

Los pinzones de Darwin

Afirma un rumor pertinaz que el decisivo principio de las ciencias biológicas, hoy conocido como «evolución», se le ocurrió a Charles Darwin (1809 a 1882) viendo pinzones, puesto que los diferentes picos de los pinzones también muestran claramente qué variaciones puede crear la vida si se dan las correspondientes circunstancias externas y el proceso reproductivo sale ganando. Sin embargo, los pájaros que primero llamaron la atención de Darwin fueron oropéndolas negras. Darwin había reunido y clasificado ejemplares de estas aves durante su viaje de cinco años alrededor del mundo (1831 a 1836) y, a finales de ese mismo decenio, se encontraba estudiándolos junto con un ornitólogo que le confirmó que había encontrado géneros diferentes. Se le ocurrió entonces a Darwin cómo explicar aquella variabilidad siempre adaptativa; a saber, mediante variaciones que, de algún modo, competían entre sí. La vida se recibe como regalo, pero luego no queda otra alternativa que esforzarse por mantenerla y propagarla.

La idea de Darwin

Nada tiene sentido en Biología a menos que se contemple a la luz de la evolución, reza el credo de las modernas ciencias de la vida. Afirmación a un tiempo correcta y estimulante, la idea subyacente a esa palabra clave se caracteriza por dos rasgos: el primero, ser peligrosamente buena, y el segundo, inevitablemente incompleta. En relación con este último, muchos opinan que

Pinzones de Darwin: 1. Pinzón de tierra mediano (*Geospiza fortis*) 2. Gran pinzón de tierra (*Geospiza magnirostris*) 3. Pinzón de tierra de pico agudo (*Geospiza difficillis*) 4. Pinzón de tierra pequeño (*Geospiza fuliginosa*).

habría que añadirse en tercer lugar «sumamente discutida», pero aquí rehusaremos hacerlo. En efecto, no merece la pena entrar a considerar protestas sin el menor asomo de razonamiento por parte de recalcitrantes adversarios de la evolución. Renunciamos a tratar de convencer a gentes que han cerrado por entero su corazón a la ciencia.

Vale más preguntarse de qué modo debemos la multiplicidad de especies hoy existentes a una historia natural de la vida que los seres humanos pueden reconstruir en mente. No prestaríamos ningún servicio a Dios desaprovechando la posibilidad que nos ha sido dada de indagar, y acaso hasta comprender, su creación.

Así pues, la cuestión gira en torno a la comprensión de esa idea universal asociada al nombre de un único ser humano, Darwin, aunque tal asociación sea francamente injusto. Tratándose de la historia del desarrollo adaptativo que emprendió la vida en la Tierra, habría que nombrar al menos a otros dos hombres. Por una parte, a un contemporáneo de Darwin asimismo oriundo de Inglaterra, Alfred Wallace, quien anduvo por las selvas vírgenes del Amazonas advirtiendo igualmente cómo las especies se transforman y pueden así conquistar los nuevos espacios vitales resultantes. Y por otra parte, a un hombre que trabajó medio siglo antes de los dos británicos, el francés Jean Baptiste Lamarck, el primero en establecer hacia 1800 que las especies no son en modo alguno creaciones inmutables, antes bien se han transformado diversamente en el curso de la historia de la Tierra. Como descubrió Lamarck, tenían que hacerlo forzosamente porque en su entorno terrestre las cosas no eran precisamente pacíficas y tenían que sobreponerse constantemente a condiciones nuevas.

En cualquier caso, fue Darwin quien indicó para tal estado de cosas un fundamento que se tiene por válido hasta la fecha. Por esplendorosa que su figura aparezca hoy a ojos de los humanos, él se sintió más bien como un criminal por llevar al papel su idea de la variabilidad y capacidad de adaptación de las especies vivas. «Es como confesar un asesinato», aseguraba, lo que plantea una pregunta: a quién había matado Darwin con su idea de la mutabilidad de la vida.

Las observaciones de Darwin

Para entender las ideas evolucionistas, es recomendable hacerse un cuadro de conjunto de aquello que Darwin fue el primero en observar, con ayuda de muestras y experiencias reunidas en su viaje por el mundo, siendo aún un joven investigador, y en encajarlo luego en un marco teórico. Su idea de selección natural puede resumirse en cinco observaciones de las que sacar tres conclusiones. A tal fin, introduce casi a hurtadillas un nuevo concepto situado entre individuo y especie: «población». Se entiende por tal un grupo de seres vivos que forman parte de una comunidad vital, asegurándose así supervivencia y descendencia. Tal como Darwin lo ve, no son especies sino poblaciones quienes se adaptan, y cabe imaginar que la lejanía genética o geográfica respecto a la especie originaria permite que vayan aumentando las correspondientes adaptaciones, hasta que aparecen los primeros ejemplares de una nueva especie. Y ahora pasamos a ver con más detalle esas ideas que Darwin desarrolla.

La primera de esas observaciones atañe a la proliferación de las especies. Darwin observó en su viaje que la naturaleza derrocha y hace sumamente prolíficas a sus criaturas. De multiplicarse sin trabas todos los individuos que conviven en una población, su número podría crecer por encima de toda medida. Sin embargo, y pasamos así a la segunda observación, no ocurre así, pues dejando aparte oscilaciones estacionales, las poblaciones se muestran estables, es decir, permanece constante el número de miembros. Con la tercera observación, que los recursos son limitados en cada medio y permanecen estables mientras lo haga éste, ya puede sacarse la primera conclusión: por fuerza han de darse confrontaciones por los recursos vitales entre individuos de una población, confrontaciones que forman parte de «*the struggle for existence*», la lucha por la existencia que mantiene ocupado a todo animal o planta.

Entre los individuos que cooperan o se enfrentan, no hay dos idénticos, como establece la cuarta observación. En el seno de una población, se señalan numerosas diferencias que Darwin llama variedades (o variaciones). Al igual que en Música, eso hace pensar en un tema que la naturaleza varía y modula. El tema, naturalmente, viene dado por la especie o la población, y es claro que, expresado en ellas, se hereda el «ser caballo» o «ser rosa». Con todo, también las variaciones pueden ser hereditarias, al menos en parte, como lo muestran las observaciones cuarta y quinta. Y con esto puede empezar a recogerse todo el fruto de este razonamiento, pues ahora cabe sacar otras dos conclusiones. Como no todos los individuos prevalecen de igual manera y eso conlleva necesariamente un proceso de selección, vale decir a continuación que la supervivencia depende de la constitución hereditaria. Se viene a dar así, tercera y última conclusión, a una selección natural de variedades, conducente a un cambio de la población que, a su vez, encuentra expresión perceptible en una adaptación de la especie.

Respuestas y preguntas

Es la adaptación de las especies lo que Darwin explica, no «El origen de las especies» como escribiera en el título de su obra de 1859. El equívoco título no debe desviar la atención del elemento decisivo en la concepción de Darwin, la adaptación como efecto de la selección natural, donde es importante que haya variaciones porque de otro modo no habría dónde escoger. Carga Darwin a la cuenta del azar la aparición de variaciones. No hay en su imagen del mundo por ninguna parte una causa primera rectora y, sólo una vez surgidas variaciones, comienzan las leyes naturales a surtir efecto. Entonces puede ya la selección natural darles cabida y ocuparse de que se fortalezcan unas y no se propaguen otras.

Representa, pues, el azar un componente esencial en la idea de evolución, lo que trae como poco una consecuencia peculiar: nunca puede una teoría de la evolución llegar a ser tan completa, como por ejemplo la teoría del movimiento producida por la Física. Gira ésta en torno a lo general, y la vida, a lo particular, capaz siempre de distinguirse y cambiar. Por ello nadie debería esperar que lo biológico se deje captar enteramente en leyes naturales que establezcan procesos químicos o físicos. Antes bien, ha de haber, a más de aquéllas, leyes naturales distintas que no refieran a ellos, y tales son justamente las que Darwin descubrió. Podría hablarse de una segunda forma de ley natural que cobra importancia en cuanto no se trate de procesos simples, como planetas que giran o bolas que ruedan, sino de fenómenos complejos, como seres sensibles con una historia. Tal es lo que hace constar ya en 1877 el filósofo estadounidense Charles Peirce:

«La controversia en torno a Darwin es en buena parte cuestión lógica. Darwin propone aplicar a la Biología métodos estadísticos. Otro tanto ocurrió en una rama bien diferente de la ciencia, la teoría de gases. Aunque ellos [los padres del segundo principio de Termodinámica, véase "El demonio de Maxwell"] no pudieran decirnos qué aspecto ofrecería el movimiento de una determinada molécula de gas, cumplidos ciertos supuestos relativos a la composición de ese tipo de cuerpos, sin embargo, ocho años antes de publicarse la inmortal obra de Darwin, ya sabían cómo deducir determinadas propiedades, aplicando los postulados del cálculo de probabilidades, en particular en lo referente a su comportamiento frente al calor. Tampoco Darwin puede decir cuál será el efecto de la variación y selección natural en un caso particular, pero señala que, visto a largo plazo, los animales se han adaptado y se adaptan a sus circunstancias vitales.»

En otras palabras, Darwin descubrió la universal vigencia y gran alcance de las ideas estadísticas que, hasta la fecha, no hemos acabado de digerir.

El programa de investigación llamado «evolución»

Discutiéndose la idea de evolución, dicen unos que se trata de una teoría y otros opinan que es un hecho. Por mi parte sospecho que lo mejor para la ciencia es hablar aquí de un «programa de investigación». La idea de evolución es una propuesta de cómo comprender las múltiples formas de la vida, y la cuestión es hasta dónde puede y debe llevarse esa idea. Es plausible que muchas propiedades de la naturaleza, como la policromía de algunos peces, los dedos del panda o la piel moteada del leopardo, no sean refinadas adaptaciones, sino rasgos surgidos por azar y sin evolución ulterior. Aunque así fuera, sería de provecho en cualquier caso buscarles una explicación adaptativa, pues, de paso, en el intento se aprende a entender mejor de qué se habla al hablar de evolución, y cómo se influyen recíprocamente individuo y medio.

Quien quiera comprender realmente qué es la evolución debería ponerse a prueba en alguno de los tres problemas que se mencionan a continuación, que permiten advertir cuántas cuestiones pendientes deja a la posteridad la universal idea de Darwin. Por una parte, está la cuantiosa descendencia que se produce en la naturaleza. Si la descendencia proporciona la materia prima de la selección natural, deberían ser justamente las especies altamente diferenciadas las que tuvieran mucha descendencia y breves tiempos de gestación. Ocurre, sin embargo, exactamente lo contrario en la realidad. Son las especies desarrolladas, entre las que nos contamos, las que tienen poca descendencia y precisan mucho tiempo para traer crías al mundo. ¿Cómo explicar esto en el marco de la evolución? (Más en «Las leyes de Mendel»).

El segundo de esos temas lo ofrecen aquellos rasgos biológicos patentemente inútiles que han de verse como un lujo; a Darwin le sirvieron como ejemplos el plumaje del ave del paraíso, el polícromo colorido de los faisanes y la inevitable cola del pavo real. ¿Cómo puede producir algo así la evolución? ¿Qué tienen que ver tales formas con la selección natural? ¿O está obrando aquí algún otro mecanismo? Y la tercera cuestión es la que ha de lidiar con la hominización del mono. ¿Qué distinguía a nuestros predecesores para que se convirtieran en otra cosa que una especie más de monos? ¿Qué presión ejerció la selección natural para hacer posible el voluminoso cerebro que nos caracteriza?

La selección sexual

Darwin tenía en mente conjuntamente las cuestiones mencionadas y, al menos a la segunda, respondió tan bien que es forzoso asombrarse. Puede explicarse la aparición de rasgos superfluos reparando en que la selección natural sólo puede conducir a adaptaciones respecto al medio externo. Se entiende por tal digamos el clima, la oferta alimenticia, la competencia con otras especies hostiles, las condiciones geográficas impuestas (montaña o litoral, llanura o altiplano), y cualquier otra semejante que se nos ocurra. Es fácil figurarse, además, una comunidad de formas vivientes para la que haya finalizado en buena parte la adaptación externa y en que, de ese modo, no tenga ya lugar la selección natural. Pero no aparece entonces un estado de reposo, sino que más bien subsiste la posibilidad de que se desplacen los criterios de selección a otra parte, a lo interno de esa comunidad.

Ante la meta de la procreación, se alza como es sabido el valladar de elegir pareja, teniendo la evolución dos posibilidades de influir en el asunto. O lo deja en manos de los machos o encomienda la elección a las hembras. Ambos casos se cumplen en la naturaleza y llevan a resultados completamente diferentes, habida cuenta de que, para llegar a madre, una hembra joven hace en la procreación un gasto incomparablemente mayor que el de un macho para ser padre. Este «*parental investment*» lleva a una diferencia esencial entre macho y hembra: si la evolución y sus fuerzas se encargan ante todo de estar en buena forma en la reproducción habrán de velar entonces para que las hembras atiendan a la calidad, y los machos, a la cantidad. Los machos miran buscando hembras, y las hembras buscan macho mirando. Con ello puede explicarse más ajustadamente la selección sexual.

En palabras de Darwin: «Hay aquí una crasa contradicción respecto a los machos, de ordinario preparados para aparearse con cualquier hembra y que a menudo ni siquiera hacen distinción entre hembras de su especie o de otra ... Las razones de tan crasa diferencia atañen al principio de gasto. Un macho tiene semen suficiente para fecundar a numerosas hembras, de ahí que su gasto en una cópula sea pequeño. Por el contrario, una hembra produce relativamente menos óvulos y gasta mucho tiempo y recursos en incubar el huevo, sustentar al embrión y cuidar al cachorro».

Por eso los machos se afanan por cubrir a tantas hembras como sea posible —en forma de harén—, y alcanzan tal meta atacando y tratando de expulsar a los competidores. Una vía de selección sexual consiste pues en luchas entre machos rivales. Las comunidades o especies en que predomina esa práctica producen animales enérgicos y aptos de forma duradera para la lucha, a lo que no hay nada que objetar. Los biólogos encuentran ejemplos entre los ungulados y las focas. Pero la naturaleza también da oportunidades para que sea en las hembras en quienes recaiga el papel decisivo en la elección de pareja, que deberá entonces estar orientada a la calidad. Darwin habla al respecto de elección femenina, «*female choice*», y valiéndose de ella explica los adornos de los machos. Las hembras eligen patentemente al macho que más les agrada, y ese agrado no tiene que ver necesariamente con el inconmovible gusto por la pelea y la fuerza bruta de los músculos. Ciertas aves en que se practica la elección femenina son hermosas (a ojos humanos), como el ave del paraíso, mientras parientes próximos, entre los que no son las hembras quienes deciden, son grises o negros como cuervos.

¿Cómo se llega a establecer esa diferencia? Darwin sabía que, en las aves, los polluelos son o bien nidífugos o bien nidófilos. Salta a la vista que una hembra sola se las arregla mejor con nidífugos que con nidófilos, con los que depende de la ayuda del macho. Esto significa que la elección femenina funciona ante todo en aquellos casos en que es posible el cuidado de la nidada por un solo progenitor, y en los que entonces el macho no se distingue por cualidades útiles, como la aptitud para conseguir comida, sino que basta como criterio la «necesidad de belleza» de la hembra. Los machos han de adornarse tan lujosamente como sea posible, en tanto las hembras, justo a la inversa, tendrán que ser lo menos llamativas que sea posible para incubar sin sobresaltos.

Estas pocas observaciones, naturalmente, sólo pueden insinuar todo lo que interviene cuando los principios de la evolución desempeñan su función selectiva. El punto esencial está en que la idea de Darwin, la selección sexual y ante todo en forma de elección femenina, ofrece una estrategia que no gira en torno a los rasgos de la vida, que ya es clásico asociar con la deficiente expresión «lucha por la vida», esto es, fuerza, crudeza, dominancia y violencia. La selección sexual se ocupa más bien de que se desenvuelvan todas aquellas cualidades que tanto estimamos, es decir, colorido, belleza, compasión o garbo, por nombrar sólo algunas.

La víctima de Darwin

Vislumbramos así que esa idea de Darwin bien podría alcanzar a explicarlo todo si uno llega a familiarizarse con ella, lo que nos recuerda la pregunta que hacíamos antes: a quién pretendía haber matado Darwin. Desde el punto de vista de la historia de las ciencias, la respuesta parece inequívoca. Puede releerse en el filósofo Friedrich Nietzsche cuando proclama a finales del siglo XIX que «Dios ha muerto». Buen conocedor de la obra de Darwin, Nietzsche entendía esa frase exactamente como un moderno biólogo evolucionista, a saber, como indicación de que ya no puede alcanzarse ninguna comprensión del ser humano, dando un rodeo que pase por Dios. Para algunos investigadores, la vía hacia el ser humano pasa por los monos, como hubo que volver a leer hace poco cuando pudo descifrarse por completo el material genético de los chimpancés y pareció posible ya averiguar, compárandolo con nuestros genes, qué hace de un mono un ser humano.

Esta dirección, no obstante, lleva a un error que puede apreciarse mirando a la idea darviniana de selección, idea que se le ocurrió leyendo una obra sobre el crecimiento de la población al hacerse gradualmente más escasos los alimentos.* Así, Darwin comprendió la naturaleza a partir del ser humano, no a la inversa, y de ahí que parezca aconsejable no entender tampoco a los humanos partiendo de los monos, sino a la inversa.

Pero volvamos a la víctima del asesinato darviniano y al Dios de Nietzsche como candidato. A quien esto le parezca claro sin más, se le escapa que Darwin se deshizo de la idea de Dios independientemente de este asunto. Hubo para ello razones personales, como la absurda muerte de su hija preferida, así como consideraciones objetivas, relacionadas con su modo de entender la hechura de la naturaleza. Para ser precisos, ésta no se le ofrecía como algo armónico, sino más bien brutal e implacable. A lo sumo, escribió en una ocasión, sería el diablo únicamente quien habría podido concebir algo tan cruel como la naturaleza.

Pero si a Dios no, ¿a quién había matado? Quizás la respuesta debiera rezar «al ser humano», entendido como sujeto. La idea de evolución centra la perspectiva ante todo en el hecho de que sólo puede alcanzarse una explicación de la naturaleza, incluida la humana, mediante una descripción causal

* El ensayo de Robert Malthus sobre la población. (*N. del t.*)

cuyas eventuales lagunas cubre, como por arte de magia, el azar. En el mundo de Darwin, el ser humano existe sólo en calidad de objeto, no de su figura complementaria, no como sujeto agente. No es de extrañar que haya muchos a quienes eso no agrade y prefieran hacer ellos la evolución. Como si alguna vez hubiéramos estado haciendo otra cosa.

Las leyes de Mendel

Podría suponerse que el nombre del fraile agustino Gregor Mendel (1822-1884) fuera famoso sobre todo allí donde se habla alemán. Al fin y al cabo, en ese idioma escribió en 1865 lo que hoy conocemos como leyes de la herencia. De entonces a esta parte, hemos hecho [en esa lengua] hasta un verbo con su nombre, y decimos que, mediante cruzamientos apropiados, se puede «mendelizar» [*ausmendeln*] uno u otro rasgo de un ser vivo. En otras palabras, que nuestra admiración hacia el padre de la genética se diría insuperable. No es el caso, sin embargo, puesto que en el mundo anglosajón ha dejado huella aún más honda. En Inglaterra y los Estados Unidos, cuando se dice herencia en algún sentido biológico, se dice «*Mendelian inheritance*» como algo comprensible de por sí; los rasgos hereditarios se llaman «*Mendelian traits*», y quienes investigan sus transformaciones a través de generaciones con los ojos de la Medicina, se preocupan ante todo de lo que se llama en nuestro ámbito lingüístico enfermedades hereditarias, y allí «*Mendelian diseases*».

En conjunto, las reglas de Mendel apuntan a alguna clase de elementos hereditarios que pueden mezclarse primero y separarse luego en todas las combinaciones, moviéndose a su antojo y sin andaderas. Pero eso, como fue descubriendo paulatinamente la moderna Biología molecular, acierta sólo a grandes rasgos.

Así, en las estructuras moleculares que se conocen como cromosomas, se encuentran muchos genes uno tras otro (como perlas enfiladas en un collar). De algún modo, en su objeto de investigación que eran guisantes, Mendel acertó a fijarse justamente en genes que se hallan en distintos cromosomas.

1.

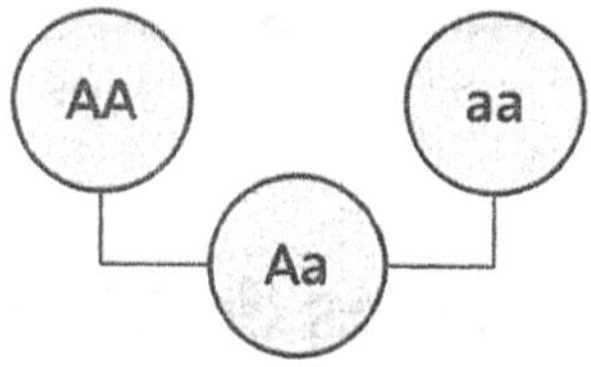

2.

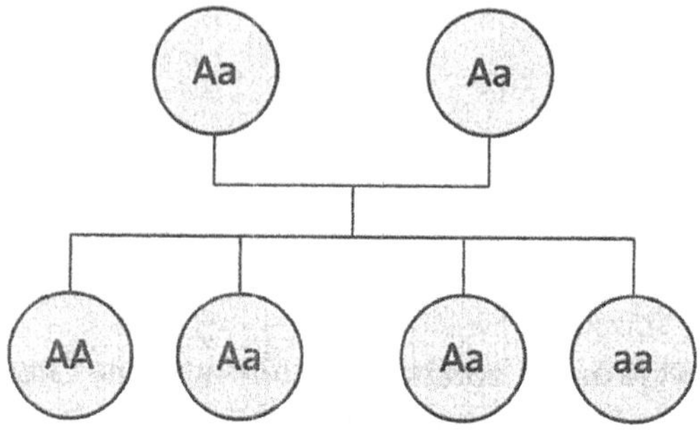

3.

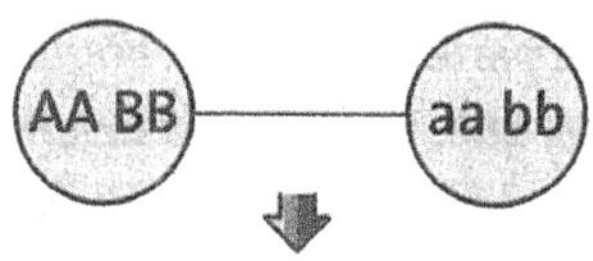

AA BB	AA Bb	Aa BB	Aa Bb
AA Bb	AA bb	Aa Bb	Aa bb
Aa BB	Aa Bb	aa BB	aa Bb
Aa Bb	Aa bb	aa Bb	aa bb

Siendo las leyes de Mendel bien distintas de las de Newton, a menudo se habla también de «reglas de Mendel». Establecen correlaciones estadísticas, lo que quiere decir, hablando con más exactitud, que dan indicaciones acerca de la probabilidad de que un rasgo determinado se transmita de una generación (los padres) a la siguiente (los hijos), y así se haga hereditario. La vida se multiplica de una forma que no es ni completamente azarosa ni completamente previsible; en todo caso, lo hace según las leyes de Mendel sólo cuando para ello practica el sexo. Las leyes de herencia entran en vigor cuando, para engendrar descendencia, tiene que juntarse una pareja sexuada, masculino uno de sus miembros y femenino el otro. Cumplida esa condición, rigen igualmente para guisantes que para *edelweiss*, para ratones como para humanos.

Las reglas de Mendel ofrecen indicaciones acerca de lo que pueden obrar los elementos de la herencia por él descubiertos que hoy llamamos genes. Había observado el monje que cada miembro de una pareja sexual dispone de dos formas de un elemento hereditario, o «alelos», que pueden ser o bien iguales o bien diferentes. La primera regla de Mendel trata de predecir qué forma de un elemento hereditario paterno o materno afectará a la descendencia. Además, tampoco desempeña papel alguno en tanto ambos pares de genes sean iguales en sendos progenitores. Todos los hijos vendrán entonces dotados de igual modo. La «generación filial» será uniforme respecto a ese carácter, por hablar como los especialistas. Ésa es la primera regla de Mendel.

La segunda trata de qué pasa cuando esa generación uniforme se reproduce, y así, dos hijos de igual dotación (1.ª generación filial) tienen hijos a su vez (2.ª generación filial). Esto es interesante sobre todo cuando los elementos hereditarios de los padres cuyo curso se quiere seguir, los de la primera generación, se reparten diferentemente entre hombre y mujer, de suerte que llevan a diferencias visibles —por ejemplo, ojos azules y negros en humanos, o flores rojas y blancas en guisantes—. La segunda regla de Mendel afirma que, en el paso a la segunda generación, los genes se pueden destrabar y combinarse tan independientemente como juntos se hallaran. En los libros de texto, se suele hablar, en expresión no muy afortunada, de «regla de separación», y aprovecharla para decorar con cifras las reglas de Mendel.

Si son diferentes los dos elementos hereditarios de que alguien dispone para un mismo carácter —color o tamaño—, tan sólo uno de los genes puede dejar huella visible. Mendel llamó a la forma correspondiente a éste «dominante», y a la dominada, «recesiva». En tal caso, aparecerá en la segunda generación una proporción de 3 a 1 entre esos dos caracteres —el dominante se dejará ver tres veces más que su contraparte recesiva.

Hasta aquí hemos considerado el curso hereditario de un gen y su correspondiente carácter. La tercera regla de Mendel comprende la herencia de dos de esos elementos y, dicho con suma brevedad, afirma que también aquí la herencia discurre independientemente, lo que significa que, en las generaciones filiales, podrán aparecer todas las combinaciones posibles. Qué elementos hereditarios de los padres aparecerán en un hijo puede estudiarse considerando igualmente probable cada posible combinación.

Los guisantes disponen de siete de estas estructuras portadoras de genes, y Mendel analizó justamente siete caracteres de su objeto de estudio. ¡Eso sí que es la suerte del fraile! Como tampoco puede uno sino asombrarse ante las cuentas del fraile y su calidad matemática; muchos estadísticos ponen cara de escepticismo y expresan su sospecha de que ahí alguien sabía ya lo que debía resultar antes de las pruebas de cruzamiento.

«Ensayos con plantas híbridas»

Uno de esos tópicos falsos, pero por desgracia incorregibles, es que sus contemporáneos no entendieron a Mendel durante mucho tiempo, y que sólo el redescubrimiento de sus hallazgos, a comienzos del siglo XX, hizo posible un conocimiento exacto de la herencia, una Genética. Coincide lo de que Mendel no fue entendido, pero ya no tanto que se debiera a ser un adelantado a su época, como a menudo se nos hace saber cuchicheando con aire de misterio, para poder así honrar a Mendel como héroe que hubo de luchar por la verdad contra un *establishment* científico recalcitrante.

La razón de que no se le entendiera es muy simple: que su célebre trabajo titulado *Versuche über Pflanzen-Hybriden* es a duras penas inteligible.

A título de ejemplo del estilo de Mendel, una cita textual: «Reunidos por fecundación en un híbrido varios caracteres diferentes, constituyen sus descendientes miembros de una serie combinatoria donde se reúnen series evolutivas por cada dos caracteres diferentes».*

Los manuales le llaman hoy a esto «libre combinatoria de los caracteres» hereditarios; sin embargo, quien de algún modo consiga aclararse algo en la frase de Mendel acerca de qué significa «cada dos caracteres diferentes», tendrá problemas con el original de 1865, porque el texto se acompaña a modo

* La traducción trata de clonar algunos rasgos del alemán de Mendel. Sin juzgar el componente personal, es claro que una parte de esa oscuridad no es cosa de Mendel, austríaco y eclesiástico. Ni en Alemania ni en Inglaterra se redactaban a mediados del XIX tesis de Termodinámica en latín, ni el alemán que suele hablar un científico alemán o estudiar uno anglófono está como en Austria pasado por cuatrocientos años de documentos oficiales en latín (por no hablar de lenguas eslavas y semíticas). Aparte de la estructura de la frase, harto clásica, en la expresión de que se trata aquí y poco más adelante «*für je zwei differirende Merkmale*» hay al menos dos rasgos que, leídos en latín, difieren de esta lectura. Primero, Mendel usa «*differi-*

de ilustración de una especie de fórmula algebraica que, retraducida a palabras. sólo puede leerse «cada carácter (diferente) en un par».

Al coger uno en sus manos el trabajo de Mendel, hoy día nadie se asombrará sin embargo tan sólo de sus muchas frases nebulosas, sino que advertirá también y ante todo que no encuentra lo que propiamente buscaba; a saber, las reglas de la herencia de Mendel. En el texto natal de la Genética, presumiblemente apenas leído, no aparecen ni la palabra «herencia» ni indicación alguna de reglas, no digamos ya de leyes, de modo que mal podía buscar Mendel lo que ni nombra.

No seguiremos más lejos esta cuestión de lo que buscaba entonces el monje y, en lugar de eso, nos ocuparemos de las consecuencias que su trabajo en el huerto del convento tuvo para nuestro presente. Pero antes ha de señalarse que los honores rendidos a Mendel en el mundo anglosajón se fundan en que alguien se impuso la tarea de traducir al inglés su *Versuche über Pflanzen-Hybriden* unos cuatro decenios después de la exposición de Mendel. Fue el investigador de la naturaleza William Bateson, quien al poco propuso también, en 1906, dar nombre adecuado a la ciencia de la herencia para entonces fundada: «Genética».

Cuando se puso a traducir el texto de Mendel, ya podía aprovechar la experiencia reunida por biólogos de los últimos decenios para transformar en claridad todas las oscuridades del texto alemán. Por ejemplo, del incomprensible «*für je zwei differirende Merkmale*» se hace en Bateson «*each pair of differing traits*», que resulta esclarecedor de inmediato para un biólogo. El mundo de habla inglesa conoce pues a otro Mendel que el mundo de habla alemana y, de los dos, es el Mendel anglosajón quien sale mejor parado ante el historiador.

---

rende» donde el autor entiende sin más «*verschiedene*», siendo claro que una cabeza acostumbrada al latín leería gerundio y no participio, «a diferenciar», y no «diferentes». Y en segundo lugar, precisamente en distribuciones como ésta distingue el latín entre *bini, binae, bina* «dos que siempre van juntos», y «dos» que lo mismo pueden ser tres o cinco y aparecer separados; es decir, que en latín no es lo mismo un par que dos. Aun admitiendo que mejor hubiera hecho escribiendo en inglés, bien pudiera ser que Mendel, eclesiástico y austríaco, hubiera escrito en su lengua «a diferenciar cada dos» o «por pares», y no «cada dos diferentes», donde la canónica traducción inglesa rezaría «*each pair of differing traits*». (*N. del t.*)

El descubrimiento de los genes

Al preguntar a genéticos estadounidenses en qué consiste el logro de Mendel, se obtiene una respuesta muy clara: haber descubierto que la herencia funciona de un modo peculiar. En otras palabras, nuestras disposiciones heredadas no son fluidas y continuas como la sangre, sino discretas y desgranables como arena. Esto puede sonar a nimiedad, pero en la historia del pensamiento representa una ruptura, como se ve claramente si se piensa en que la Medicina aceptaba desde antiguo que la salud de un ser humano está determinada por fluidos. Por eso había «aflujos» y las correspondientes «purgas», como en las sangrías.* Y en lo que atañe a la herencia, aun hablamos hoy de «parentesco de sangre» y decimos que nuestros hijos que son «sangre de mi sangre».

Los humanos, naturalmente, sabían antes de Mendel que hay rasgos que perduran en las familias, rasgos que se heredan; así, la ceguera al color o la forma de los labios. Pero no podían figurarse qué mecanismos subyacen, y era un completo enigma cómo puede un padre transmitir sus cualidades. ¿Cómo llegan su color de ojos o la forma de sus labios al flujo espermático con que engendra hijos?

El descubrimiento por Mendel de elementos específicos de la herencia biológica no respondía preguntas de ese tipo, naturalmente, lo cual da una indicación importante acerca del desarrollo de la ciencia: nunca hay que esperar aclararlo todo con una sola idea. Bastante es si se puede responder a una cuestión: ciertas regularidades en la herencia en el caso de Mendel; y también hay que darse por contento si se producen críticas desde ángulos distintos. Las hubo abundantes a comienzos del siglo XX cuando se confirmó repetidamente lo que Mendel había descubierto: que tenía que haber elementos hereditarios que, a modo de partículas, se movieran independientemente y, en el paso a la siguiente generación, se mezclaran tan al azar como naipes barajados en una partida.

La crítica principal vino de biólogos que se ocupaban del desarrollo de una forma viva, tratando de averiguar cómo muda primero de huevo en embrión, en feto luego y por último en un nuevo ser vivo. Tales embriólogos no podían sino admirar la riqueza de formas de la naturaleza, y les parecía absurda la idea de

* *Aderlässe*, flebotomía, suena en alemán directamente a «desagüe» o «aliviadero» de venas. (*N. del t.*)

explicar semejante diversidad y derroche con alguna clase de partículas simples. No cabía en su cabeza que esas bolitas de las que algo farfullaba Mendel tuvieran importancia alguna para las complejas formas de los organismos.

A la sazón ése era un buen argumento, y puede verse en ambas posturas, elementos estáticos en Mendel y dinámica del embrión, la contraposición de sendas concepciones de la ciencia. Mendel y sus partidarios explicaban la vida a manera de físicos, en tanto que los embriólogos tenían en mente algo muy distinto, sólo que sin rastro de Física ¿Qué se quiere decir con esto?

En la Física se nos presenta sin duda la ciencia exacta de mayor éxito, y entre sus mayores triunfos durante el siglo XIX, se cuenta haber sido capaz de explicar fenómenos hasta entonces incomprendidos, como calor o presión, mediante el movimiento y acción recíproca de partículas diminutas. A éstas se les llamaba átomos, palabra con que hoy hemos de proceder cautamente. Sabemos hace mucho que los átomos son divisibles, tienen núcleo y corteza y muchas más cosas. En tiempos de Mendel, sólo podía plantearse su existencia, y aun eso como hipótesis; y si alguien pretendía figurarse su aspecto, pensaba en bolitas estrechamente apiñadas.

Puede que no sea de conocimiento general, pero, tras tomar los hábitos Mendel, no se le mandó de inmediato a trabajar al huerto, sino a la Universidad. Debía estudiar Física para enseñar más tarde esa disciplina. Lo segundo no lo hizo, pues parece ser que las oposiciones le provocaban una angustia insuperable. Pero Física sí estudió, y de ahí la idea entonces actual de que todo estaba construido con átomos indivisibles, que producen las cualidades de los materiales por ellos compuestos mediante la correspondiente acción recíproca. No pudiendo hacerse profesor sin el diploma, en algún momento se destinó a Mendel a las labores del huerto del convento. Con aquella tranquilidad, dio en ponerse a pensar, y tuvo que ser entonces cuando se le ocurriera que no sólo la materia inerte de la Física, sino también la viva, había de estar forzosamente compuesta de unidades mínimas, los átomos de la herencia. Tenía que haber átomos hereditarios, de los que cabía imaginar, en palabras suyas, que llevaran «mediante una viva acción recíproca» a las cualidades de los organismos que observamos y, dado el caso, deseamos fomentar.

Aceptando que a Mendel le viniera esa idea a raíz de sus estudios de Física, se le planteaba a continuación un problema: cómo investigar al respecto. En cualquier caso, tenía que proceder de modo completamente distinto al de los biólogos anteriores y al de los físicos. Un biólogo tomaría una única planta y describiría admirablemente tantos de sus rasgos como fuera posible. Un físico procedería a la inversa. Escogería un rasgo, pongamos color de la flor o forma de la semilla, y se preguntaría cómo se conforma y distribuye en muchas plantas diferentes.

Los *Versuche über Pflanzen-Hybriden* de Mendel presentan una serie de experimentos típica de la Física de su tiempo, a resultas de lo cual ofrecen precisamente la perspectiva que busca un físico. Prueban que hay «átomos de herencia». Mendel les llama «elementos», y hoy los conocemos por «genes».

¿Qué es un gen?

Las estructuras peculiares de la herencia llevan el nombre de «gen» desde el año 1909. En esas fechas, el investigador danés Wilhelm Johannsen animó a sus colegas a llamar al descubrimiento de Mendel con ese nombre que sonaba a griego. La propuesta de Mendel, hablar de «elementos», entraba en conflicto con la Química, que trabajaba en su sistema periódico de elementos y entendía bajo ese nombre oxígeno, plomo, hierro, mercurio y similares componentes materiales. Buscaba Johanssen una palabra corta y fácil de combinar, y «gen» resultaba ya familiar por conceptos como génesis o generación. La autentica locura del caso es que Johannsen se adhiere a la letra del texto de Mendel, ciertamente, pero pasa por alto enteramente su idea fundamental. Y de eso se resiente hasta hoy toda discusión sobre Genética.

En tanto Mendel sí tenía en mente, es verdad, estructuras particulares claras y distintas, sin embargo fue siempre muy cauto a la hora de decir cómo podían esos genes disponer, desde el interior, efectos externamente visibles: los rasgos de los organismos. Si se nos permite introducir en este punto algo así como «la lógica de Mendel», consistiría en la siguiente idea, válida entonces y ahora: de dos organismos que coincidan en una cualidad heredable no puede decirse que tengan los mismos genes. Pero sí puede decirse de dos organismos que se diferencien en una cualidad heredable que también se diferencian en un gen. No cabe decir que unos genes dados lleven a unas cualidades dadas, sino tan sólo que cualidades diferentes están condicionadas por genes diferentes.

Johannsen se desprende de esta lógica cauta pero correcta. Introduce el término «gen» de un modo tal que puede usarse «gen de tal o cual cualidad», y piensa por ejemplo en genes para el tamaño corporal, el color de ojos y así sucesivamente. Y como ocurre a menudo, por desgracia, una vez soltada una insensatez, se mantiene pertinaz si, con su ayuda, se hace uno más cómodo pensar. Desde aquellas fechas, nos ocurre con demasiada facilidad hablar de un gen de la inteligencia o conjeturar la existencia de un gen para el oído musical de la familia Bach. Y como una vez puesto de moda algo todos se apuntan, leyendo periódicos actuales no puede uno sino admirar para cuántas cosas hay genes, genes del adulterio o del militarismo, del mal o de Dios.

Y el caso es que los genes sólo son de entrada estructuras de una célula de las que se puede señalar su posición, en los cromosomas y en fila, se conoce su composición química, y se puede dar una imagen precisa de su estructura molecular, que pone a algunos genes en disposición de almacenar información biológica pertinente, la que una célula aprovecha para preparar moléculas de estructura sumamente refinada, que funcionan como catalizadores, poniendo en marcha todas las reacciones químicas que forman parte de la vida celular (su metabolismo).

Darwin y Mendel

Junto a ese tipo de genes, llamados estructurales, la vida dispone de genes reguladores, pero esto no es una introducción a la Biología molecular. Aquí se trata de las reglas de Mendel, su descubrimiento y su significación en la comprensión de la vida.

Papel de primer orden desempeñan las reglas de Mendel en esa idea expuesta públicamente tan sólo unos años antes: «evolución» (véase «Los pinzones de Darwin»). Darwin habría sabido cómo sacar provecho de la comprensión de la herencia expresada en las leyes de Mendel para dotar de una base material a su teoría de la adaptación de las especies. De vez en cuando, se lee que, en realidad, casi se llegó a ello, puesto que, por recónditos caminos, se dice, había ido a parar a la mesa de Darwin un ejemplar del trabajo de Mendel, sin que no obstante aquél lo llegara a leer. Por desgracia, tal lectura no habría ayudado mucho a Darwin, como se expuso arriba. Aun si hubieran sido sus conocimientos de alemán suficientes para leerlo, no habría podido entenderlo hasta la versión inglesa, que no llegó a existir en vida de Darwin.

No obstante podemos reunir aquí los dos grandes adelantos de las ciencias biológicas en torno a 1860 para tratar una cuestión, relativa a cómo entender la evolución, que ya hemos planteado en el capítulo dedicado a Darwin. Gira en torno a una dificultad con que tropieza la teoría: que sean aquellas especies particularmente evolucionadas las que menos descendencia tienen y más tiempo necesitan para traer crías al mundo. ¿Cómo explicar esto en el marco de la evolución?

La solución se esconde en los genes de Mendel, en el hecho de que aquellos organismos que se multiplican sexualmente son portadores de dos ejemplares de un mismo gen, los llamados «alelos», que pueden ser diferentes entre sí. Suponiendo que no cambien simultáneamente los dos alelos o «copias» y sólo uno varíe o «mute», y de suerte, claro está, que la mutación resulte favorable para la evolución, entonces la tarea consiste en traer al mundo un ser vivo que tenga dos copias de esa variante. Pues así, en efecto, es como mejor puede una variación señalarse y ser recogida y escogida por la selección natural. La estrategia adecuada para lograr no sólo reunir con la mayor frecuencia posible genes con efectos favorecedores, sino también mantenerlos luego juntos con la mayor eficacia posible, consistirá pues en pequeñas comunidades reproductivas (familias), como indica un análisis matemático preciso en el marco de la ciencia conocida por genética de poblaciones. En comunidades gigantescas (grandes poblaciones), los genes adecuados se dispersan rápidamente hasta pasar totalmente inadvertidos. Aquí precisamente está la razón de que especies con un alto número de descendientes lleguen a ser menos complejas que otras con poca descendencia.

Pero hay que añadir a esto un segundo factor: que si es pequeño el número de crías, habrán de ser por fuerza bien atendidas y cuidadas minuciosamente. En otras palabras, el corto número de descendientes y la lenta sucesión de generaciones apuntan en una misma dirección, y así puede hacerse comprensible, dicho con la mayor brevedad, aquello que la evolución ha producido a este respecto. La vida familiar y el lapso de un par de años entre cría y cría pueden entenderse como estrategias evolutivas que sirven a una meta, la mayor complejidad, y además la han alcanzado, como es patente. Las leyes de Mendel tienen sentido, como todo en Biología, si se miran a la luz de una lámpara que se llama evolución.

El sueño de Kekulé

A comienzos del siglo XIX, la época de Goethe y de los románticos, teatros y otros edificios públicos se iluminaban con un gas que puede obtenerse a partir de grasa de ballena. Para llevar el gas a su lugar de destino, era preciso verterlo en botellas de acero y, a tal fin, comprimirlo enormemente. En el curso de ese proceso, se desprendía un fluido aromático ligeramente volátil. En Londres, el célebre físico Michael Faraday (1791-1867, véase «La jaula de Faraday») recogió ese material, le llamó «benzol», e informó en 1825 de que se componía tan sólo de dos elementos, hidrógeno y carbono. Descubrió además que los dos se hallaban presentes en igual proporción, algo que le admiró mucho. Las combinaciones a la sazón conocidas de carbono e hidrógeno, los llamados hidrocarburos, contenían siempre más partes de hidrógeno que de carbono. Y entonces aparecía ese benzol que, desde poco antes, cabía obtener en grandes cantidades a partir de un molesto residuo en la elaboración de carbones: el alquitrán. El interés por ese material aumentó solamente porque muchos químicos andaban cavilando cómo aprovechar industrialmente ese derivado. Enseguida se percataron de que, en las moléculas de benzol, se daban cita seis de hidrógeno y seis de carbono. Pero ¿cómo lo hacían? ¿Qué aspecto ofrecía la estructura C_6H_6?

El científico que lograría resolver con éxito el problema, merced a un sueño que él mismo contó, se llamaba Friedrich August Kekulé von Stradonitz (1829-1896). Ni siquiera había nacido cuando se planteó el misterio del benzol, así es que también en esta crónica es aconsejable moverse despacio en dirección a su solución.

Alcano $CH_3 - CH_2 - CH_2 - CH_3$

Alquino $HC \equiv C - CH_3$

Ciclalqueno

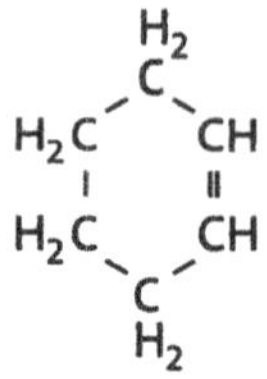

C. policíclico puenteado

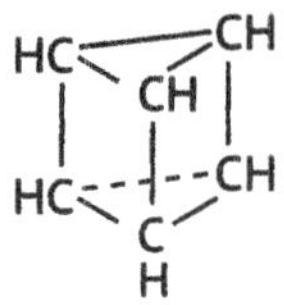

Espiroc.

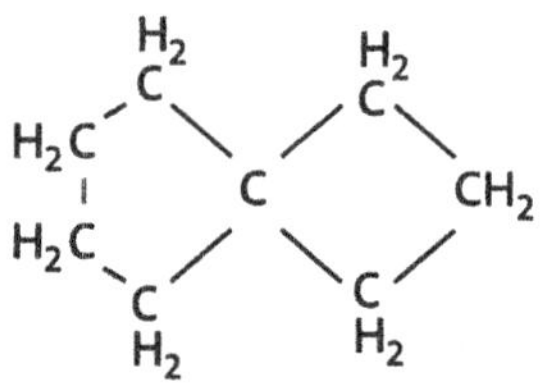

Hidrocarburos.

Los hidrocarburos se componen de dos elementos: hidrógeno (H) y carbono (C). Un átomo de carbono puede combinarse con cuatro de hidrógeno (metano, CH_4). Si se unen dos átomos de carbono pueden combinarse cada uno con dos de hidrógeno (etileno, C_2H_4). Las dos moléculas mencionadas son muy eficaces, el metano como gas propulsor y el etileno como hormona vegetal. La notación aquí usada se remonta al químico August Kekulé (1829-1896), cuyo sueño es el punto central de este capítulo. Las rayas son las valencias, entendiéndose por tal un enlace vacante. En una combinación estable, todos han de estar utilizados u ocupados. Así, para que una fórmula estructural sea correcta cada átomo de carbono ha de mostrar cuatro rayas, y cada uno de hidrógeno, una. El problema consistía en hallar la fórmula del benceno, una vez comprobado que en su molécula se encuentran seis carbonos y seis hidrógenos.

Química orgánica

Poco después de que Faraday se ocupara de su «benzol», un químico alemán logró un éxito muy sonado que impresionó incluso a Goethe. Nos referimos a Friedrich Wöhler (1800-1882), oriundo de Frankfurt, quien se había ocupado anteriormente de una cuestión importante para la Medicina hasta hoy; a saber, qué sustancias pueden expulsarse por la orina tras ingerir un medicamento. En ese marco también analizó Wöhler de qué se compone la orina que producen los seres vivos, a la que por tal razón se había asignado una ciencia específica, la Química orgánica, pulcramente deslindada de la Química inorgánica, que se ocupaba de la sal común, la sosa caústica y substancias similares que parecen ajenas al mundo de la vida y poco menos que insignificantes en él.

Investigando la urea, Wöhler advirtió que se daban en ella cuatro elementos: carbono, hidrógeno, oxígeno (O) y nitrógeno (N), en proporción 1:4:1:2. Lo que le electrizó fue percatarse de que idéntica composición se encontraba en una sustancia que nada tenía que ver con la vida orgánica, llamada en jerga química «cianato amónico», lo cual puso a Wöhler ante un enigma fascinante ¿Cómo pueden idénticas moléculas ser ora algo inorgánico, ora orgánico?

En un plano más práctico, uno puede preguntarse que, si en las dos moléculas se encuentran los mismos átomos, ¿también se puede entonces trasladar la estructura de una a la otra? Wöhler emprendió los correspondientes experimentos en 1828 y tuvo éxito, amplio y duradero. Como él mismo dijera teatralmente, era patente que se podía producir urea sin tener que usar un riñón. Y aun cuando fuera sólo un primer paso allende una frontera hasta entonces firmemente cerrada, el experimento de Wöhler mostraba sin equívoco posible que no había diferencias fundamentales, sino a lo sumo prácticas, entre materiales de la naturaleza animada (orgánicos) e inanimada (inorgánicos). De golpe, la Química dejaba anticuada la idea especulativa de una fuerza vital específica, haciéndose a la vez mucho más interesante.

En adelante, Goethe se tomó la Química más en serio. Si alguien podía producir urea con medios sumamente simples (una destilación cuidadosa de cianato de amonio), no podía tardar mucho en anunciarse desde algún laboratorio que se había fabricado un ser humano, como puede leerse en la escena correspondiente del segundo Fausto, donde aparece tal hombrecillo, el Homúnculo. Goethe modificó la acción dramática de acuerdo con el experi-

Urea 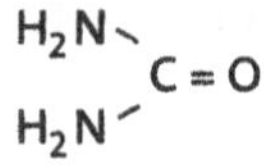

Fórmula estructural del inorgánico cianato amónico y de la urea orgánica

mento de Wöhler, de suerte que asigna a la criatura sintética un espacio artificial, una probeta, privándole del aire libre.

En busca de la estructura

En lo que atañe a la Química, la producción de urea por Wöhler mostró definitivamente con toda claridad que no se puede caraterizar a las sustancias únicamente indicando qué átomos hay en ellas. Hay que averiguar ante todo cómo se disponen respecto a otros y entre sí; en otras palabras, determinar la estructura molecular. Por grande que sea la facilidad con que hoy se enuncia esa tarea, no fue menor la dificultad que ello supuso para la generación de químicos de que formaban parte Wöhler y Faraday. Por suerte se abrió paso una nueva entre cuyos representantes más sobresalientes se contaba Kekulé, quien pese a su apellido de aspecto francés, era alemán, de Darmstadt. De todos modos, alcanzó sus dos éxitos mayores en el extranjero, y en los dos casos desempeñaron un papel destacado los estados de duermevela. Es célebre sobre todo el sueño en el que, hallándose en Bélgica en 1865, en la ciudad de Gante, vislumbró el aspecto que había de tener la estructura del benceno. Sin embargo, celebrándose en 1890 el 25° aniversario del descubrimiento con una gran ceremonia conmemorativa en Berlín, contó Kekulé no sólo esa historia, sino también un segundo sueño que le había sobrevenido unos años antes, durante un viaje en autobús a través de Londres. Por éste comenzaremos, ya que proporciona los fundamentos del sueño del benceno.

Nos hallamos en la segunda mitad del siglo XIX, y Kekulé se encuentra en Inglaterra para discutir allí «cuestiones de constitución», como dicen los químicos: ¿cómo se constituyen los átomos en moléculas?, ¿cómo pueden idénticos átomos disponerse diferentemente para formar moléculas distintas?

Con las discusiones diarias entre colegas y las subsiguientes cavilaciones, había quedado claro que el carbono debía de desempeñar un papel particular. Puede combinarse hasta con cuatro átomos, como entendió Kekulé tras haber acuñado el concepto genérico de «valencia». Éste indica los enlaces que pueden establecer unos u otros átomos. Según esto, el hidrógeno es monovalente; el oxígeno, bivalente; el nitrogeno, trivalente; y el carbono, tetravalente; hay H_2O en forma de agua, NH_3, de amoníaco, y CH_4, de metano. Pero esto seguía quedándose corto hasta que cierto día, en un hermoso atardecer de verano, Kekulé se fue a casa en autobús por el centro de Londres. Se adormiló y, en su duermevela, soñó que de repente los átomos empezaban a bailar. Vio a dos que se emparejaban, uno más gordo que abrazaba a dos pequeños y, cómo algunos aún mayores abrazaban a tres o cuatro pequeños y, para cuando el cobrador voceó el fin de trayecto, había entendido Kekulé que los átomos de carbono se enlazan en cadena, pudiendo así formar muchas de las sustancias orgánicas que conocían sus colegas y la naturaleza.

Por soberbio que esto fuera, seguía sin entender el benceno. El problema siguió un par de años rondando en silencio por su mente. No irrumpió hasta que, un día, hallándose Kekulé trabajando en Gante y cavilando una noche ante la chimenea, se adormiló. De nuevo aparecieron átomos en su mente, y de nuevo danzando y dando vueltas tratando de asirse y sujetarse. Y entonces sobrevino el momento decisivo de repentina claridad:

«Otra vez rondaban átomos ante mis ojos. Esta vez, pequeños corrillos se mantenían discretos al fondo... largas filas de bailarines, mucho más prietas; todo en movimiento, retorciéndose serpenteante. Pero ¡mira!, ¿qué es eso? Una de las filas se agarraba por la cola como una serpiente y trenzaba burlona ante mis ojos la figura. Desperté como tocado por una descarga eléctrica. Y también esa vez pasé el resto de la noche elaborando las consecuencias de la hipótesis.»*

El sueño de Kekulé

He ahí el sueño de 1865 de Kekulé en sus propias palabras de 1890 a las que poco habría que añadir. No obstante, comentaremos lo relatado teniendo en cuenta tres aspectos:

* Aunque, puestos a arquetipificar, las llamas evoquen serpientes en cualquier lengua, puede ser útil saber que «*Schlange*» significa en alemán «cola» —en el sentido de fila de quienes esperan algo— y «serpiente», lo cual permite reconstruir mejor el trayecto asociativo a partir de una pista de baile. Dicho sea para quienes se interesen por estas cosas. (*N. del t.*)

Primero, Kekulé reconoce en ese agarrarse por la cola que el benceno tiene un aspecto anular, a diferencia de las demás estructuras observadas hasta entonces, algo que se demostró luego extremadamente importante tanto para la investigación química como para la industria correspondiente.

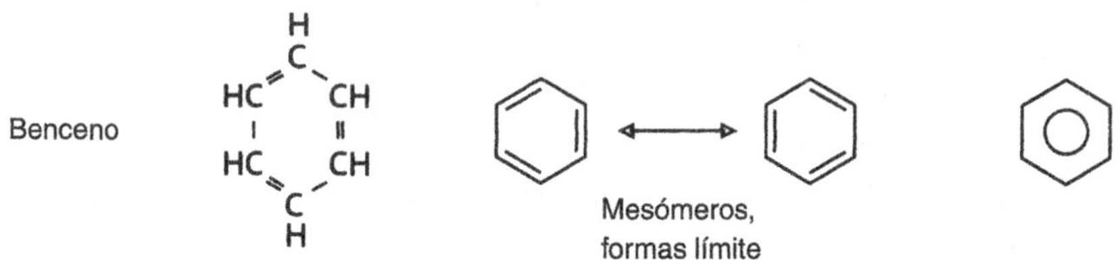

La estructura anular del benceno puede dibujarse de dos formas, algo que en modo alguno carece de interés, como se discute en el texto. En estos terrenos rige la lógica cuántica, que cancela el principio de un tercero, excluido de la lógica clásica; en el benceno, sin embargo, sí hay tercero: en forma de líneas duplicadas.

El segundo aspecto a comentar, aquel a que los químicos siguen dando mayor valor, es que Kekulé no se queda en los resultados del sueño. Al contrario, los somete al más riguroso control mediante la racionalidad de la Química, como corresponde a la correcta práctica de la investigación. Como mínimo, tenía que comprobar si todos los átomos quedaban ordenados acertadamente según su valencia o resultaban lagunas, esto es, contradicciones reconocibles (pongamos un carbono pentavalente que no se da en la naturaleza).

Y en tercer lugar, es digno de atención que Kekulé no sueña cualquier cosa, sino que su visión interna le da a conocer un símbolo antiquísimo. De hecho, este sueño de Kekulé brinda un ejemplo a quienes afirman que las teorías científicas resultan de solaparse formas internas y externas en un ser humano. Las externas proceden de nuestra experiencia empírica y sus correspondientes internas, de nuestras almas, como se hubiera dicho en otros tiempos, y hoy, en estos tiempos modernos, es forzoso expresar mediante algún dialecto psicológico. Visto así, imágenes internas como la del Uroboros que se muerde la cola (véase página siguiente) presentan el paso a la conciencia de formas de las que disponen inconscientemente los seres humanos desde los orígenes, a las que por eso se llama «arquetipos». Conforme a ese modelo, un descubrimiento científico se alcanza en el momento en que se abre lo inconsciente, activado por largas cavilaciones, y deja las imágenes arquetípicas que contiene disponibles simbólicamente para la conciencia, que en ese momento puede dar cuenta de una experiencia del tipo ¡eureka!*

La lógica del benceno

Contemplando el anillo del benceno, salta a la vista que no hay una, sino dos representaciones de su estructura molecular. Numerando los carbonos en el sentido de las agujas del reloj aparecen rayas dobles o bien entre los átomos 1 = 2, 3 = 4 y 5 = 6, o bien entre 2 = 3, 4 = 5 y 6 = 1. Ingenuamente podría alguien preguntar ahora qué aspecto ofrece en realidad el benceno.

A lo que un químico dirá que las dos posibilidades se dan realmente en la molécula, y que en su existencia real oscila entre ambas combinaciones. Podría uno darse por contento con tal respuesta, pero también preguntar, como hiciera Werner Heisenberg en su conferencia «Lenguaje y realidad en la Física moderna [*Sprache und Wircklichkeit in der modernen Physik*]», qué ocurre entonces a temperaturas suficientemente bajas. Pues en tal caso no puede darse ya movimiento real alguno en la molécula, lo que significa que tampoco puede darse en el benceno ningún cambio en el tiempo. ¿Y cómo se ve el anillo en esas circunstancias?

Según el parecer de Heisenberg, que los químicos han aceptado hace mucho, no queda sino una formulación como ésta, «hay que concebir los enlaces reales del benceno como una especie de mezcla entre las dos posibilidades citadas». En otras palabras, para la molécula no rige la lógica cotidiana en que un objeto es de tal o cual manera, o bien no lo es, sin que pueda haber una tercera posibilidad —*tertium non datur*, como reza el correspondiente conjuro lógico en latín—. La molécula de benceno sigue más bien la lógica cuántica, que admite perfectamente un tercero, como el gato de Schrödinger no sólo puede estar vivo o muerto, sino también las dos cosas a la vez (véase «El gato de Schrödinger»).

De entrada puede que esto suene demasiado misterioso, pero es fácil imaginárselo si se atiende en primer lugar a la posibilidad física en lugar de la

* En el original, *Aha-Erlebnis*, «experiencia ajá», o «experiencia bombilla» de los *comics* tratándose de arquetipos en estos tiempos. Naturalmente, en el fondo arquetípico de la historia da igual ajá que eureka, pero por eso mismo. (*N. del t.*)

El dragón de Uroboros, a veces llamado también Ouroboros, presenta un antiguo símbolo alquímico que señala la unidad de la materia y los cuatro elementos (aire, tierra, fuego y agua) en el ciclo de los fenómenos.

realidad cotidiana. Pues «lo posible» se mantiene en equilibrio entre realidad material objetiva, la que el benceno nos presenta desde 1825, y realidad subjetiva, la que creamos con su fórmula estructural. El benceno, sí, es ambas cosas desde que Kekulé lo soñara.

Mientras en la vida cotidiana uno no alcanza a figurarse, ni con su mejor voluntad, qué pueda ser una mezcla entre estar sentado y no estarlo, en el ámbito de átomos y moléculas, no tiene sentido desechar la correspondiente lógica cuántica. Una que precisamente sí admite un tercero, como dice Heisenberg: «Al trasladarse mentalmente al ámbito atómico, uno puede hacer con la lógica clásica tan poca cosa como el astronauta con los conceptos "arriba" y "abajo"».

(También en la vida cotidiana podría construirse con el concepto de lo posible un tercero que se da en la realidad; a saber, el caso en que alguien no está sentado (aún) en una silla, pero acaba de tomar tal decisión y se encuentra sopesando la posibilidad de tomar asiento).

Otros sueños

No sólo Kekulé hizo adelantar a su ciencia en sueños. También el soporte más importante de la Química, el sistema periódico de los elementos, debe su descubrimiento a un sueño, aquél del que despertó una mañana de febrero de 1869 (por desgracia sin contarnos más detalles), el ruso Dimitri Mendeleiev, tras haber sentido durante semanas la sensación de estar viendo ante sí o en sí un orden de la naturaleza al que sólo le faltaba dar expresión. De este modo, se confirma lo que aseguraba en 1949 un biólogo de Basilea, Adolf Portmann, en su ensayo sobre «Lo biológico en la educación estética»: «Comprender la necesidad de fortalecer el punto de vista estético no es algo precisamente muy difundido: son demasiados quienes ven todavía en el desarrollo de la faceta lógica del pensamiento la principal tarea de nuestra formación como seres humanos. Olvida quien así piensa que, aun en las áreas de investigación más exactas, el pensar realmente productivo precisa en todo momento del trabajo creativo espontáneo e intuitivo, y así, de la función estética; y que sueños y fantaseos, como toda experiencia sensible, ofrecen inestimables posibilidades».

Ciertamente lo tiene difícil quien quiera explorar esa «cara nocturna» de la ciencia —son muchos los investigadores que temen aprovechar como fuente sus sueños—, pero, pese a todo, se puede encontrar algún que otro rastro. Aquí aún señalaremos unos cuantos sin tratar de enunciar siquiera el correspondiente fundamento arquetípico.

En 1921, el biólogo Otto Loewi investigaba cómo logran las neuronas transmitir impulsos eléctricos. La visión tradicional del asunto contemplaba sólo mecanismo físicos, pero Loewi vio en sueños la posibilidad de que fueran sustancias químicas las que transmitieran las señales de una a otra célula. Tales sustancias se bloquean por otros procedimientos, y el sueño le mostró el camino experimental hacia tal meta. De ese modo descubrió Loewi lo que hoy llamamos neurotransmisores.

En 1962, el norteamericano Melvin Calvin recibió el premio Nobel de Química por las aportaciones que sus descubrimientos habían hecho a la comprensión de la fotosíntesis en los vegetales. En concreto, se trata del llamado ciclo de Calvin, y el paso decisivo se le ocurrió estando adormilado como Kekulé. En este caso, no ante una chimenea belga o en un autobús inglés, sino en el aparcamiento de un supermercado estadounidense. Mientras su mujer estaba comprando, al químico, que la aguardaba al volante de su coche, le daban vueltas por la cabeza algunos hallazgos imposibles de cuadrar en esquema alguno. Entonces se quedó adormilado y, de repente, «*in a matter of 30 seconds*», se le hizo claro cómo acomodar las piezas del rompecabezas molecular en un ciclo del carbono.

Que es preciso caminar en la noche para alcanzar la luz del conocimiento lo constataba en general el fisiólogo Hermann von Helmholtz, al escribir en 1891, en uno de sus textos de divulgación científica, que «...surgen ocurrencias repentinas, sin esfuerzo, como por inspiración... Antes sin embargo tuve siempre que haberle dado vueltas por todos lados a mi problema, de manera que en mi cabeza viera a la vez todos los enredos y giros posibles del asunto y pudiera dejarlos correr libremente sin escribirlos ... A menudo ocurría que, al despertar por la mañana, estaban ahí». En este contexto cita Helmholtz a Goethe, a quien se deben estos versos:

> Lo que el hombre no ha advertido
> o no razona,
> de noche en los laberintos
> del pecho ronda.

Aunque también puede aparecer a la primera cabezada. Tan sólo es forzoso haber investigado y preguntado antes exhaustivamente.

El caldo de carne Liebig

Die organische Chemie in ihrer Anwendung auf Agriculture und Physiologie (Química orgánica, aplicada a la Agricultura y la Fisiología) reza el título completo del libro con que el caballero Justus de Liebig (1803-1871), oriundo de Darmstadt, que se hizo famoso en Giessen, puso sobre base científica el abonado de los campos que, desde siglos, practicaban los campesinos tal como les saliera, y fundó las modernas ciencias agrícolas. Pero Liebig no fue sólo un gran químico, sino también un entusiasta divulgador de su ciencia, que supo exponer en numerosas *Cartas químicas* con tal claridad que, al final, hasta hubo cocineros que aprovecharon la información en ellas contenida para mejorar sus recetas. Aspecto éste que no solo enorgulleció a Liebig, sino que también le irritó, a raíz de lo cual, su editor le propuso que escribiera él mismo un libro de cocina. Algo que Liebig no hizo, pero sí ocuparse aún más a fondo de averiguar, con las herramientas de su especialidad, todo lo posible sobre los componentes de los jugos cárnicos, que enumeraba en su libro de 1847 así titulado, y con cuya ayuda fundó lo que podría llamarse la «cocina científica».

Algo que de entrada debía servir estrictamente para satisfacer la curiosidad de un investigador —Liebig se concentró ante todo en los cambios químicos que desata el proceso de cocinado (calentamiento) en los componentes de la materia orgánica—, trajo consigo muy pronto la sorprendente comprensión de que los nutrientes esenciales de la carne no se encuentran en las fibras, sino en los fluidos. Y con tal conocimiento, Liebig pudo atender una demanda acuciante de ayuda cuando su médico de cabecera le explicó un día de 1854 que una muchacha de 17 años, huésped de los Liebig, que padecía escarlatina, moriría sin remedio como no se hallara modo de alimentarla. La paciente hacía tiempo que se había debilitado demasiado para poder ingerir alimentos por sí misma. Liebig no vaciló un segundo, se procuró suficiente carne de conejo y aprovechó todas las artes de su ciencia para extraerle los nutrientes vitales. Lo hizo en el marco de la optimista actitud que su gremio había adoptado por entonces, que les permitía creerse capaces de analizar primero y producir luego no sólo sustancias inorgánicas como la sosa, sino también complicadas sustancias orgánicas como la anilina.

Puede releerse lo que hizo exactamente Liebig en su informe sobre «Un nuevo caldo de carne para enfermos», aparecido en 1854 en los *Annalen der Chemie* (vol.91, págs.244 a 246). El químico en persona se pasó la noche trabajando para llevarle al médico por la mañana un caldo, la primera forma del concentrado de carne Liebig, del que debía hacer tragar algo cada media hora a la muchacha enferma. La paciente se recobró rápidamente y, al cabo, pudo arriesgarse incluso a echarse un baile con su médico de puro agradecida.

Como no cabía esperar de otro modo, a continuación comenzaron a ocuparse del caldo Liebig algunos empresarios y, en el decenio de 1860, el químico autorizó el uso de su nombre para fines comerciales. En Inglaterra entró a cotizar en Bolsa en 1865 una «Liebig Extract of Meat Company», en la que el propio Liebig oficiaba de director de la sección científica, y siguió publicando más «Sobre el valor del caldo de carne para las economías domésticas». En 1870, apareció en Braunschweig una obra titulada *Kraftküche von Liebigs Fleischextrakt für höhere und unbemittelte Verhältnisse erprobt und verfasst* [Cocina vigorizante con extracto de carne Liebig, concebida y comprobada para pudientes y desfavorecidos] en la que su autor, un tal H. Davidis, dedicaba a Liebig los siguientes versos, no demasiado pulidos a más de rayanos en misoginia:

> No cuadra ver señoras haciendo entrechocar
> las copas, salvo en fila después de terminar.
> ¡Honremos pues a Liebig!, ¡alegre alzo la mía
> por ese nombre grande!, ¡anda, si está vacía!

La chapucería de Delbrück

Por decirlo sin tardanza, la persona de quien aquí se trata, Max Delbruck (1906-1981), no fue ningún chapuza, o como se dice mucho más bonito en inglés, «*sloopy*» (con una excepción que aún habrá que señalar). Al contrario, Delbrück no soportaba las chapuzas, exhortaba a sus colegas y alumnos a ser más cuidadosos, primero en los preparativos de los experimentos y, después, al reflexionar sobre ellos, y predicaba la necesidad del amor al detalle para una buena investigación.

Pese a ello, debemos a ese berlinés de nacimiento una idea soberbia que él mismo llamaría «principio de la chapuza limitada», dicho en la lengua del país que le dio la oportunidad de hacer, durante la segunda guerra mundial, su aportación a la historia de la ciencia, los Estados Unidos.

Delbrück planteaba un «*principle of limited sloppiness*»; el correspondiente comportamiento le llamó la atención en los primeros días de esa ciencia que hoy celebra su triunfo como Biología molecular. Tras haber realizado inicialmente sus experimentos un poco a la torera, alguien hacía un descubrimiento, pero, al valorarlos más tarde, advertía que esa chapucería había dejado un rastro.

Sus observaciones llevaron a Delbrück, en primer lugar, a ciertos conocimientos sobre mecanismos de la naturaleza que describiremos con más detalle y, en segundo lugar, a formular su principio de chapuza limitada a título de receta para triunfar en ciencia.

El camino a la Biología molecular

Si se quisiera esbozar sucintamente el papel desempeñado por Delbrück en la historia de las ciencias naturales, podría caracterizársele como aquél que preparó el camino a la Biología molecular. Este nombre procede de los años treinta, cuando los investigadores se plantearon por vez primera la tarea de determinar la estructura de moléculas que desempeñan algún papel en la vida y, por hacerla posible, forman parte del objeto de la Biología. Las combinaciones atómicas de que se trata en las células son mucho mayores, por ejemplo que la conocida molécula llamada H_2O de que se compone el agua. Frente a sus tres átomos —dos de hidrógeno y uno de oxígeno—, son muchos miles, cientos de miles o aún más los átomos presentes en componentes celulares de importancia biológica, a veces llamados también macromoléculas. Su aspecto o su estructura planteaban a la ciencia un reto que, por mucho tiempo, pareció no ofrecer ninguna oportunidad de triunfo, pero en los años treinta algunos atrevidos hallaron valor para intentarlo los primeros.

Mientras esto ocurría en el británico Cambridge, los gerentes estadounidenses de la Fundación Rockefeller, con sede en Nueva York, esbozaban un programa de investigación con el que trataban de transformar una Biología, hasta entonces más bien tediosa, en una ciencia exacta más orientada hacia la Química y la Física, una que mirara la vida con los ojos de estas dos disciplinas. Con el correr de los años, la gente de la Rockefeller tuvo la impresión de que podrían alcanzar su meta concentrándose en analizar, como el mencionado investigador británico, las moléculas que funcionan en el interior de células. En 1938, plantearon el programa entero con el nombre oficial de «Biología molecular», confiando en que ya se les ocurriría a los investigadores participantes cómo llenar ese envoltorio con algún contenido.

Miembro del grupo era Delbrück, formado originariamente como físico en Berlín y Gotinga, que se volvió hacia la Biología, impresionado por una conferencia de Niels Bohr (véase «La herradura de Bohr»). Con el título «Luz y vida», Bohr había propuesto en Copenhague en 1932 repetir en Biología la estrategia que había tenido éxito en la Física. Según su parecer, había que atender para ello a dos líneas generales. La primera, tratar de analizar la acción recíproca de materia viva y luz; la segunda, hallar un sistema tan simple como fuera posible con que empezar a trabajar en ello. Entre los físicos, según Bohr, era el sencillo átomo de hidrógeno el que había desempeñado ese

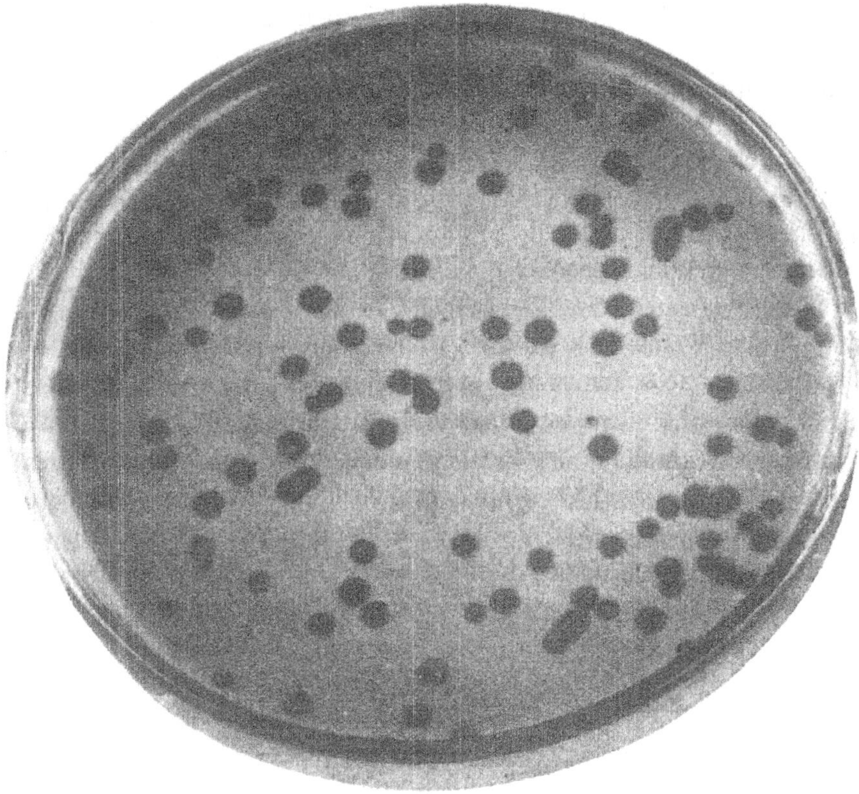

Los fagos, abreviatura de bacteriófagos, son virus que penetran en bacterias y pueden multiplicarse en su interior. Para analizar el crecimiento de fagos, se empieza preparando un medio nutricio en que crecen bacterias hasta que constituyen una especie de campo de cultivo al que se añaden fagos, que penetran primero en una bacteria en la que se multiplican. Los cuantiosos fagos nuevos liberados prenden en bacterias circundantes y el proceso se repite hasta que surge en el cultivo un agujero visible a simple vista. Esos agujeros se llaman placas, y su descubrimiento y valoración dan comienzo a la historia de la Biología molecular.

papel, y con su ayuda se pudo avanzar hasta formas complicadas como radio o uranio. El reto consistía entonces para Delbrück en hallar el átomo de hidrógeno de la Biología y, en 1937, se le ofreció la ocasión de emprender su búsqueda en los Estados Unidos con una beca Rockefeller.

Su camino le llevó a California, donde encontró en el Instituto de Tecnología de California, en Pasadena, a un hombre llamado Emory Ellis que trabajaba con virus capaces de matar bacterias (los había pescado en los desagües de Los Ángeles). Se les llamaba bacteriófagos, palabra cuya segunda parte nos puede ser familiar por los «sarcófagos». Literalmente significa comedores de bacterias, y los biólogos que con ellos trabajan los llaman fagos para abreviar. Pronto se le hizo claro a Delbrück que esos virus representaban justamente lo que Bohr le encomendara encontrar.

Si lo había entendido correctamente, los fagos no hacían otra cosa que multiplicarse. Y también le pareció a Delbrück que no podía haber nada vivo menor que los fagos. Tenían que ser forzosamente el átomo de hidrógeno de la vida, y Delbrück quería saber más de él. Para sorpresa suya, comprobó que eran muchos los biólogos que andaban enredando y experimentando con los virus bacterianos, pero nadie tenía ni idea de cómo determinar su número o concentración. Por no saber, ni siquiera sabían si esas placas que podían devorar en un cultivo bacteriano, haciéndose así reconocibles, procedían de un único fago o de un grupo mayor. Con ello aparecía evidente la primera tarea de Delbrück: un método para contar fagos y medir su cantidad.

Con sus conocimientos de Física y el correspondiente instrumental estadístico, pudo resolver esa tarea en los meses siguientes y describir el crecimiento de bacteriófagos cuantitativamente por vez primera, en 1939. Efectivamente, se trataba de un único virus que penetraba en una única bacteria produciendo allí muchos cientos de descendientes.

Genética con bacterias

Esto suena hoy como si se hubiera sabido siempre, pero primero hubo que probarlo en detalle. Logrado esto por Delbrück en cooperación con Ellis, no sólo habían puesto los fundamentos de una ciencia exacta llamada Virología, sino también abierto el camino a nuevas cuestiones. Una, la concerniente a las bacterias devoradas por fagos, dado que, hablando con precisión, no todas las bacterias sucumbían al ataque. Algunas se demostraban resistentes y, mirando con más detenimiento, se advertía que había algunas vulnerables a los ataques de fagos, cierto, pero cuya descendencia, no obstante, había mutado y lograba rechazar a los virus.

¿Qué había pasado? ¿Cómo habían sido capaces las bacterias de cambiar sus cualidades? ¿Y además de un modo que se hicieran más aptas para la supervivencia?

Hoy es muy sencillo responder que los genes de las bacterias habían mutado, haciendo así a las células resistentes a los ataques de los virus; con lo que ya nos esperamos como siguiente lance del juego evolutivo que, a su vez, los fagos reaccionen a esa variación y muten sus genes, de suerte que una nueva generación arrolle a las bacterias que se hayan hecho capaces de defenderse, penetren en ellas y, de nuevo, puedan devorarlas. Pero cuando Delbrück empezó a trabajar con bacterias y virus, aún no habían entrado en vigor las leyes de la genética referentes a esos microorganismos. Cuanto habían averiguado y dejado escrito Mendel y sus continuadores (véase «Las leyes de Mendel») concernía sólo a organismos que se multiplican por vía sexual, y eso no incluía de momento a virus ni a bacterias. «Los infelices», como solía llamarlos compasivamente Delbrück por esa razón, «parecían multiplicarse sólo por gemación», y aún pasaron años hasta que se demostró que la naturaleza, pese a todo, tenía algún rasgo cordial con esos seres diminutos y les concedía también a ellos sexo en abundancia.

Todos los comienzos son difíciles en la empresa científica y, hacia 1940, bacteriólogos y otros biólogos ni siquiera estaban en situación de decir si los pequeños objetos de su investigación tenían genes. Genes tenían sólo aquellos a quienes se aplicaran las leyes de Mendel, entre los cuales aún no se contaban las bacterias. Esto no cambiaría sino a consecuencia de un célebre trabajo que, en 1943, llevó a cabo Delbrück junto con el italiano Salvatore Luria. En él pudieron mostrar que aquellas bacterias que adquirían resistencia a los fagos lo hacían mediante mutaciones al azar (variaciones genéticas) que traspasaban a su descendencia. Incluso pudieron indicar con exactitud la tasa de mutaciones, y por eso se dice que su trabajo prestó a la genética molecular igual servicio que el de Mendel a la Genética en conjunto.

Desde 1943, se puede practicar Genética con bacterias y virus, y como tales microrganismos se multiplican más aprisa y pueden analizarse en mayor número que los guisantes o las moscas, el éxito de Delbrück y Luria anunciaba una nueva época para la Biología.

(En este punto hay que añadir al menos entre paréntesis que el logro teórico principal del trabajo de Delbrück y Luria, conocido en los círculos de la especialidad como análisis de fluctuación, está en aplicar la estadística adecuada. Trasladar al plano experimental semejante punto de partida exige, en último término, calcular con exactitud medias, desviaciones y otros parámetros estadísticos, algo por entonces sumamente fatigoso para lo que hoy se dispone de adecuados programas estadísticos. Delbrück y Luria tuvieron que hacerlo aún a mano con una calculadora mecánica, y llegó un momento en que se les acabaron las ganas de cálculos tan indecibles. Se dieron por contentos con estimaciones, ciertamente no desatinadas pero más bien toscas, y a ellas se atuvieron en la publicación. Cierto es que casi nadie lo advirtió, pero aun así éste es precisamente el punto en que el propio Delbrück se permitió algo parecido a una chapuza controlada).

La resurreción de los muertos

Si los científicos quieren practicar Genética, necesitan mutaciones del organismo cuya herencia buscan. Para obtenerlas en el mayor número posible, se precisa ante todo un método que propicie mutaciones, y es la luz quien lo ofrece. Se sabía hacía mucho tiempo que los rayos X producían variaciones hereditarias en moscas. Pronto descubrieron Delbrück y Luria que, en los pequeños fagos y bacterias, bastaba la luz ultravioleta (UV); y a continuación observaron algo más.

Descubrieron que, con luz UV, los fagos cambiaban tan acusadamente que no sólo destruían bacterias, sino que ellos mismos ya no podían multiplicarse. Cuando un día de 1947, dos años después de acabar la segunda guerra mundial, quisieron determinar algo que sólo se sabía vagamente, el porcentaje de fagos alcanzados y afectados por la luz, pasó algo notable. Primero, se introdujo luz suficiente para matar a todos los virus o poco menos (sólo unos cuantos debían mantener su forma activa). Luego, se puso una alta concentración de esa población tan diezmada en un cultivo de bacterias... y, para sorpresa general, aparecieron muchos más agujeros de lo que cualquiera de los dos considerara posible.

En otras palabras: los fagos muertos habían despertado de nuevo a la vida para causar de allí en adelante un asombro pasmoso, como vieron Delbrück y Luria. Sigue en pie, naturalmente, que hay que tratar con cuidado los términos vida y muerte tratándose de fagos. Fuera de una célula bacteriana, los fagos están siempre muertos. Pero como todo virus, nunca mueren. Dejados a su suerte, más bien están a la espera, hasta que pase por allí una célula adecuada y les ofrezca el espacio vital adecuado con las apropiadas posibilidades de multiplicación. En palabras de Delbrück: «Los virus parecen hallarse en la incierta franja fronteriza entre los límites acaso irreales de lo vivo y lo no vivo. No encajan en esas categorías establecidas».

Luria no quería que esa resurreccion de fagos muertos trajera a la Biología algo misterioso. Se propuso aclarar sistemáticamente los detalles y, a tal fin, analizó con la mayor precisión posible los correspondientes fenómenos. Llamó su atención que sólo se daba una tal reanimación cuando una única bacteria era atacada a la vez por más de uno de los fagos «muertos» (para lo cual era necesario escoger una concentración bastante alta en el experimento). Conjeturó entonces que dos o más virus «muertos» intercambiaban sus partes intactas y así podían poner a punto un fago capaz de vivir; y en efecto, hoy sabemos que es precisamente un mecanismo de recombinación lo que desempeña un papel en la herencia y multiplicación de la vida.

El principio de la chapuza controlada

Cierto que la precisión experimental de Luria parecía haber aclarado de una vez la resurreción de los muertos y apartado todo revuelo metafísico; pero, solo un par de años más tarde, el fenómeno resurgió y en diferentes lugares a la vez. Después de que Luria y Delbrück hubieran apadrinado casi solos el bautismo de la Genética bacteriana en los tiempos difíciles de la segunda guerra mundial, en los primeros años de paz se les sumaron rápidamente muchos científicos y, en 1949, había ya algo parecido a un grupo de fagos en que, naturalmente, sobrevino la competencia entre individuos. Algunos se ocuparon así de un nuevo tipo de resurrección observado a la vez por muchos genetistas. Se trata de la observación de que fagos (o bacterias) desactivados con luz UV podían despertar de nuevo a la vida mediante luz solar. Se hablaba de fotorreactivación de fagos y, de entrada, no había modo de encajarla en ninguna parte, sobre todo porque diferentes laboratorios daban información diferente sobre el fenómeno.

Pero entonces Delbrück comprendió de repente otra cosa, gracias a aquella confusión de los datos. De golpe entendió por qué muchas investigaciones en esa dirección, emprendidas en muchos laboratorios, mostraban tales variaciones. En un laboratorio, como es natural, hay luz por doquier, pero no la misma en todos. Quien trabaja al mediodía junto a una ventana recibe en su preparado experimental de fagos y bacterias más luz que quien experimenta en un rincón o por las noches. A veces, los cultivos de bacterias se colocan uno junto a otro y, a veces, se apilan; unas veces hay luz en el baño de agua en que se los mantiene a temperatura adecuada para la investigación, y luego no hay lámpara. En este sentido, todas las investigaciones se llevaban a cabo más o menos chapuceramente, por lo menos en todo cuanto se refiere a la luminosidad.

En un congreso celebrado en el verano de 1949 en la localidad estadounidense de Oak Ridge, Delbrück introdujo su principio de chapuza controlada para hacer comprensible por qué los genetistas habían necesitado tanto tiempo para advertir el efecto de fotorreactivación. Según él, incontables personas habían medido tasas de supervivencia, y seguro que todas lo hicieron creyendo haber llevado a cabo su investigación en condiciones controladas. Pero en eso se habían equivocado. Sólo cuando un par de ellos habían fijado unos límites a su chapucería, había surgido de aquello un éxito. Primero, uno se fijó en que el botín obtenido en plaquetas apiladas era mucho mayor arriba (con más luz) que abajo; luego, otro había notado que una lámpara en el cuarto de baño arrojaba en los resultados una diferencia sistemática.

En una carta enviada tiempo después a Luria, Delbrück formulaba más pulidamente ese principio suyo y cómo entenderlo: «La fotorreactivación es un efecto de choque. Es asombroso que no se haya notado antes. Ello indica que muchos han trabajado con demasiado descuido para notarlo, y que tú eras demasiado cuidadoso para topar con ello. Es el viejo principio de la chapuza comedida que hace posible los descubrimientos». En otras palabras, que «siendo sólo chapucero, no hay resultados reproducibles y nadie consigue descubrir nada. Pero si siendo un poco chapucero adviertes algo llamativo... entonces tratas de entenderlo».

El papel del científico

Hemos hablado arriba de un científico que lleva a cabo sus experimentos en un rincón del laboratorio. Delbrück necesitaba poco sitio para los suyos, pero ese pequeño espacio no le impidó influir ampliamente en aspectos generales de la vida humana. A finales de los años setenta, poco antes de su muerte, echando una mirada al vertiginoso desarrollo de la ciencia por él fundada, que atraía por entonces cada vez más atención pública por los métodos de las técnicas genéticas, Delbrück recordaba algo a menudo pasado por alto de lo que sin embargo deberíamos tomar nota. Él lo expresó como sigue: «Descubrí muy pronto que un científico puede cambiar el mundo mucho más que César. Y mientras lo hace, puede estar tranquilamente sentado en un rincón». Incluso haciendo una chapuza, con tal de que no exagere.

El dogma de Crick

A juicio tanto de investigadores como de periodistas, se ha de contar, entre las ampliaciones verdaderamente revolucionarias de la ciencia, con esa moderna biología que trata menos con organismos y más con moléculas, llamándose por eso Biología molecular. Hija de su época, la que siguió a la segunda guerra mundial, hizo posible en los años setenta la ingeniería genética, y con ello viene proporcionando hasta hoy una vía completamente nueva para comprender los organismos vivos e intervenir en su desarrollo. Con ese giro hacia lo molecular, una Biología que venía siendo más bien insulsa ha cogido un ritmo descomunal. Tanto más raro se hace por tal razón vislumbrar siquiera que, en el centro mismo de esa ciencia hoy lanzada de triunfo en triunfo, se halló en sus primeros tiempos algo rígido e inamovible a más no poder: un dogma. Uno que fijaba la dirección a seguir por el flujo de información en la vida o, para ser más precisos, en las células de organismos que se multiplican. Esa dirección va del material hereditario a las moléculas que despachan las faenas caseras de la célula y se encargan también de otras como crecer y reaccionar a estímulos.

En lo fundamental el esquema dogmático de arriba muestra qué ha de hacer forzosamente una célula para sintetizar con ayuda de la información genética las moléculas que sobre todo necesita la vida: las proteínas. El proceso está regulado en sus detalles por el llamado código genético. A partir de él, puede leerse cómo se traducirá la secuencia de componentes del ADN a la secuencia que encontramos en las proteínas. Cierto que éstas son completamente distintas desde el punto de vista químico —sus componentes son ente-

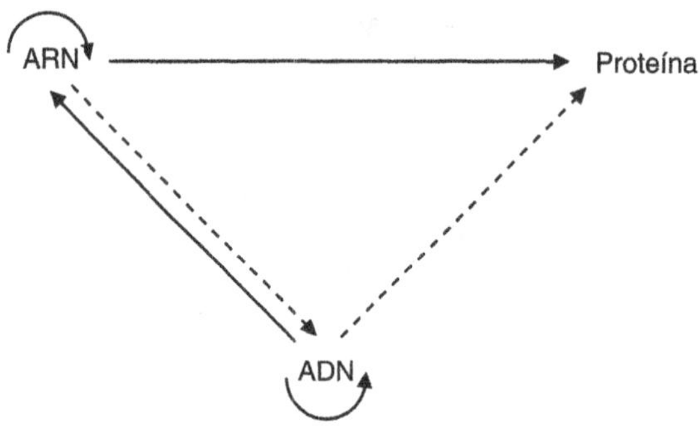

Dogma central de la Biología molecular de Francis Crick.

ramente diferentes—, pero en principio están construidos de igual forma: como cadenas. La célula sólo tiene que transformar una cadena en otra, conforme al dogma de Crick, al menos en una primera aproximación.

> La versión moderna del dogma de la Biología molecular, formulado por Francis Crick, trata de la dirección en que puede fluir la información biológica. Se almacena ésta en estructuras hereditarias compuestas de una sustancia conocida por su abreviatura en castellano como ADN, en inglés DNA, y en alemán DNS. A partir de esta substancia, la célula obtiene, primero, otra que oficia de soporte intermediario, conocida por ARN (RNA, RNS), que utiliza a continuación para producir macromoléculas que se ocupan de las reacciones químicas sin las cuales no es posible la vida celular. Esas moléculas se llaman proteínas, y afirma el dogma que sólo reciben, pero nunca emiten información biológica.

¿Qué es la Biología molecular?

En este capítulo, aún habremos de conocer la formulación canónica del dogma, surgida a finales de los años sesenta de manos del británico Francis Crick (1916-2004), quien influyó desde el comienzo en los destinos de la Biología molecular y aun los determinó decisivamente duante muchos años. La disciplina, claro, había recibido ya su nombre antes de la segunda guerra mundial (véase «La chapucería de Delbrück»), pero no tuvo nada sustancial de que informar sino después de 1945. Y entre las tempranas propuestas de cómo entender y practicar eso de la «Biología molecular», se cuenta una de Crick presentada en la primavera de 1947 en el marco de una solicitud de ayudas a la investigación: «El campo específico que despierta mi interés es la división entre vivo y no vivo, tal como se define por ejemplo en proteínas, virus, bacterias y estructura cromosomática. La meta, con seguridad aún distante, es describir su actividad con ayuda de sus respectivas estructuras, y así, en la medida en que sea posible, de la disposición espacial de sus átomos constituyentes. Podría llamarse a esto la Física química de la Biología», o con el término que, de entonces a esta parte, se ha hecho popular: Biología molecular.

Aproximación a los genes

Nadie barruntaba siquiera en 1947 qué éxito alcanzaría un día el programa de investigación así formulado, y aun cinco años más tarde escasamente unos cuantos desconocidos se preocupaban de ideas de ese género. En su mayoría se encontraban en suelo británico, en la Universidad de Cambridge, que venía aplicando y aprovechando sistemáticamente los talentos de los físicos desde que en los años veinte se descubrieran con ayuda de los rayos X las primeras estructuras cristalinas. «Análisis Röntgen de estructuras» sigue sonando hoy a cosa poco interesante, y es fácil imaginarse cuán poco atractivo resultaría ese tipo de investigación a comienzos de los años cincuenta para quienes no estuvieran metidos en el asunto. Añadiendo que a los de dentro se les presentaba como algo sobre todo fatigoso y prolijo, uno se pregunta cómo hubo alguien que se dedicara a semejante área de investigación.

La respuesta se encuentra en una palabra fascinante hasta hoy, «gen», que planteaba a los científicos su mayor desafío después de la segunda guerra mundial. En el politizado período de 1933 a 1945, tenebroso y mortífero, quien encontrara tiempo para atender al desarrollo de las ciencias biológicas habría visto, en el interior de la cultura, justo lo contrario de lo que se representaba en el escenario exterior: miradas esclarecedoras del curso de la vida como nunca se habían alcanzado en la historia. En los años finales de la guerra, se pudieron poner los cimientos de una nueva ciencia que pretendía conocer con precisión molecular cómo procede la herencia y cómo hace la vida para reconstruir en la siguiente generación la ordenación visible en un organismo.

¿Cómo se multiplica la vida? ¿Cómo mantiene sus estructuras? Esas cuestiones ancestrales de los humanos parecían por primera vez accesibles a los métodos experimentales de las ciencias de la naturaleza que aquéllos habían desarrollado entretanto, en calidad de bioquímicos, bacteriólogos, biólogos celulares y fisiólogos, por nombrar sólo algunas disciplinas. Y en el centro de tanto buscar y cavilar, estaba el gen que, desde comienzos del siglo XX, había proporcionado a la unidad hereditaria conceptual un nombre, ciertamente, pero ninguna comprensión de su naturaleza hasta el momento.

Cierto es que el creador del término, el investigador danés en asuntos de herencia Wilhelm Johannsen, aún pensaba haber traído al mundo una magnitud que no cabía medir en micrómetros ni miligramos, haciendo así a las ciencias biológicas independientes de la Física y de la Química; pero ese sueño más bien simplista se esfumó pronto, en cuanto se demostró que las disposiciones hereditarias resultaban influidas por medios químicos y físicos. Por ejemplo, los rayos X podían alterar fuertemente los genes (inducir mutaciones) e influir en ellos de forma sistemática (variaciones), de donde había que sacar por conclusión que los genes tenían que estar presentes en las células en forma de combinaciones atómicas, ¿de qué otro modo podría ser?

Así pues, los genes eran moléculas como se sabía, a más tardar, desde finales de los años treinta. Pero ¿de qué clase? Cuando los biólogos quieren investigar las sustancias que se hallan en el interior de la célula, tienen que preparar con el tejido vivo un puré al que llaman más finamente «preparado homogeneizado». En tales menesteres, siempre acababan teniendo entre manos, sobre todo, una cierta sustancia que se sobreponía a las demás de tal modo que parecía querer decir «yo la primera», y si uno quiere decirlo en griego, «proteína». Esto significa que, a los cultivadores bioquímicos que propusieron esos nombres en los años veinte, les debió hacer gracia sobretodo que la molécula así llamada presentara una actividad descomunalmente diversa, y que sólo se pudiera pescar una suelta en el puré celular con métodos sumamente refinados. Ahora bien, en el mundo de los mitos griegos que retrata la Odisea, había una especie de Viejo del Mar al que tampoco era nada fácil echar mano porque también sabía transformarse en múltiples figuras a discreción. Se llamaba Proteo, y su descripción en el diccionario, «carácter tornadizo, difícil de captar», cuadra bastante con las proteínas, que no podían haber recibido mejor nombre.

Al aumentar los conocimientos sobre proteínas en los años treinta y cuarenta, y asombrarse los bioquímicos de su variabilidad como grupo, no menos que de lo específico de las tareas de cada una, surgió uno de los enigmas de la vida en forma de la siguiente cuestión: ¿cómo producen las células tal maravilla molecular? Elegantes investigaciones que bloqueaban el metabolismo de hongos en puntos diferentes permitieron plantear la hipótesis de que la síntesis de una proteína parte de un gen y depende así de un dispositivo hereditario. ¿Pero cómo depende? Es más, ¿qué era un gen? ¿Y en qué clase de moléculas consiste?

El enigma de la vida

Tales eran las cuestiones que se planteaban los biólogos desde que podían manejar proteínas, y se volvieron cada vez más acuciantes acabada la segunda guerra mundial, cuando Crick llevó al papel las perspectivas de investigación arriba citadas. Aún se tardó algún tiempo hasta arrojar luz sobre la cuestión, en el año 1952. Entonces pudo indicarse de qué estaba compuesto el material genético, de ADN, lo que determinó la siguiente tarea de Crick: averiguar cómo está construido el ADN y qué estructura presenta la molécula.

Aunque esto trajo consigo problemas aún mayores. Cierto que Crick trabajaba en la célebre Universidad de Cambridge, óptimamente dotada en instrumentos y personal para encarar tal cuestión, pero desgraciadamente el tema del ADN estaba copado por otros investigadores, y la superioridad exigió de Crick que investigara la estructura de las proteínas (y además, de aquéllas que Crick consideraba más aburridas, extremo que no se privó de proclamar bien alto).

En tan desdichada situación, fue a caer por Cambridge un joven norteamericano llamado James Watson, contándose entre las historias de la ciencia mejor documentadas —incluso filmadas— la de que, cómo en los meses siguientes los dos riñeron y se reconciliaron como una *odd couple*, para acabar sorprendiendo al mundo en la primavera de 1953, contra toda probabilidad y pese a unos comienzos lamentables a más no poder, con una propuesta que anunciaba una época nueva. Nos referimos a la propuesta de concebir la estructura del material genético ADN como una doble hélice. Cuando una tarde de sábado, tras largas e intensas discusiones, la pareja Watson-Crick vio claro de repente qué aspecto tiene un gen, fuera de sí de pura felicidad corrieron a una taberna cercana, donde hicieron saber a cuantos se hallaran al alcance de su voz que habían resuelto el enigma de la vida.

Para ser más precisos, hay que decir en este punto que fue Crick quien más habló y gesticuló. Watson se notaba más angustiado que eufórico por el triunfo, algo comprensible en quien apenas contaba veinticinco años de edad. Crick, que le llevaba una docena de años, daba rienda suelta a sus sentimientos, trasluciendo de aquel humor de triunfador no sólo una malévola alegría por el fracaso de los escépticos que le habían profetizado una carrera nada brillante como biólogo y previsto más bien el fracaso de sus ideas, pues en su cabeza bullía algo más. Mientras todo el mundo se quedaba embobado ante la elegante belleza del sacacorchos genético, que tal parecía desde fuera, él miraba su interior y la ordenación de componentes que allí se mostraba. Un gen estaba construido como una cadena, y tan frugal conocimiento le parecía más importante que la estética de aquel encaje de bolillos del ADN; sobre todo a la luz de algo que se había logrado atisbar igualmente en Cambridge, aun cuando no recibiera igual atención que la doble hélice. Nos referimos al análisis empleado por el bioquímico Frederick Sanger con la insulina, que funciona como hormona en el cuerpo, aun siendo para el químico una proteína.

Camino al dogma

Hemos dicho que las proteínas pueden adoptar figuras variables, no significando esto sino que pueden encargarse de diversas funciones. Pueden catalizar reacciones químicas, contraer músculos o disolver coágulos, funcionar como parte del sistema inmunitario, transportar oxígeno u oficiar de hormona, como hace por ejemplo la insulina.

Colega de Crick, Sanger andaba por entonces enfrascado en averiguar cómo están construidas las proteínas, habiendo escogido para ello un ejemplar pequeño como la insulina. Antes de ponerse manos a la obra, ya sabía, claro, que siendo macromoléculas, están compuestas de moléculas más pequeñas, así como su identidad química. Se trataba de los llamados aminoácidos, pero se ignoraba cómo se componían. ¿Eran agregaciones casuales o, en otro caso, cómo dependían entre sí?

Enseguida el análisis de Sanger trajo consigo alguna claridad. Las proteínas están construidas en forma de cadenas de aminoácidos y, por inocua que suene esa proposición para un lego, habiéndose descubierto lo mismo simultáneamente en la doble hélice, el hallazgo de Sanger surtió un efecto francamente explosivo en la cabeza de Crick, quien vio de repente cómo dependían entre sí el material genético y sus productos, tales como genes y proteínas: ¡tenían similar estructura! Consistían en cadenas, y ahora todo venía a parar en reconstruir mentalmente el camino que recorría la naturaleza para llegar de una a otra. Crick vio ese programa con toda claridad, y los primeros pasos para llevarlo a cabo consistían en sopesar posibles soportes intermediarios, lo que a su vez planteaba para empezar la pregunta: ¿soportes de qué?

Como habían descubierto los bioquímicos, las proteínas podían cumplir tareas sumamente específicas, lo que movió a hombres como Crick a formular un nuevo concepto, «especificidad de las proteínas», y a tratar de averiguar cómo se alcanzaba. Los experimentos señalaban que las macromoléculas obtenían sus capacidades específicas de la secuencia de sus componentes (los aminoácidos).

Cómo podía ser eso, era un enigma (y lo sigue siendo hoy), pero el hecho era irrefutable. Si la especificidad de las proteínas radica en la disposición de los eslabones de su cadena, otro tanto debía valer para el ADN, conjeturaba Crick, quien acabó por introducir en un momento dado el concepto decisivo sin el que hoy es inconcebible la Biología.

Nos referimos a «información», concepto que había ido ganando significación e importancia como magnitud físico-técnica en los años de la posguerra, estudiado y aprovechado por una disciplina específica, la Cibernética. Ésta se ocupaba de máquinas que no sólo operan mediante un aporte de energía para desempeñar un trabajo, sino que pueden dirigirse mediante informaciones que, a su vez, también pueden transmitir en forma de señal, lo que llevaba a una definición aparentemente sencilla: información es algo que alguien puede entender y que genera por sí misma información.

Con ayuda de ese concepto, Crick *and Company* vieron qué podía hacer un gen: almacenar y transmitir información. La información genética se hallaba en forma de secuencia en los componentes de la molécula llamados ADN, y se transmitía en la especificidad de las proteínas.

En este punto, llamó la atención de Crik que la doble hélice del ADN, ciertamente atractiva y admirable, escondía no obstante su estructura interior.

Postuló por ello que la información se transmitía en dos pasos. Primero, se construye un soporte que la contiene en forma legible y da indicaciones para la construcción de la proteína, llevada a cabo por dispositivos celulares aún por investigar. A grandes rasgos y sin atender a innumerables detalles en el acontecer de la célula, así ocurre efectivamente. Así produce la vida sus herramientas, las proteínas, fluyendo la información de los genes a ellas sin retorno, nunca a la inversa, como anunció en 1968 Crick y celebraron jubilosos los biólogos moleculares.

El segundo dogma de Crick

Ya es asombroso lo que significa para la comprensión científica de la vida el descubrimiento de la doble hélice y del camino que lleva a la producción de proteínas en el sentido del dogma de Crick. Algo que durante siglos fue un acaecer completamente indescifrable, que conjuraba en el plano filosófico conceptos misteriosos como fuerza vital o impulso formativo, podía comprenderse de repente con ayuda de una estructura molecular y efectos fisicoquímicos recíprocos, que no sólo establecían equilibrios energéticos, sino que atendían también a flujos de información.

Es el triunfo de un modo de considerar las cosas que a menudo gusta llamar «reduccionismo», porque logra reducir o retrotraer fenómenos complejos a explicar, como la herencia, a una base simple como la estructura de los genes. Dicho con más exactitud, reduccionismo significa algo más que la posibilidad de tal reducción. Significa además el convencimiento de que esa reducción se logra en todo fenómeno, y sin dejar resto alguno inexplicado.

No es de extrañar que, tras su triunfo en Genética, que le valió el premio Nobel de Medicina, compartido con Watson en 1962, Crick se reafirmara en el parecer de que la idea básica del reduccionismo tiene una vigencia mucho más amplia, sin atender a que su dogma se ha vuelto más bien vulnerable y hoy ya sólo serviría como orientación general a bulto (como tal, sin embargo, tan cierta ahora como entonces).

Crick soñaba con llevar el reduccionismo a plantar sus raíces en las más altas esferas en que los investigadores ponen su vista. Nos referimos al cerebro y su capacidad de dotarnos de conciencia. Crick escribió al respecto un libro entero en que puede leerse «Qué es la mente en realidad» . Comienza con estas palabras: «Este libro trata del misterio de la conciencia: de cómo la conciencia admite explicación científica». Y tal como se suele en ciencia, la investigación comienza con una hipótesis que su autor califica de «asombrosa» y representa lo que podríamos llamar el segundo dogma de Crick. Dirigiéndose al lector, directamente dice:

«Usted, sus alegrías y sufrimientos, sus recuerdos, sus metas, su sentido de identidad y libre albedrío, todo ello se trata en realidad solamente de una gigantesca asociación de neuronas y sus correspondientes moléculas. Quizás la Alicia en el país de las Maravillas de Lewis Carroll lo hubiera dicho así: "No es usted más que un montón de neuronas". Tan lejos queda esa hipótesis de las ideas que se hace de sí la mayoría de los seres humanos que, en verdad, puede calificársela de asombrosa.»

Como es natural, Crick sabe que sobre tales afirmaciones pesa el reproche del reduccionismo, por presuponer que el funcionamiento de las cosas sólo admite explicarse de abajo arriba. Con lo que se quiere decir que los átomos explican cómo pueden ellos hacer las moléculas consistentes, mientras a la inversa, no pueden las moléculas explicar qué aspecto han de ofrecer sus componentes, los átomos.

Crick, empero, puede permanecer impertérrito y responder con su contribución a la Genética. Antes de descubrirse la doble hélice y formularse el dogma, muchos filósofos habían dudado muy seriamente, que se lograra dar alguna vez explicación correcta, o siquiera alguna, a los procesos vitales elementales (reproducción) mediante el funcionamiento de las moléculas. Pero eso justamente es lo que hace una ciencia de éxito como la Biología molecular que Crick y otros han hecho posible, y su existencia prueba que la vida (o una parte) es explicable en términos moleculares. Y entonces ¿por qué no iba a alcanzarse con el misterio de la conciencia lo que había resultado bien con el de la vida?

¿Había resultado bien en realidad? ¿Circula la información en efecto sólo de los genes a las proteínas? Como, sin embargo, es sabido hace mucho que algunas proteínas ayudan a duplicarse a los genes, ¿no devolverán ahí lo que recibieron? Naturalmente que cualquiera de nosotros consiste en neuronas y otras células. Pero ¿no nos pasamos la vida ocupados en cuáles aprovechar y cuáles descuidar? Pues no, sólo hay mente porque le doy un nombre. Y un Crick, sólo porque contamos su historia.

De la naturaleza humana

Los postulados de Koch

En el año de 1890, el médico y microbiólogo Robert Koch (1843-1910) presentó en el X Congreso internacional celebrado en Berlín una conferencia con un título nada pretencioso, que más bien suena anodino: «De la investigación bacteriológica». Con ello se refería Koch a una ciencia nueva que hoy, en forma de Bacteriología, casi pasamos por alto. Frente a la Genética, a la sazón inexistente, o a la Biología molecular, que entretanto se ha hecho hegemónica, da la impresión de ser más bien aburrida, ocupada ante todo en seguir añadiendo y clasificando con precisión más y más bacterias de las muchas que escapan a la vista.

Con todo, cuando se estableció como ciencia, en torno a 1890, gracias a Koch y sus postulados, la Bacteriología representó un gigantesco adelanto para la Medicina (con una colosal consecuencia para la sociedad, una ordenanza imperial de seguridad social).

Digno de notarse, científicamente hablando, es en la Bacteriología que se requiriera para fundarla un completo vuelco en la manera de pensar. Desde la Antigüedad hasta bien entrado el siglo XVIII, se buscó el origen de las enfermedades de otro modo que el actual, secuela del éxito de la Bacteriología. Se estaba convencido de que podía buscarse la salud mediante un apropiado equilibrio de los fluidos corporales. Sólo en el curso del siglo XIX se impuso lentamente la idea de que, en los cuerpos, podían penetrar microorganismos y alterar sus funciones vitales. Se empezó a hablar así de enfermedades infecciosas, y una microscopía de continuo mejorada pronto permitió identificar los primeros gérmenes patógenos.

Koch tuvo particular éxito —con los del carbunco, el cólera y la tuberculosis—, pero también veía que los métodos de comprobación indicaban a menudo la existencia de agentes patógenos, cuando de hecho se trataba sólo de combinaciones artificiales de datos, de artefactos experimentales. Había que andarse con mucho cuidado al fotografiar los preparados, y en su conferencia de 1890 arriba mencionada, Koch señaló los criterios que autorizaban a un investigador a identificar un microbio como agente patógeno. Enumeraba tres condiciones que hoy se conocen como postulados de Koch (donde la cortesía exige mencionar también la figura de su maestro, el patólogo Jakob Henle (1809-1885), quien ya pensaba en esa dirección en 1840).

Dice así Koch: «Si puede comprobarse, primero, que se puede dar con el párasito en cada caso particular de la correspondiente enfermedad y en condiciones que se correspondan con los cambios patológicos y el curso clínico de la enfermedad; segundo, que en ninguna otra enfermedad aparece en calidad de parásito casual y no patógeno; y tercero, que completamente aislado del cuerpo enfermo y propagándose en cultivos puros, suficientemente ricos, es capaz de generar de nuevo la enfermedad en otros cuerpos, entonces ya no podría ser concomitante accidental de la enfermedad y, en ningún caso, cabría concebir otra relación entre parásito y enfermedad que la de causa y efecto».

Por importantes y canónicos que fueran esos postulados en 1890, hoy se ha hecho difícil aplicarlos con todo rigor: ¿Quién, en efecto, trataría hoy de infectar a un ser humano sano con el HIV, agente del sida, para poner a prueba el tercer postulado? Aparte de que la ciencia conoce nuevos métodos de prueba, pongamos por caso haciendo intervenir la microscopía electrónica o pruebas reactivas del sistema inmunológico. Este último aspecto ha llevado a que la Patología moderna añada un cuarto postulado. Éste exige comprobar que el cuerpo infectado haya respondido a la irrupción del presunto agente patógeno con acciones de sus defensas (sistema inmunológico), por ejemplo, aumentando el número de algunas de sus células sanguíneas (glóbulos blancos), con cuya ayuda puede producir los llamados anticuerpos que atrapan al intruso.

Aunque los postulados de Koch exigen mucho, mucho es también lo que han dado a los seres humanos: comprensión de las infecciones y posibilidad de desarrollar terapias contra ellas.

El experimento de Milgram

El psicólogo estadounidense Stanley Milgram (1933-1984) estaba firmemente convencido, es cierto, de que «el ser humano» es bueno, pero sin olvidar por ello que muchos seres humanos pueden obrar con gran maldad. Y aun pueden ser seducidos a actuar con una maldad extrema, de lo que parecía ejemplo modélico en la historia el comportamiento de los alemanes durante su Tercer Imperio: ¿Qué pudo llevar a tantos de ellos a ser vigilantes en campos de concentración? ¿Se podría hacer tales monstruos también de los seres humanos que vivían en las ciudades estadounidenses? Para averiguarlo científicamente, concibió en los años sesenta un experimento que se puede encontrar reseñado bajo la rúbrica «disposición a obedecer a la autoridad». Empezó introduciendo en su instituto a dos actores que representaban a un profesor (correspondientemente caracterizado como persona de autoridad) y a un estudiante. Ambos debían fingir que investigaban si se puede mejorar el éxito escolar mediante castigos.

En este punto, entraban en escena los sujetos experimentales propiamente dichos, a quienes se abordaba en la calle. Se pedía así a personas corrientes, que creían auténticos a profesor y alumno, que ayudaran en el proceso de aprendizaje; en concreto, debían aplicar los castigos que el profesor dictara, con los que pretendía aumentar el éxito del aprendizaje.

Como tales, se contemplaban descargas eléctricas que se administraban apretando un botón y podían incrementarse gradualmente. Ignorantes de que en realidad operaban la carcasa vacía de un aparato simulado, los sujetos podían así maltratar al estudiante, que simulaba ruidosamente sus dolores, hasta con 400 voltios; esto es, administrarle una dosis mortífera si se aplica realmente.

La pregunta de Milbram era si seres humanos sometidos a la influencia de una autoridad, aquí el profesor de aspecto muy profesional y provisto de los correspondientes emblemas, ejecutarían unos castigos que, fuera del Instituto, ellos mismos reconocerían insensatos y desmesuradamente brutales. La respuesta, capaz de hacer tambalearse persistentemente la cordial imagen del ciudadano acomodado, fue que sí. Un sí que llevaba a percatarse de que en cada pequeña ciudad estadounidense se podría encontrar suficiente personal para cubrir la vigilancia de un campo de concentración. Personas que por nada destacan en la vida cotidiana están patentemente dispuestas a ejecutar crueles abusos con sólo que una autoridad (en el caso, un profesor) les convenza de hacerlo por una buena causa (un aprendizaje con éxito). Eso es lo que indica el experimento de Milgram, cuyos resultados, ni que decir tiene, se cuestionaron de muchos modos y por ello se repitió a menudo: con el resultado de que eran acertados los del experimento original. En una de esas ocasiones, se decidió conseguir como sujetos a personas que se tuvieran por liberales y con mucho mundo. Quizás la disposición a la crueldad descubierta por Milbram, o al menos tal era la esperanza, radicara en un origen y unas actitudes pequeño-burguesas. Los resultados experimentales indicaron, sin embargo, más bien lo contrario: una mayor obediencia del «liberal de boquilla», como gustan de llamarles sus adversarios. En todo caso, representantes de ese grupo estuvieron dispuestos a aplicar los castigos máximos antes que aquéllos a quienes a menudo se desprecia por hipócritas y filisteos.

El experimento de Milbram nos deja sin habla, debiendo mencionarse aún a título de detalle que la disposición a administrar la intensidad mortífera dependía de qué contacto hubieran mantenido los sujetos con el presunto estudiante a castigar. Cuanto más estrecha, más vacilaban en hacer pasar por su cuerpo una descarga realmente potente. Al aumentar la cercanía, se imponía en algún momento la impresión de que allí no sufría un estudiante en abstracto, sino un ser humano concreto como cada cual. Sólo cuando los sujetos podían mirar a los ojos al ser de carne y hueso que tenían delante, se percataban de lo que estaban haciendo y acababan con aquello.

El troquelado de Lorenz

Konrad Lorenz (1903-1989), el Papá Oca oriundo de Austria y primer investigador del comportamiento premiado con el Nobel de Medicina, en 1973, se había hecho mundialmente conocido diez años antes cuando apareció y su libro «*Das sogennante Böse*»* se convirtió en un éxito. Describe el autor a la agresión como un impulso humano que actúa de dentro afuera, que exige satisfacción a intervalos periódicos, como hambre o sexo, y que no puede borrarse de la faz de la tierra mediante esfuerzos educativos. Además, Lorenz dedicó a su mujer el libro, escrito «por estar interesado en la agresión, pero no en general, sino en cuanto raíz del amor conyugal».

Tras la aparición del *Pretendido mal*, se discutió mucho y acaloradamente en torno a Lorenz, porque observaba detalles del comportamiento animal y explicaba, a partir de ellos, modos de conducta humanos. Cuando presentó en 1977 su grandioso «ensayo de historia natural del conocimiento humano» con el título *Die Rückseite des Spiegels,* «El envés del espejo», se puso en contra definitivamente a los filósofos. Y eso que esta vez no se había arriesgado a pasarse de ninguna raya a la ligera, sino a probarle al pensamiento puro clamorosos puntos débiles, pues su libro trae a la epistemología más avances

* Como mero reclamo de miradas migratorias, el título alemán puede entenderse «Lo que se llama el mal», sin duda intelectualmente más amplio y editorialmente más sugerente. La edición española se llamó «La agresión, el pretendido mal». Con respecto a otro título que enseguida aparece, publicado en castellano en 1973 como «La otra cara del espejo», el original alemán es «El envés del espejo» o en todo caso «la cara de atrás», pero desde luego nunca «otra», diferencia obvia en cuanto se para uno a mirar. (*N. del t.*)

que los especialistas del gremio en los últimos cien años. Lorenz les hace notar que habían olvidado o reprimido una dimensión esencial, la del tiempo, que la vida aprovecha para evolucionar. Con esa apertura, se ofrecía la posibilidad de una teoría evolucionista del conocimiento, algo que para Lorenz se entendía de por sí, pues «para el investigador de la naturaleza el ser humano es un ser vivo que debe sus cualidades y logros, incluyendo sus facultades superiores de conocimiento, a la evolución, a esa mudanza prolongada durante eones, en cuyo curso todos los organismos se han enfrentado a lo que les venía dado por la realidad y, como suele decirse, se han adaptado a ello. Este acontecer, descendencia e historia a una, es un preámbulo del conocimiento, pues cada adaptación a algo dado por la realidad externa significa que el sistema orgánico ha recogido cierta medida de "información sobre" algo».

Por grandiosas que suenen esas frases, el investigador Lorenz empezó muy modestamente. Sus primeros trabajos científicos contienen *Observaciones sobre lo inteligente de conductas instintivas específicas en aves* o sobre *El comportamiento en libertad de garzas nocturnas domésticas* por citar algunos ejemplos de comienzos de los años treinta. En el curso de esas investigaciones, Lorenz descubrió su amor por los gansos grises, que le llevó a una observación particular: cierto día vio cómo un gansarón salía arrastrándose del huevo. De repente, «saludó» a su observador —es decir, que inclinaba la cabeza y graznaba un poco— y luego ya no se apartó de él. Todos los intentos de meterle en el plumón de su madre fracasaron. El pequeño gansarón seguía a Lorenz dondequiera que fuese. Por las buenas o por las malas, tuvo que adoptarlo, le llamó «Martina» y, con su ayuda, pudo comprender científicamente por primera vez un comportamiento que hoy se llama «troquelado» y ofrece un fenómeno fundamental del comportamiento animal.

El troquelado, la vinculación al primer objeto visto tras el nacimiento, comienza con un estímulo clave que ha de tener una forma determinada y aparecer en un determinado momento. El truco sólo funciona con algo que sea mayor que un ganso, lo que significa que, por ese lado, Martina correría no sólo tras el profesor Lorenz, sino tras cualquier ser humano. Y sólo puede resultar, también en el caso del ser humano, durante una fase llamada por eso crítica, aunque no obstante puede hacerse reversible en casos aislados, aparte de que nosotros también somos moldeables de otras maneras.

El reflejo de Paulov

Si se le preguntara a alguien en un concurso radiofónico por qué recibió el premio Nobel de Medicina en 1904 el psicólogo ruso Ivan Paulov (1849-1936), seguro que respondería «por sus trabajos con perros y el descubrimiento del reflejo condicionado». El experimento clásico que Paulov emprendió para tal fin se ha descrito repetidamente y es de sobra conocido: se hace sonar ante un perro una campana que, inicialmente, no tiene ninguna repercusión en su flujo de saliva, como es natural. Más adelante, justo a continuación de la señal sonora, se le administra comida que el perro, un cachorro en el caso de Paulov, se zampa tan contento. Se repite el proceso —esto es, tras sonar la campana viene la comida— varias veces espaciadas hasta que, por último, solamente hay el sonido de campana. Y entonces el perro segrega, ante el sonido de la campana nada más, una saliva que, naturalmente, sólo necesita para prepararse a comer.

Paulov llamó a ese reflejo «condicionado», siendo en su clásico experimento «estímulo condicionante» el sonido que suscita la sorprendente reacción del perro. Desde esa célebre observación, muchos seres humanos piensan o temen ser condicionables, y así, ser adiestrados sin enterarse mediante el estímulo apropiado, y preparado supongamos por los ocultos seductores de la publicidad. La posibilidad de manipular a discreción a seres humanos, sin embargo, es una leyenda, aunque al oír el nombre de Paulov, pensemos en un perro por puro reflejo y aunque también supongamos automáticamente que Paulov recibiría su premio Nobel por ese descubrimiento del reflejo condicionado. Aunque esto sea imposible, puesto que el psicólogo ya había sido escogido por Estocolmo en 1904, pero no empezó con su célebre experimento hasta un año más tarde.

Que en la realidad histórica fueran sus investigaciones sobre el sistema digestivo las que se estimaran merecedoras del premio Nobel, no resulta tan interesante a nuestros efectos como el hecho de que, a continuación, se dedicara a sus perros, hace mucho legendarios, y sus reflejos, y emprendiera el siguiente experimento: «La tarea primera y más importante que tenemos ante nosotros consiste en desprendernos de la inclinacion natural a trasladar nuestro propio punto de vista subjetivo a las reacciones del animal en el experimento, y en poner, por el contrario, toda nuestra atención en la correlación entre fenómenos externos y reacción del organismo».

Descubierto el condicionamiento, Paulov empleó muchos años en determinar sus límites. Experimentó con diversas condiciones estimulares, pero sólo para comprobar que la cosa estaba ante todo en la secuencia de estímulos.

Como es natural, el psicólogo ruso volvió su atención en un momento dado al ser humano y estudió, entre otras cosas, la situación en que una descarga eléctrica aumenta la frecuencia con que late nuestro corazón. Tocando la famosa campana poco antes de la descarga, pronto el sonido mismo puede acelerar las pulsaciones.

La pregunta más intrigante es cuánto de lo que aprendemos se nos transmite por condicionamiento. Un lactante, que normalmente mira a su madre mientras le acuna, aprende por ejemplo a asociar el rostro de la madre con el placer de ingerir alimento. Mediante ese condicionamiento, el rostro mismo llega a suscitar el mismo sentimiento agradable, como dicen en la literatura, sin explicarnos si podemos cancelar tales asociaciones ni cómo.

Hoy se puede seguir el rastro del reflejo pauloviano en el cuerpo humano hasta en su sistema inmunológico, cuya actividad aumenta si se le inyectan hormonas, y cuando se le administran moléculas de ese tipo junto con efervescentes, las defensas del cuerpo acaban reaccionando ante la presencia del efervescente sólo. Es como si el alma pudiera hablar con el cuerpo.

Peculiaridades de la historia

El principio de Planck

En una conferencia del año 1935 en que ofrecía a sus oyentes «Recuerdos personales de viejos tiempos», Max Planck dio algunos atisbos de su estado de ánimo en dos etapas de su vida en que le invadió la pesadumbre. Admitió sin paliativos la profunda decepción que se apoderó de su corazón al comprobar que ni su tesis ni su memoria de habilitación docente dejaban huella alguna en los círculos de su especialidad. El interés por unos hallazgos que a él le parecían tan prometedores y le llenaban de optimismo fue «igual a cero», como hubo de comprobar consternado. De sus profesores «ninguno mostraba la menor comprensión del contenido», y aun sospechaba Planck que el más notable, el «canciller de la Física» Hermann von Helmholtz, ni siquiera había leído esos textos.

Pero Planck no sólo expone en esa conferencia las más hondas simas de su vida, sino también recuerdos de momentos culminantes del desarrollo científico; por ejemplo, cuando cuenta de la enérgica confrontación habida a principios del siglo XX en torno a una cuestión a la que hoy se sabe responder muy bien: cómo explicar que el calor siempre fluya de un punto más caliente a otro más frío y nunca al revés. ¿Puede referirse ese camino de la energía al movimiento de los átomos?

Holgándose así en sus recuerdos y recreándose en los años vividos, que a la sazón pasaban de setenta, le sobreviene un pensamiento sobrecogedor que formula con suma discreción y casi de pasada. Le llamaremos principio de Planck, en este caso no un principio físico, sino de historia de la ciencia, y comenzaremos citando literalmente qué «hecho digno de notarse» es ése que

Planck considera confirmado por su experiencia personal: «Una verdad científica nueva no suele imponerse convenciendo a sus adversarios, de suerte que admitan habérseles enseñado algo, sino más bien al ir muriendo éstos paulatinamente y familiarizándose por adelantado con esa verdad la generación que les sustituirá».

La cuestión que un historiador puede plantear y tratar de responder es entonces, obviamente, si acierta Planck en lo que ahí escribe, algo que por lo demás no suena muy halagüeño que digamos para su gremio, sino que más bien le supone una cierta cerrazón.

El personaje Planck

Vale suponer que Planck no se excluyera en absoluto de ese principio, fundamentalmente deprimente. Se puede imaginar que advirtiera ese estado de cosas primero en sí mismo (y es probable que reprochándoselo como un defecto). Cierto que no sólo el mundo científico en su totalidad, sino también el público culto en general, le celebraban como padre de la Mecánica cuántica, a quien el rey de Suecia había honrado en Estocolmo en 1918 armándole caballero de la orden del Nobel con el premio de Física, pero en su fuero interno Planck no sabía cómo arreglárselas con lo que había descubierto y planteado públicamente: un elemento de discontinuidad que permitía a la naturaleza saltos cuánticos, en los que sólo cabía establecer balances energéticos que han de quedar por fuerza indeterminados. Sabía perfectamente qué distinguía a la vieja generación de la Mecánica cuántica, representada entre otros por Albert Einstein, Erwin Schrödinger y él mismo, de la tropa de refresco que llegaba con Werner Heisenberg, Wolfgang Pauli y otros, como sabía que la Física clásica del siglo XIX se había llevado consigo el corazón de los viejos físicos que también querían conservar sus otros amores. Como Einstein o Schrodinger, Planck tampoco sería feliz jamás con teorías abstractas, y no cejaría sino con la muerte en sus muchos intentos de «incorporar el cuanto de acción de algún modo al edificio de la Física clásica».

¿Es tan imposible como lo pinta Planck enseñarle algo a un científico? Hay quien piensa que Planck acierta de lleno: en eso, los físicos no se distinguen del común de los humanos, donde muchos son los que hacen oídos sordos cuando se les quiere explicar que el sistema métrico europeo de metros y kilómetros es más fácil de manejar que el norteamericano de millas y yardas, como lo son las temperaturas en grados Celsius más que en Fahrenheit. No obstante, en la ciencia como en la vida cotidiana, hay excepciones y, en lo que atañe a esa cuestión en concreto, la reeducación de adultos en Física cuántica, hay al menos dos grandes figuras que es forzoso exceptuar, pues supieron cómo conmutar de la Física clásica a la moderna. Nos referimos a Niels Bohr y Max Born, que pasaron lo suyo en esa remodelación de su pensamiento, pero se sobrepusieron, y de ese modo refutan en parte la dura sentencia que dicta el principio de Planck sobre la comunidad científica entera.

El ejemplo de Planck

¿Qué panorama ofrece el ejemplo que Planck discute en su citada conferencia, justo antes de formular esa idea acerca de la historia de la ciencia, ya sea perspicaz visión o conjetura? Se trata del área que los físicos conocen con el nombre de teoría del calor o Termodinámica, la especialidad de Planck. Para captar desde la perspectiva actual la discusión planteada a finales del siglo XIX acerca de cómo entender el movimiento del calor, la conducción calórica en un metal o fluido, es preciso borrar una idea asentada hoy en nuestras cabezas, pero a la sazón particularmente discutida: que lo visible consiste en átomos invisibles.

Mientras hoy estamos plenamente familiarizados por razones varias con el concepto «átomo», en vísperas del siglo XX aún planteaba serias dudas. El físico Ernst Mach, por ejemplo, preguntaba con sarcasmo a los partidarios de una naturaleza atomística si alguna vez habían visto un átomo.

La respuesta, naturalmente, reza siempre «no», y ésa es una de las dificultades. ¿Cómo vamos a saber que hay átomos si nunca podemos verlos? ¿Cómo y cuándo hacen suya esa idea, cuya demostración no es en absoluto cosa baladí, primero un individuo y luego una cultura entera, la nuestra?

En la conferencia citada al principio, Planck describe cómo la discusión acabó por centrarse en dos contendientes: el físico vienés Ludwig Boltzmann y el químico Wilhelm Ostwald, profesor en Leipzig.

Mientras Boltzmann quería interpretarlo todo con átomos discretos, Ostwald explicaba todo mediante formas continuas de energía, desplegando ambos en la pugna refinados argumentos. Aunque merecería la pena seguirlos, ahora recalcaremos otro punto, que en este asunto la ciencia de la naturaleza no estaba aún en situación de hacer intervenir su armamento pesado para dirimir la contienda. Nos referimos, claro, al experimento. Hubo que esperar hasta 1905 para que, gracias a una teoría de Einstein, se supiera cómo contar átomos directamente y hacer estimaciones concretas de sus magnitudes. Triunfo memorable que dio ocasión a Einstein para hacer la paradójica observación de que no hay nada más práctico que una buena teoría.

Así pues, a partir de 1905, estaba claro, gracias a ciertos experimentos, que hay efectivamente átomos y que ningún físico podía ya dudar efectivamente de su existencia. Aun así, Planck minusvalora con ese principio suyo a sus colegas, quizás más escépticos que otros seres humanos frente a las innovaciones demasiado apresuradas, terquedad que sólo es comprensible por haber necesitado generalmente largo tiempo para alcanzar la posición y defenderla luego. Quien sea escéptico de entrada frente a los átomos no se sumará al momento al coro de quienes entonan salmos de alabanza, sólo porque un experimento realizado en alguna parte lo reclame. Eso pueden y tienen que dejárselo los investigadores forzosamente a otros; en el caso de los átomos, pongamos que al escritor H. G. Wells, quien ya antes de la primera guerra mundial, cuando los físicos aún no tenían ni la más remota idea de cómo entender los átomos o de cómo obtenerlos de forma estable, ya se hacía en sus novelas grandiosas figuraciones de cómo aprovechar su energía. Los investigadores no disparan tan rápido y sin rumiarlo antes; y mucho menos si donde nacen y pacen es en Prusia.

El material genético

Que existan átomos y que la naturaleza dé saltos son huesos duros de roer que pueden atragantárseles a los científicos. Ambas expresiones señalan un tipo de procesos en la ciencia que de hecho aún admite caracterizarse con un concepto cuyo empleo habitual se hace un tanto abusivamente: «revolución». Puede ser, claro, que el principio de Planck comprenda el discurrir de la ciencia cuando experimenta un vuelco revolucionario. Para probar tal hipótesis, podemos volver la vista a la nueva Biología que se perfila desde los años treinta en forma de Biología molecular, y que hasta la fecha sigue recalcando gustosamente su carácter revolucionario.

Ante la pregunta de cuándo ha sobrevenido en la historia más reciente de la Biología algún vuelco semejante, se podría señalar el proceso por el que los biólogos llegaron a dar respuesta a la cuestión ¿de qué se compone el material genético? El tema interesaba desde comienzos del siglo XX, cuando se estableció en forma de Genética la ciencia de la herencia biológica. Y hasta la época de la segunda guerra mundial, la respuesta que la mayoría de biólogos tenía por cierta se llamaba proteína. Ese neologismo expresa, con ayuda de una raíz griega, que se trata de una substancia que desempeña un papel «protagonista» o «primero». Tan pronto un biólogo destruía alguna célula o tejido celular, salían fluyendo sus proteínas, haciendo evidente que eran de señalada importancia para la vida. Cuando las investigaciones químicas de las proteínas arrojaron el resultado de que se trataba de refinadas estructuras en que una veintena de componentes se encadenaban de las más diversas maneras, no quedaba lejos suponer que debían considerarse la substancia de que están hechos los genes. El problema parecía resuelto.

De todas formas, no hubo un experimento concreto al respecto antes del año 1943. En esas fechas, bioquímicos y médicos, agrupados en torno a Oswald Avery en New York, señalaron para sorpresa general que había un agente patógeno en el que también intervenía en los caracteres hereditarios otra sustancia química. Una que podía identificarse como un ácido de nombre muy largo que hoy sólo usamos abreviado en ADN (DNA, DNS). Hoy sabemos que los genes se componen de ese ácido desoxirribonucleico, pero en los años cuarenta nadie sabía ni por dónde empezar con esa información. Así, muchos biólogos se mantuvieron más bien escépticos. Por una parte, el ADN está constituido solamente por cuatro componentes, ¿y cómo iba a almacenar el mensaje de los genes una molécula tan insulsa? Y en segundo lugar, sólo se había demostrado que el ADN forma parte del material genético, no que éste consistiera sólo en ADN, algo que no se logró hasta 1952. Si ahora se quiere poner a prueba el principio de Planck, se podría preguntar cómo se comportaron los biólogos en ese año de cambio.

La respuesta malamente cae del lado de Planck. Casi todos los biólogos aceptaron, con verdadera rapidez, que había una nueva molécula principal en asuntos de herencia. Y aunque no faltó quien siguiera buscando durante largo tiempo defectos o imprecisiones en los experimentos, como cumple a una buena práctica investigadora, la convicción de que las proteínas eran la molécula genética se fue a la tumba más sola que la una.

La aceptación de la evolución

Por dramático que nos parezca el vuelco asociado al surgimiento de la Biología molecular, el cambio mayor que haya hecho la Biología ocurrió cuando algunos de sus representantes comenzaron a concebir la idea de evolución en el siglo XIX. Con ella, las muchas formas de vida existentes dejaban de retrotraerse a un único acto de creación (divina), para haber surgido de predecesores más simples en el curso de una historia llena de peripecias, en la que desempeñaban un papel importante tanto el azar como la necesidad.

La teoría de la evolución biológica ofrece una grandiosa construcción intelectual con cuya ayuda se comprende espléndidamente la multiplicidad de la vida. En nada merma su brillo como tal punto de partida añadir a continuación que los correspondientes mecanismos no están aclarados por completo y en todos sus detalles. La tarea es demasiado grande y el tiempo demasiado breve. Así es que no hacemos esta observación por arañarle los muebles nuevos, sino por dejar claro que el paso decisivo para alcanzar esa idea nunca ha estado en señalar tales mecanismos. El logro decisivo de los biólogos del siglo XIX consistió en echar a un lado un antiguo armatoste que había dejado en mitad del camino del pensamiento un filósofo griego, Platón, quien declaraba inesenciales a las tornadizas formas vivientes, y esenciales, a las correspondientes ideas. Lo importante no era un caballo, sino la idea de caballo, con cuya ayuda podemos reconocer al animal concreto que hay en el prado, y esa idea es eterna. Lo importante no era una rosa, sino la idea de rosa con cuya ayuda podemos reconocer la flor que tenemos en la mano, y esa idea es eterna. Y así se puede seguir pensando ideas semejantes, eternamente.

Cuando la religión cristiana puso en marcha el mundo en una semana de actividades creativas, vinieron a coincidir el punto de vista religioso y el filosófico en este asunto, con la consecuencia de que la inmutabilidad de las especies vino a ser más que ley natural, una certeza intocable e inconmovible del ser humano del hemisferio occidental.

Fue preciso llegar hasta 1800 para abrir una brecha en esa alta y firme muralla platónico-cristiana, y el héroe que lo logró primero fue el francés Jean Baptiste Lamarck, a quien no honramos como padre de la evolución tan sólo porque aproximadamente medio siglo más tarde, hacia 1859, el británico Charles Darwin supo describir más adecuada y pormenorizadamente cómo cambian y se adaptan las especies en el curso de su historia.

Así, lo que pusieron en marcha Lamarck y Darwin debería ofrecer buena ocasión para probar el principio de Planck, pues bien cabe pensar que alguien, habiendo creído toda su vida en un origen divino del hombre y la correspondiente inmutabilidad, encontrara muy trabajoso mudarse de esa creencia a incompletas explicaciones de historia natural con su correspondiente mutabilidad constante.

De hecho, fueron muchos los biólogos de la época que inicialmente vacilaron en sacar esa actividad suya, que hacia 1800 aún se llamaba oficialmente teología natural y como tal se entendía, fuera del marco religioso en que hasta entonces se las arreglaban bastante bien. Y una vez más, esas primeras indicaciones acerca de la mutabilidad de las especies no ofrecían aún evidencia convincente, algo a lo que no renunciará en ninguna circunstancia un auténtico investigador de la naturaleza. Pero, en conjunto, se puede comprobar, incluso cuantitativamente, que ese principio de Planck comprende a lo sumo lo que él mismo entendía como caso especial de la Mecánica cuántica que le había tocado vivir, sin pretender una vigencia general.

La deriva continental y otras locuras

Al abordar en esta perspectiva otros vuelcos en el pensamiento científico que le son familiares al público culto de hoy —la idea de la movilidad de los continentes, que hoy se llama tectónica de placas; una historia de la Tierra que admite glaciaciones y les asigna un papel en la configuración de las montañas; la observación de que nuestra Vía Láctea no es la única galaxia del Universo; la comprobación de que hay más luz invisible que visible gracias a los rayos X y las ondas de radio, y tantos otros—, se hallará siempre que Planck ha subestimado irritantemente las cualidades de sus colegas.

Puede que el principio de Planck no sea utilizable en historia de la ciencia, pero apunta a algo que pasa constantemente. Recordemos sus palabras: «Una verdad científica nueva no suele imponerse convenciendo a sus adversarios de suerte que admitan habérseles enseñado algo, sino más bien al ir muriendo éstos paulatinamente y familiarizándose por adelantado con esa verdad la generación que les seguirá».

Esas palabras nos plantean una cuestión: cómo llega a familiarizarse con la verdad una generación siguiente. ¿Qué quiere decir ahí familiarizarse? ¿Estamos familiarizados nosotros con los átomos? ¿Con las glaciaciones y sus repercusiones? ¿Con los genes o las proteínas? ¿ Nos son familiares unas dimensiones cósmicas que se indican en miles de millones de años?

El modo científico de proceder nos ha traído muchos conocimientos, que en las ciencias físicas van desde el emplazamiento central del Sol (Nicolás Copérnico y Johannes Kepler), pasando por la gravitación terrestre (Isaac Newton), hasta la propiedad del cosmos de ser un espacio-tiempo (Albert Einstein). Más o menos en las mismas épocas nos han señalado las ciencias de la vida, primero, que consistimos en células, y luego, que estamos dentro de una gran línea evolutiva, y que hemos recibido de ella un cerebro capaz tanto de hablar como de ver por encima de la naturaleza para ir más lejos.

Hasta el presente, cada sucesiva generación ha venido familiarizándose con alguna verdad nueva y asombrosa, y así volverá a ocurrir siempre. Pero ¿cómo? ¿Cómo aprendemos, no a título de individuos que leen libros o buscan en Internet, sino todo eso que junto podemos llamar luego conocimiento humano? Pues cada generación ha de ganarlo de nuevo o, en otro caso, el conocimiento muere con las personas.

Las tres heridas de Freud

Al ver el nombre de Sigmund Freud (1856-1939) aparecer en relación con el demonio de Maxwell y el gato de Schrödinger, lo primero que muchos pensarán es que se trata de uno de los famosos lapsus freudianos, ésos que aparentemente se nos suelen escapar delatando lo que preferiríamos guardarnos para nosotros y mantener escondido a los demás. Nuestro inconsciente nos gasta jugarretas, haciéndonos decir lindezas como «es la primera vez que aparentan en público después de la boda» o «el nuevo director ya tiene el respaldo que me era tan necesario».* Lo que resulta penoso ahí es que parece como si nuestras palabras nos hicieran *ex*-presar lo que más bien quisiéramos represar o *sub*-primir. En todo caso, eso es lo que nos dice el psicoanálisis fundado por Freud, cuyos representantes sin duda habrían sonreído maliciosos cuando en una conferencia que debía dar yo, en sustitución de un estimado colega a quien se le hizo imposible acudir en esa fecha, el profesor Hans Robert Jauss, empecé con un lapsus que no me hará famoso diciendo que, por desgracia, hoy no podrá hablarles el profesor Hans Jobert Rauss.**

Abundan los ejemplos de este tipo, ciertamente, y hablar de «lapsus freudianos» es algo que persiste obstinadamente en la vida cotidiana. No obstan-

* Substituyo los originales por parecidos especímenes locales oídos por ahí. (*N. del t.*)

** *Jobber* puede significar especulador, o también trabajador temporero que no es del oficio, sino de lo que salga, y *raus*, «afuera»; conque el conjunto vendría a sonar «hoy no podrá hablarles el profesor Juan, fuera especuladores» (o temporeros, o aficionados). (*N. del t.*)

te, hace mucho que la ciencia lingüística puede explicar de otra manera, y mucho más convincente, qué pasa por la cabeza en tales casos cuando se está hablando. Buscar palabras y formas oracionales es proceso sumamente complicado en que, una y otra vez, pueden sobrevenir en uno u otro punto errores de montaje. Pero sólo nos llaman particularmente la atención cuando resulta un sentido notable que posiblemente podríamos aprovechar también contra el que habla. La interpretación freudiana —que en estos y otros actos fallidos irrumpe desde lo profundo de lo inconsciente lo que allí hemos reprimido y expulsado y queremos olvidar— es poco convincente, aunque sólo fuera porque es un insulto a lo inconsciente. En esa parte de nuestro saber que se hurta a nuestra conciencia, se esconden en cualquier momento dado, como es natural, un montón de experiencias personales, todo aquello que uno puede sacar de su memoria y contar de su vida en forma de historia. Sin embargo, el patrimonio de capacidades humanas que no está presente de continuo ni disponible a voluntad no ofrece sólo un discreto reservado para recuerdos reprimidos. Además, lo inconsciente contiene gran número de formas lógicas y patrones de representación que forman parte del tesoro colectivo del conocimiento humano, y que podemos y tenemos que activar para llegar a conocer algo (véase «La prohibición de Pauli»).

La idea de que, junto a la cara diurna del pensamiento hay una nocturna que se hurta a la luz de la lámpara llamada conciencia, se remonta más allá de Freud hasta los inicios del siglo XIX, época en que se intensificó la corriente que llamamos Romanticismo, que abarca más que música, pintura y literatura. En el Romanticismo, se trata con la realidad de otro modo que en el marco de la razonable Ilustración que le precedió, que se clasificaba a sí misma como realista y racional. Con ello se quiere decir que los científicos románticos se preguntan por los límites de la razón, algo en ningún caso irrazonable. Y una vez alguien ha llegado a la idea general de que entre cielo y tierra hay más de lo que pueda aprender la sabiduría libresca de un ser humano, la idea puede concretarse en un buen zahorí, de los que sí encuentran. A los representantes del Romanticismo les llamaba la atención que los destinos individuales poco tienen que ver con las leyes naturales generales, que proceden de la razón humana. Ya pueden construirse las ciencias racionales y calculables, que la vida singular seguirá siendo incalculable y se sustraerá, por consiguiente, a todo acercamiento racional, permaneciendo pues irracional. En otras palabras, un proceder racional consecuente me lleva en último término a descubrir lo irracional, movimiento éste del pensamiento que admite prolongarse. Topamos así con lo inconsciente mediante investigación consciente, y mirando entonces a la naturaleza visible, no queda lejos la idea de que oculte tras de sí comarcas invisibles. Esa es una de las ideas fundamentales del Romanticismo, cuyos representantes hablan de un segundo par de ojos de que estamos dotados, el primero para el día y, éste otro, la mirada interior, para la noche. Así es plausible la idea de que la mirada exterior pertenece al individuo y solo ve allá adonde vuelva su cabeza, en tanto la interior pertenece a todos los seres humanos y reconoce lo que todos pueden alcanzar a ver.

El enigma de Edipo

Quizás el enigma de la descomunal popularidad de Freud se resuelva atendiendo a que sus partidarios le honran como a romántico que reniega de una manera científica de proceder. Aun cuando fuera cierto, empero, seguiría sin aclarar por qué puede mantener esa popularidad hasta hoy tras haber podido mostrar la investigación psicológica seria en los últimos decenios que su teoría llamada psicoanálisis, primero, se ha vuelto frágil; segundo, perjudica más que aprovecha a sus pacientes; y tercero, se apoya en historias clínicas inventadas libremente (algo a lo que podría llamarse también «embustes»). Lo que Freud escribió puede valer algo como literatura, claro, pero el calificativo «científico» es algo que sólo con mucha cautela y en sentido restringido debiera emplearse en relación con su psicología profunda. De hecho, Freud se fundó en un error cuando, a fines del siglo XIX, quiso lograr para la psique lo que habían hecho los físicos de su tiempo con su contrapartida la fisis, la materia corpórea. Freud quiso trasladar el principio de conservación de la energía a la mente. Por desgracia, ahí no hay tal, como ciertamente sabe la Física, pero aún no se dice suficientemente entre muchos de los seguidores de Freud.

El fundador del psicoanálisis debe su celebridad ante todo a sus interpretaciones sexuales. Incluso quienes nada entienden de ninguna clase de investigaciones físicas acerca de la naturaleza conocen la envidia de pene y se ponen a trastear tan contentos con conceptos freudianos, como las fases oral, anal y fálica, que atraviesan los niños en el desarrollo de su sexualidad para que, en un momento dado, les pille un complejo de Edipo y les deje marcados.

Se entiende por tal el amor de motivación sexual del hijo hacia la madre, que hace su entrada acompañado por la angustia de castración. Según Freud, todos hemos de aprender a domar ese complejo, y algo queda de esa lucha en aquéllos de nosotros que somos neuróticos (además, quien no se acuerde de haber codiciado edípicamente a su madre es sólo porque ha reprimido su deseo, como dice la teoría freudiana, que de ese modo logra a la vez ser irrefutable y acientífica).

«Una dificultad del psicoanálisis»

Ciertamente se señaló muy pronto que Freud no había partido de hechos observados, remontándose de ellos hasta un mito para explicarlo, sino que, a la inversa, había inventado un mito para hacer comprensibles hechos igualmente inventados. Todo ello no ha impedido, empero, que nuestro entero ámbito cultural haya mirado el complejo de Edipo como sana doctrina y aún siga creyendo en parte en tal insensatez.

Como tampoco ha estorbado a la teoría freudiana y su difusión que muchos de sus pacientes declinaran una explicación de sus problemas mediante inconscientes experiencias o tendencias sexuales. Incluso les daba miedo. Sin que el maestro vienés, empero, sacara provecho de tales actitudes de rechazo, recapacitando sus ideas, ¡al contrario! Miró la resistencia de sus pacientes como prueba de lo acertado de sus ideas, y hasta se hizo un monumento en su respuesta, de lo que tratan las siguientes páginas.

«Una dificultad del psicoanálisis» lleva por título un artículo de Freud del año 1917 en que entra a tratar la enojosa observación de que los pacientes rehusan sus interpretaciones. Situación de la que a Freud sólo le interesaba él mismo, no los pacientes, a cuyos males añadió el de su sarcasmo, interpretando como malestar pequeño-burgués las dudas que, acerca de su grandiosa interpretación de la mente, surgían en un ser humano que pedía su consejo. Y como Freud estaba ocupado en admirar la grandeza de su propia teoría, le dio al caso dimensiones históricas y la entronizó a una altura descomunal. Freud se situó a sí mismo en pie de igualdad en una serie que incluía a Nicolás Copérnico y al inmortal Charles Darwin, afirmando haber alcanzado lo mismo que ambas estrellas de la ciencia, a saber, herir al ser humano en su amor propio.

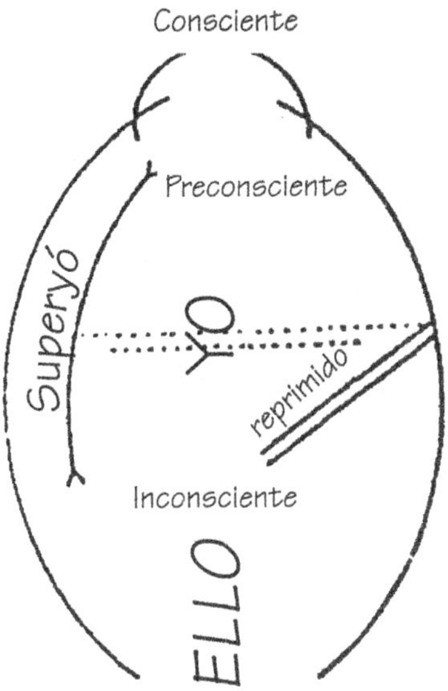

Yo, Ello, Superyó, en un esquema de Freud.

Empieza Freud escribiendo: «En el curso de los tiempos, la Humanidad ha tenido que sufrir de la Ciencia dos grandes heridas en su ingenuo amor propio. La primera, cuando se enteró de que nuestra Tierra no es el centro del universo ...; la segunda, más tarde, cuando la investigación biológica redujo a la nada la presunta primacía del ser humano en la Creación, remitiéndole a la condición de descendiente del reino animal». Para pasar a continuación a coronarse a sí mismo y el párrafo con estas palabras: «La tercera y más sensible, sin embargo, debe recibirla el humano delirio de grandeza de manos de la actual investigación psicológica, que pretende demostrarle al Yo que ni siquiera es señor de su propia casa».

Las tres heridas de Freud

Freud lo pensaba en serio. A su modo de ver ambas ideas, la imagen heliocéntrica del mundo, como la idea de especies mudables con el curso de las generaciones, habían infligido sendas heridas muy serias al narcisismo humano. Según Freud, Copérnico había mostrado a los seres humanos que no se hallaban en el centro del universo, y Darwin les había prohibido mirarse en adelante como la cumbre del reino animal, la corona de la creación; en cuanto a Freud mismo, el padre del psicoanálisis había puesto en claro que el ser humano ni siquiera era amo en su propia casa. Su pensamiento conscientemente planeado surge de fuentes ocultas, y lo que de esa oscuridad mana decide cómo escogemos comportarnos y actuar. La razón es por tanto para los seres humanos como el latín que se aprobó en el bachillerato, algo que todos tienen acreditado, pero no se les nota nada.

Renunciamos aquí a preguntarnos cómo puede un médico enorgullecerse de haber cumplido lo contrario de su tarea, provocando no curación sino herida. En lugar de eso, comprobaremos qué habrá que retener de esa manera de ver las cosas a menudo citada con aprobación, que no deja de ser cosa notable. Pues, en efecto, se oye hablar de esas tres heridas tan a menudo que por fuerza queda la impresión de que aciertan y reproducen la realidad histórica.

De hecho, nada más lejos de la verdad. Es más, lo que afirma Freud sobre Copérnico es a tal punto insensato y confunde de tal modo, que merece la pena pararse a pensar por qué, siendo todos tan ilustrados, no sólo lo creemos a pies juntillas tan contentos, sino que hay quienes quisieran sobrepujar a Freud aduciendo cuartas, quintas y ulteriores heridas supuestamente infligidas por la ciencia al ser humano. En esa competición anda por ahora en cabeza la investigación cerebral, quien nos hace saber implacable que no hay libre albedrío porque en el cerebro todo transcurre en regla, esto es, rigen por doquier las leyes naturales. El porqué de esa fascinación que provocan las heridas freudianas sólo puede mencionarse aquí al final, y aun entonces brevemente. Primero hay que demostrar cómo faltan a la verdad e inducen a confusión.

El lugar de la humillación

Nuestra primera mirada corresponde a la imagen heliocéntrica del universo, sobre lo que hay trabajos aclaratorios desde hace mucho. Como vienen publicando desde los años setenta diversos historiadores de la ciencia, la posición central de la Tierra antes de Cópernico no representaba ninguna distinción, sino una «humillación del ser humano», en palabras del filósofo Rémi Brague. En otro caso ¿cómo iba a aceptarla la Edad Media? Conque eso que

Freud escribe es sencillamente lo contrario de una verdad. En la visión precopernicana del mundo, según Brague, si algo ocupa la posición central de la Tierra es justamente un lugar de honor, sino más bien el estercolero.* En el ámbito de la Astronomía, el centro representa el lugar más modesto de todos, como admite el mismo Galileo Galilei en sus diálogos cuando hace decir al sabio Salviati: «En lo que atañe a la Tierra, devolviéndola a los cielos tratamos de ennoblecerla». En otras palabras, cuando Copérnico sacó a la Tierra del centro la llevó más cerca de lo divino, y a nosotros con ella. Y así lo entendieron también sus contemporáneos.

¿Qué giro copernicano?

Además, una observación no del todo anecdótica: cierto es que muchas eminencias que ocupan eminentes puestos ponen en sus bocas la expresión «giro copernicano», pero no todos parecen saber muy bien qué quieren decir con eso. Kurt Biedenkopf, por ejemplo, anuncia su libro *Die Ausbeutung der Enkel* [El saqueo de la posteridad] señalando que «necesitamos un giro copernicano». Quiere decir emprender un nuevo rumbo de modo que no giren todas las consideraciones en torno a nosotros mismos, sino a nuestros nietos. Ahora bien, nadie le va a discutir que, en el futuro, será forzoso practicar una economía diferente de la actual, si es que nuestros nietos han de habitar un mundo tan digno de vivirse como el de hoy. Pero en tal idea no hay ningún vuelco o inversión copernicana. Desde los días de Immanuel Kant, ese giro retórico, la expresión «giro copernicano», tiene un sentido fijo, y uno que nada tiene que ver con el giro de la Tierra en torno al Sol, sino en torno a su propio eje: que no son las estrellas las que se mueven, sino nosotros (y con ello las estrellas). Como no hay giro copernicano es precisamente desplázandose hacia algún lado, sino ocupando el centro y viendo y argumentando las cosas desde ahí. Y tal es precisamente el paso que da Kant en su giro metafísico, toda vez que no encontramos las leyes de la naturaleza en ella sino que las introducimos desde nuestro entendimiento.

* En alemán no se puede oír qué era para una Edad Media que hablaba en latín estar «*in mundo*», justamente aquello a lo que suena aún en castellano: estar en mondas y demás desperdicios. (*N. del t.*)

En la cumbre de la evolución

Suele seguir al nombre de Copérnico la palabra «revolución» y, efectivamente, su obra trata de cursos celestes que en latín se llaman así: revoluciones. El concepto llegó a continuación a terrenos de la política, significando las vueltas que a veces dan las cosas del Estado; y al principio, con un sentido correspondiente al de una revolución celeste, que regresa a su punto de partida. De otro modo, no tiene sentido el prefijo re- en revolución.

Así, se hizo célebre la Gloriosa Revolución que tuvo lugar en Inglaterra en 1688 y dejó al rey donde estaba al empezar, en la cumbre del Estado, sólo que puesto allí ya no por Dios sino por sus súbditos.

Una idea semejante ofrece la evolución de Darwin (véase «Los pinzones de Darwin»). También ella deja al ser humano en donde estaba, en la cumbre de la evolución, sólo que debiendo agradecer esa posición ya no a Dios, sino a sí mismo. Puede que no sea del gusto de todos descender de monos, pero más importante que esos detalles marginales es comprobar, de diversos modos, que en adelante sabemos cómo hemos alcanzado nuestra posición y vemos lo que en nosotros es peculiar. Nos distinguimos por haber crecido por encima de la Biología. Por ejemplo, nos ocupamos de viejos, enfermos y desvalidos en vez de abandonarlos a la selección natural y, al menos a primera vista, no son los mejores de entre nosotros (los miembros de las clases altas) los que se ocupan de traer al mundo una descendencia numerosa. En otras palabras, lo que el pensamiento de Darwin señaló en los seres humanos es que supimos empezar una nueva evolución, cultural, y emanciparnos de la natural. Somos cumbre, pero por obra nuestra.

Naturalmente, siempre hay en alguna parte seres humanos que gustan de verse como miembros de un pueblo elegido, y entre tales podría alguno sentirse herido. Pero la humanidad a la que Freud ve herida reaccionó de otra forma, sobre todo cuando, gracias a una Geología mejorada, se difundió la idea de que la Tierra también es mudable y, en consecuencia, han de serlo forzosamente las especies si es que no quieren perecer. Cuando se trajo al mundo la idea de evolución, no sirvió para desterrar sino para salvar a Dios, que no deja morir sin más a sus criaturas y por ello las hizo capaces de cambiar. Que hoy algunos seres humanos se incomoden cuando destacados investigadores de la evolución proclaman con sarcástica satisfacción que debemos agradecer nuestra existencia tan sólo al azar, eso es algo que no debería sobreestimarse. Entender de pájaros no significa necesariamente entender de pensamiento. La ciencia no se pondrá a esa altura.

La cámara acorazada del saber*

Con que llegamos al mismo Freud y lo inconsciente. En lo que atañe a esa esfera de la mente, los seres humanos se habían reconciliado con ella al menos desde hacía un siglo. Ella les dio, entre otras cosas, esperanza de comprender y reconstruir cómo logran los tejidos celulares, encerrados en un cráneo, ir más allá de las experiencias que deben a los sentidos para practicar ciencia con ellas. Entre las peculiaridades de la vida humana, se cuenta desde hace milenios la «variedad de la experiencia religiosa», como lo describiera en 1902 el filósofo estadounidense William James. Antes de cualquier ciencia y sin su participación, sabemos que «existe algo superior», como lo expresa James: quien supone que eso MÁS —así lo escribe—, con que los humanos se sienten ligados en la experiencia religiosa, «es prolongación inconsciente de nuestra vida consciente». James está convencido de que el mundo de nuestra conciencia presente es sólo uno de los muchos que hay, y de que esos otros tienen que contener «experiencias con significado para nuestra existencia».

Dicho de otro modo, hay un ser humano que, obstinado en ser amo en su propia casa, pasa por alto aquello que nos ha marcado a él y a todos, sin enterarse ni de dónde venimos ni dónde comienzan nuestras ideas su camino a la conciencia. Pues de fuera no pueden venir, entonces sí que no seríamos amos de nuestra casa, abandonados a manos de un poder inquietante. Sólo pueden provenir de nuestro interior. Y eso significa que nos pertenecen y que se esconden en la cámara del tesoro, el conocimiento que todos llevamos con nosotros en forma de lo inconsciente. Queremos un acceso hasta allí, y ahora sabemos que funciona. Eso es una suerte, no una herida.

* He renunciado aquí a varias y suculentas observaciones sobre la traducción de «*Unbewusstes*» por «inconsciente», tan canónica como desacertada; pero sin ésta que sigue difícilmente se entenderá el título. Tendría que amplificar el lector castellano en su aparato psíquico el volumen del latín para oír en ese «incon-sciente», igual palabra que en «saber» y en «ciencia», como le ocurre al alemán. Digamos, por hacerlo audible, que «lo inconcienciado es la cámara acorazada del cienciar» donde éste atesora sus reservas y sus ganancias, que es la idea que da título a este apartado. (*N. del t.*)

La antigua altanería

También puede leerse esto en James: «Una patraña es una patraña, aun viniendo en nombre de la ciencia». Entre tales se cuentan las teorías de Freud a propósito de las tres heridas del ser humano, quedando por preguntarse por qué nos gusta caer en el lazo.

Cuando se estrena un *Fausto* de Goethe, el público se ríe particularmente a gusto cuando el fámulo del gran señor fantasea con lo soberbiamente lejos que la ciencia nos ha llevado, y cuanto más sabemos que los humanos que nos precedieron. Me sospecho que, hablando con otros, nos gusta dárnoslas de modestos como Sócrates, quien sabía sólo que sabía nada, pero que en nuestro corazón sentimos y creemos, como el criado de Fausto, que somos mejores. Tal sentimiento es el que Freud fomenta. Al contrario que sus teorías, sus afirmaciones sí hieren y ofenden de verdad.

El asno de Buridan

El filósofo francés Jean Buridan (1295-*c.* 1358) se ganó renombre como físico casi sin enterarse. Reflexionó acerca de una cuestión: cómo pueden seguir su vuelo una piedra o un dardo una vez abandonada la mano que los lanzó o arrojó.

Antes, Aristóteles había afirmado en la Antigüedad que todo movimiento va a dar en reposo como no haya fuerza que lo impulse, y así lo habían aceptado todos hasta que llegó Buridan. Pero no podía ser acertado, pues cuando retiro mi mano de aquello que ha lanzado ya no habría fuerza alguna y, sin embargo, sigue volando.

¿Qué pasa ahí?, se preguntó Buridan, para responder que el lanzador les presta algo para el viaje. A ese algo lo llamó *impetus*, figurándoselo como una especie de empanada de las que dan las madres a sus hijos cuando éstos se van de excursión, de la que pueden irse alimentando en cualquier momento. Una vez consumido su ímpetu por entero, piedra o dardo han de caer rendidos al suelo, como de hecho pasa.

Naturalmente, con eso Buridan no ha explicado aún cómo es que se mueven, pues eso fue Newton el primero en conseguirlo (véase «El barreño de Newton»), pero aun así dio un primer paso más allá de Aristóteles, según el cual tendrían que caer al suelo tan pronto los abandonara la mano, siendo notorio que no ocurre así.

Como se ha dicho, Buridan hizo méritos científicos en cuestiones de mecánica, pero no se hizo famoso por eso sólo. Debe su fama a una figura intelectual, la del asno puesto entre dos haces de paja y distante por igual de los dos. En tal situación, no puede decidir a cuál dirigirse, así es que se queda acurrucado en su sitio y se muere de hambre, ¿Eso pasa?

También aquí estaba reaccionando a una cuestión de Aristóteles: cómo se comportaría un ser humano en tales circunstancias. ¿Qué ocurre cuando tenemos que decidir entre ofertas similares? ¿Cómo y por qué medio decidimos entre indiscernibles?

Cavilando en ello, puso a un perro en la situación descrita, al parecer sin salida. Fue la posteridad quien lo substituyó por un asno, venido a proverbial, que afronta la muerte por inanición. Así pues, ¿sobrevivió el asno de Buridan a esa situación de tablas, o sucumbió a la vista de idénticos haces igualmente distantes?

Para Buridan y sus contemporáneos, lo que se jugaba en esta cuestión era en último término la moral de un agente capaz de escoger. Si esto lo dejamos para los filósofos, esperando que entretanto encuentren tiempo para comer, y operamos estrictamente con conocimientos de las ciencias naturales, el asno de Buridan no presenta ningún problema. Primero, no hay cosa tal como haces idénticos. Del mundo físico rebosan desviaciones estadísticas por todas partes, y del biológico, variedades (en otro caso no existiría, como subrayó Darwin). Por consiguiente, esos dos haces se diferenciarán en algo, pudiendo suponerse igualmente, gracias a Darwin, que las capacidades perceptivas del asno pueden dar con ello. En segundo lugar, un exacto punto medio sólo existe en cuerpos ideales de la Geometría euclídea. Un asno real siempre estará o llegará a estar algo más cerca de un haz que del otro con su cabeza, que de ordinario no para de menear de un lado a otro. Se acercaría a ése el más cercano y allí mismo saciaría su hambre. El asno sólo morirá si confunde Matemática y realidad. Pero eso ¿a quién le pasa hoy en día?

La navaja de Ockham

El filósofo inglés Guillermo de Ockham (*c.* 1285-*c.* 1349), apellidado por el topónimo de su lugar natal en el condado de Surrey, ejerció como teólogo y filósofo, y como a muchos contemporáneos, le atormentaba una cuestión hasta hoy vigente: qué existe realmente. Con toda seguridad hay ahí una silla, en que estoy sentado. ¿Pero existe también, en este sentido práctico tan realista, la silla en general? Naturalmente, sí existe «la silla» como nombre o palabra. Pero ¿dónde está aquello que designa? ¿Existe efectivamente en alguna parte? La silla concreta en que me siento está en una habitación, que a menudo se llama también «espacio».* Este espacio de trabajo se da efectivamente, pero ¿dónde está el espacio en general, que forzosamente ha de darse para que las cosas se yuxtapongan en él? ¿Y dónde tiene en él su sitio Dios, caso de existir efectivamente uno y Otro?

Es fácil figurarse lo extensa y complicada que podía llegar a ser la argumentación de filósofos y teólogos medievales en casos tales, y presuponiendo esto, se comprende que un día, allá por 1324, el susodicho Guillermo de Ockham propusiera evitar insensateces en tales discusiones. Recomendaba en concreto aplicar a las discusiones una navaja de barbero (*Ockham's razor*) que ayudaría a eliminar cabriolas superfluas o suposiciones innecesarias. En

* En alemán, la misma palabra, *Raum*, designa un cuarto y el espacio al que viajan los astronautas, algo habitual ahora también en la lengua del país (véase «decoración de espacios», «espacios acogedores»); en castellano podría dar pie o lugar a alguna reflexión análoga y entretenida la palabra «estancia». (*N. del t.*)

aquel tiempo, Guillermo de Ockham debió de proclamar solemnemente: «No se debe suponer multiplicidad de no haber necesidad». Trasladado a palabras sencillas para usos cotidianos, su máxima rezaría: «De poder explicarse algo por vías diferentes, prefiramos el argumento con menos supuestos». O abreviando al máximo: explicaciones, cuanto más simples, mejor.

Si prefiriera uno formularlo como mandamiento, podría decir: «Supón lo menos posible, y nada prescindible». En esta o parecidas formas alcanzó importancia histórica, en particular en la Geometría. Esta ciencia se fundaba en los antiguos textos que Euclides reuniera hacia el 300 a.C., bajo el nombre de «Elementos». Esa Geometría Euclídea comienza con cinco postulados, los cuatro primeros fácilmente intuibles. Uno puede unir puntos mediante rectas, prolongar rectas en línea recta, trazar circunferencias en torno a cualquier punto como centro, y ver que dos ángulos rectos son iguales. El quinto ya es más complicado: trata de una recta y un punto que no se sitúa en ella. Entonces, afirma el postulado, por ese punto pasa una sola recta que, prolongada, nunca corte a la primera. Se llama paralela, razón por la que se habla también del postulado de las paralelas.

Sobre esas cinco suposiciones, floreció la Geometría Euclídea hasta bien entrado el siglo XVIII. Entonces los matemáticos empezaron a afilar la navaja de Ockam y preguntarse si en verdad se necesitaba ese postulado quinto, un tanto prolongado. ¿No sería mejor renunciar a él? Es más: ¿podría siquiera probarse llegado el caso? ¿Es que hay siquiera posibilidad de trazar por un punto una «paralela» que no obstante corte a la otra línea en alguna parte?

En el siglo XIX se disponía de una respuesta, y ésta afirmaba que otras geometrías distintas son efectivamente posibles y construibles. Y hasta resultó, al empezar el siglo XX, gracias a Albert Einstein, que la Geometría Euclídea ni siquiera es adecuada a nuestro mundo, conque si uno piensa que sin ella lo ha comprendido todo, parece sumamente aconsejable acordarse de la navaja de Ockam. En cuanto al propio Guillermo de Ockham, lo que quería con su instrumento lógico era echarle mano a la barba del buen Dios, lo que significa en concreto que pretendía desmontar la existencia de Dios como hipótesis. Al fin y al cabo, Dios no es objeto susceptible de demostración, pensaba, en que no puede uno sino estar de acuerdo.

La escoba de Brenner

En la ciencia moderna le ha salido pareja a la navaja de Ockam, la escoba de Brenner, que en puridad debiera llamarse «*Brenners Broom*». Pues en efecto, sólo en inglés la había presentado hasta ahora su inventor Sydney Brenner, nacido en Sudáfrica en 1927, que alcanzó desde su puesto en Cambridge los mayores honores en Biología molecular. Habiendo contribuido a descifrar el código genético y entender el mecanismo de la herencia, y encaminado decisivamente en esa dirección a las ciencias biológicas, al dar en los nematodos con el organismo apropiado para investigar la evolución, pudo disfrutar muchos años de la admiración de sus colegas, cierto, pero el comité del premio Nobel en Estocolmo pareció durante largo tiempo incapaz de hallar una razón para distinguir a Brenner con el espaldarazo que le armara caballero de la ciencia. Tuvo que esperar hasta el año 2002, y llegados a ese punto, la distinción honraba más al comité que a él. Pese a todo, desde ese momento, es más fácil explicar al público la importancia de Brenner para una ciencia aún joven como la Genética Molecular.

Las disciplinas jóvenes tienen forzosamente que ser impulsivas para poder hacerse un sitio entre límites establecidos, y la escoba de Brenner es una propuesta de cómo no perder de vista con esa inquietud la escrupulosidad del trabajo científico.

Hay que pararse a considerar que una hipótesis o descubrimiento no aclara de repente el mundo entero. Quien tenga o crea tener una buena idea o una intuición clara, que la lleve adelante animoso y, a continuación, agarre la escoba de Brenner con la que meterá bajo la alfombra todo lo que siga pendiente e inexplicado. Ya comprobará después si aún se puede o se quiere sostener el pie sobre la alfombra en tales condiciones.

Como ejemplo al respecto sacado de la Biología molecular, ha de verse el descubrimiento de la sustancia de que están hechos los genes, conocida por los químicos como ADN. Al presentarse por vez primera en 1942, dejaba pendientes tantas cuestiones que nadie pudo darse por contento ni saber por dónde cogerla. La escoba de Brenner aún tenía mucho quehacer en esa época, sin que la cosa hubiera cambiado mucho dos años después. A comienzos de los cincuenta, sin embargo (véase «El cielo de Hershey»), lo que tenía que apartar molestaba cada vez menos a quienes habían desenrollado la nueva alfombra y se daban cita en ella.

En paro nunca se quedará esa escoba, que Brenner inventó ante todo para mover a los científicos jóvenes y con buenas ideas a no dejarse descorazonar de antemano por extremos aún sin explicar, casi siempre una cantidad abrumadora. Asimismo, quería recordar que uno tampoco puede apoltronarse sin más cuando se ha tenido éxito una vez con una explicación. Pudiera ser que así estuviera perdiendo de vista la cuestión propiamente dicha. Por ejemplo, en Biología la cuestión no es de qué se compongan los genes, sino cómo funcionan y surten su efecto: producir nueva vida. Y durante decenios señaló Brenner que el código genético y la química de los genes no bastaban para responderla. Pese a toda su calidad, los encontraba demasiado aburridos para ser la respuesta. Si la escoba de Brenner se pusiera a barrer con garbo en la Biología moderna, más de una alfombra que hoy se nos ofrece tan deslumbrante se abombaría notablemente. Sería interesante ver quién daba entonces algún traspiés.

La ley de Moore

Nacido en San Francisco en 1929, Gordon E. Moore ha cooperado a modelar la moderna era electrónica, sobre todo por haber ayudado en 1968 a fundar una de las empresas más importantes en la fabricación de microchips: Intel. Moore, sin embargo, no se hizo rico solamente, sino además famoso, gracias a un pronóstico de 1965 con que pretendía caracterizar la atmósfera reinante en esa época en tan pujante ramo industrial. Predicción que hoy se cita como «ley de Moore» y en su forma más sencilla, la preferida por su autor, puede formularse como sigue: Se juzgue con los criterios que se juzgue, el número de transistores que puede incorporarse a un chip, o la capacidad de memoria asequible por un euro, en todo caso el rendimiento de un ordenador se duplicará cada dieciocho meses aproximadamente.

Los de la profesión hablan de ley exponencial (véase «El número de Euler»), y en los años sesenta entonaban jubilosas alabanzas en su honor, primero, porque tales leyes admiten probarse con suma exactitud, y segundo, porque estaban sumamente seguros de que la de Moore iba para largo. Pues, en efecto, conllevaba la monstruosa afirmación de que en cuarenta años, esto es, de 1965 hasta hoy, se multiplicaría por un factor fabuloso, cientos de millones de veces.

Resulta notable que justamente así haya ocurrido, permitiendo entre otras cosas constatar que hoy cualquier microondas o cámara digital incorpora más capacidad de cálculo que el mundo entero en los años cincuenta. Y la industria de los ordenadores no ofrece visos de que no vaya a cumplir la ley de Moore en el futuro.

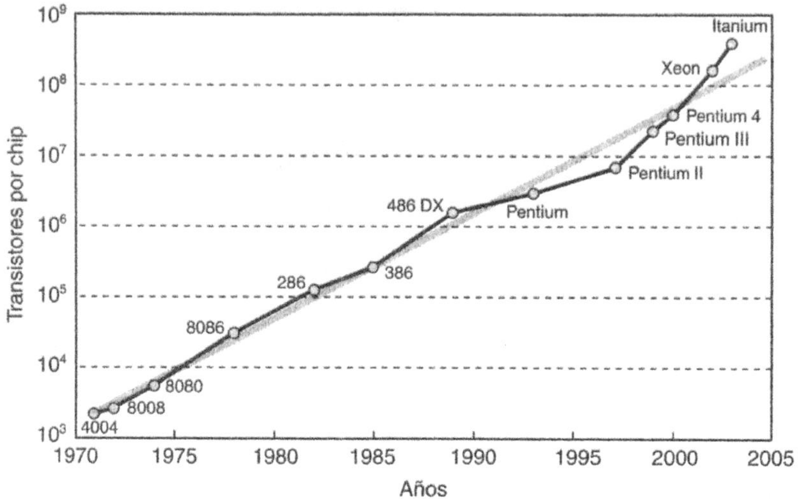

Puede verse como ejemplo de la ley de Moore la densidad de transistores en microprocesadores de su empresa Intel. El número se duplica cada dos años. Eso es algo más lento de lo que predijera originariamente, pero lo decisivo no es en su ley los dieciocho meses, sino el crecimiento exponencial, que ahora se mantiene ya desde hace decenios.

En la historia de la humanidad no hay otro adelanto técnico con ritmo tan vertiginoso. La ley de Moore hace de nuestro tiempo y de nosotros algo en verdad sobresaliente.

Entretanto, ha habido quienes se la han tomado tan en serio que han pretendido extrapolarla allende los terrenos de la Electrónica. Dicen que el crecimiento exponencial que describe es característico de todo adelanto técnico. Naturalmente, puede ser que la técnica a que se refiere la ley de Moore llegue un día a límites últimos. Pero entonces aparecerán otras en su lugar.

Además, hay también quien mantiene que puede calcularse con esa ley cuándo sobrepasará y reemplazará a la inteligencia natural de los cerebros la artificial de los ordenadores. Oyendo tales pronósticos, se me viene en mente lo que contaba un artista de variedades de Zurich, Franz Hohler, a propósito de esa fábula tan difundida, y por desgracia también creída, de que el conocimiento humano se duplica a intervalos cada vez más cortos. Así, lo que sabemos se duplicó primeramente entre 1960 y 1980; luego, entre 1990 y 1995; y desde entonces, ya no sabemos exactamente cuándo se ha doblado lo que sabemos.

La paradoja de Popper

Cuando se habla tanto de saber y de tanto saber, no puede tardar en aparecer el filósofo vienés Karl Popper (1902-1994). Le debemos muchos textos sobre lógica de la investigación, sobre lo esencialmente incompleta que es la ciencia, teorías sobre la democracia, y muchas otras cosas. Ciertamente uno puede adoptar diversas perspectivas críticas frente a ellas, pero en ningún caso reprocharles que no estén escritas con claridad. Filosofando, Popper se esfuerza no sólo en las ideas sino también en su expresión verbal, y leer sus textos siempre trae algún beneficio.

Una de las actitudes fundamentales es para Popper la modestia, con lo que se refiere por ejemplo a que el conocimiento científico es ante todo hipotético y siempre puede demostrarse falso. Otra, es el optimismo que él impone al investigador a título de deber. Todo científico cree saber cómo resolver un problema o alcanzar una meta; en otro caso, sería recomendable cambiar de oficio.

Y en tal mundo más bien ameno y apacible, aparece a modo de molesta observación una paradoja que tiene que ver con el porvenir. Los seres humanos trabajan para el porvenir y se esfuerzan por conocerlo. Eso hacen también en el marco de sus trabajos científicos, pensando que así van sabiendo cada vez más del porvenir y pudiendo decidir mejor. Y aún hubo en los años sesenta quienes se animaron a fundar una ciencia de la Futurología que al parecer haría el porvenir predecible con exactitud.

Y aquí entra la paradoja de Popper. Consiste, primero, en una irrefutable evidencia: que en unas sociedades que cultivan el conocimiento organizado en forma de ciencia, el porvenir depende del conocimiento así obtenido y aplicado. Cuanto más sabemos, más depende el porvenir de lo que sabemos.

Hasta aquí todo está en orden. La paradoja nos alcanza en toda su amplitud cuando reparamos en que podremos saberlo todo sobre el futuro, salvo una cosa, qué sabremos en el futuro. Pues, de lo contrario, ya sabríamos hoy de qué se trata. En otras palabras que, cuanto más depende el porvenir de nuestro saber, menos sabemos lo que está por venir. El muro oscuro del futuro no retrocede ante nuestros pasos, sino que se nos va echando encima según los damos. Sólo nos queda la esperanza de que no acabe con nosotros y basten nuestros conocimientos objetivos para estar pertrechados frente a las circunstancias.

Y a propósito de conocimientos objetivos, seguro que su necesidad se va haciendo más acuciante que nunca, pero sólo para dar forma al futuro, no para predecirlo. Esto tendrá que alcanzarse por otros medios: por ejemplo, con sentimientos.

La sentencia de Bacon

«Conocimiento es poder.» Así reza en su primera formulación, en un texto de 1597, que permaneció por largo tiempo en la oscuridad, la perdurable sagacidad del inglés Francis Bacon (1561-1626), filósofo y también hombre de estado, como añaden algunos biógrafos. La concisa sentencia de Bacon reaparece por extenso en su gran obra, el *Novum Organum* (a veces llamada también *Novum Organon),* publicada en 1620. Aquí el autor se expresa con más precisión señalando que conocimiento y poder humanos vienen a coincidir. Para Bacon está claro: Quien pretenda aprovechar la naturaleza para sus fines y, de este modo, dominarla, por fuerza ha de sometérsele primero. Hecho esto y alcanzado así conocimiento sobre ella, puede luego ejercer poder sobre cualquier otro. (Además, por tener que someterse, al que conoce, se le llama sujeto, del latín *subiacere*, someter, que de esa forma tiene conocimiento de lo que se le enfrenta y es, con un toque latino en la palabra, objeto de su apetito).*

En ese poder está todo para Bacon. Le parece necesario para sobrevivir y para vivir, y no podía imaginarse sino que ese poder interviniera en bien de los seres humanos. El llamamiento de Bacon a adquirir conocimiento servía a una meta: mejorar las condiciones de vida de los humanos, a la sazón pési-

* Que debe de ser la misma razón por la que se llama objeto a las cosas, porque objetan, piensan y hacen etimologías. Aunque en romance castellano se dijera «sujeto» por «súbdito» hasta el siglo XVI, el término escolástico tiene que ver más con la existencia como *suppositio*, de que no vamos a ocuparnos aquí. (*N. del t.*)

mas, convencido de que los medios necesarios les habían sido dados a él y a sus contemporáneos: el entendimiento y la posibilidad de experimentar. Por fuerza habría de poder hallarse con uno y otro, por ejemplo, cómo hacer menos perecederos los alimentos (mediante frío, como averiguó Bacon personalmente, tan personalmente que en ésas cogió el resfriado que al final se lo llevó).

Mirando a las actuales condiciones de vida, la sentencia de Bacon representa más bien una obviedad, pero en la época en que la formuló esa idea aportaba algo nuevo. De ahí que añadiera también este último atributo, la novedad, al título de su obra mayor, *Novum*, algo nuevo, que suscita la cuestión de qué había tan nuevo en ella.

La respuesta se encuentra en la idea de progreso. En la larga historia anterior a Bacon los seres humanos habían supuesto siempre que todo tiempo pasado fue mejor. Los griegos de la Antigüedad fantasearon con una edad de oro pasada largo tiempo atrás, y aun los representantes del Renacimiento miraban atrás, como expresa ese prefijo «re-». Bacon invierte esa orientación. La edad de oro se sitúa a su parecer en el futuro, y los seres humanos pueden ocuparse por sí mismos de tener una vida mejor sin tener que esperar el cielo, sino aún en la Tierra. Él creó la idea de progreso, y esa nueva idea, venida entonces al mundo, puede expresarse con una frase simple y llana: «es posible avanzar».

Pero ¿qué se ha de entender por «progreso»? Más poder sobre la naturaleza, o mejores predicciones de futuros desarrollos de los acontecimientos. Como lo entiende Bacon, el conocimiento debía alcanzar las dos cosas, pues conocimiento es poder. A más conocimiento, más poder. Y eso es bueno... para los seres humanos.

Hoy, naturalmente, no puede mencionarse la sentencia de Bacon sin añadir la indicación de que entretanto a muchos ha venido a parecerles llegado el fin de la era baconiana. No por entender que a ciencias y técnicas les falten ideas y no alcancen ya progresos, sino por entender que progreso científico ha dejado de ser progreso humano, como aún le parecía obvio a Bacon. Para ser innovador, como se dice ahora, si lo creado ha de ser algo nuevo, es hoy forzoso ocuparse de que el progreso no se guíe por lo hacedero, sino por lo deseable... deseable para el ser humano.

El cielo de Hershey

Por desdicha, es característico de la ciencia moderna ser corta de memoria. Hoy ya están olvidadas muchas de las estrellas de los comienzos de la Biología molecular, si bien algunas aún han dado conferencias o publicado artículos hace poco. En los años cuarenta y cincuenta, hubo algunos experimentos admirables, tan rotundos y fáciles a la vez, que hoy los replica cualquier estudiante en un curso elemental de Biología, y de ahí que los considere cosa baladí. En cierta ocasión, pensando en la Literatura, Bertolt Brecht se quejaba de que se podía hacer totalmente inocuo a un autor ascendiéndolo a clásico. En ciencia vale que, de un experimento clásico afortunado, pronto ya no se acuerde nadie, y así sus motivos como sus preguntas se pierdan sin repercusión alguna.

El biólogo norteamericano Alfred Hershey (1908-1997) tuvo la fortuna de lograr uno de tales experimentos en el año 1952, junto con su colega Martha Chase. Habiendo utilizado una batidora que se agenciaron en alguna tienda, se habla también a veces del «experimento de la batidora». Entonces se trataba de averiguar de qué sustancia se componían los genes. Los químicos sabían de dos candidatos o, lo que es igual, a decir verdad sólo esperaban que algún experimento mostrara pronto que pertenecía al grupo de las proteínas. Cierto que el grupo de biólogos reunido en torno a Oswald Avery había logrado en Nueva York, a finales de la segunda guerra mundial, la prueba de que el material genético no podía ser exclusivamente proteínico y que al menos una clase de ácidos nucleicos intervenía en los genes; esas moléculas son hoy mundialmente conocidas por la abreviatura ADN. Pero el *establishment* seguía escéptico. Se habían hecho demasiadas apuestas por las proteínas. Únicamente había expectación por la demostración de que eran ellas, y en 1952, Hershey encontró la posibilidad de aclarar efectivamente la cuestión con un experimento.

Trabajaba con virus que penetran en bacterias y pueden multiplicarse en su interior, y esos virus se componían exactamente de las dos sustancias en pugna: ADN y proteínas. En el experimento de la batidora, legendario en los círculos de la especialidad, Hershey y Chase mostraron que el virus penetra en la bacteria atacada, compuesto de ADN y proteína, pero sólo para llegar allí en forma de ADN. Y no sólo eso: ya en el interior de la bacteria conquistada empieza únicamente en forma de ADN, para reaparecer al final como combinación de ADN y proteína, y proseguir su curso vital.

La decisión había sido en contra de las proteínas, y no cabía ya negar la siguiente conclusión: la materia de la que se componen los genes se llama ADN. La ciencia se enorgullecía de que semejante cuestión no se hubiera dejado a especulaciones tan etéreas como rancias, sino que se había resuelto mediante un experimento elegante e irrefutable.

En aquel tiempo, Hershey se sentía feliz, pues más adelante sería honrado con el premio Nobel de Medicina, compartido con Max Delbrück y Salvatore Luria (véase «La chapucería de Delbrück»), y no se privó de expresar aquel estado casi de ensueño, para el que pronto nació la expresión «estar en los cielos de Hershey», lugar donde un científico se encuentra cuando da con un experimento que funciona y puede repetir cada día, a poder ser, durante todos los de su vida.

Por lo demás, debe de haber quien tenga el cielo de Hershey por un infierno. ¿Siempre el mismo experimento que siempre funciona y siempre proporciona la respuesta que uno espera? Max Delbrück, por ejemplo, veía de otro modo la dicha del científico. Le gustaba la tensión renovada que cada mañana le empujaba al laboratorio para dejarse sorprender por la respuesta que la naturaleza habría dado a sus preguntas experimentales.

Las dos culturas de Snow

Cuando se discute sobre educación en Alemania, llama la atención cierto desequilibrio o asimetría, la que afecta sobre todo a lo que uno puede encontrar en los concursos radiofónicos bajo la rúbrica «Qué sabe usted, y qué debería saber». Por ejemplo, todo el mundo sabe algo del período rosa de Picasso, o del «Jinete Azul» y sus pintores. Pero nadie, en cambio, cree que valga la pena estar informado acerca de la doble hélice o las teorías sobre los átomos, y sobre los seres humanos a los que debemos tales ideas. Quien no conozca a Arturo Schopenhauer o Martin Heidegger, o ni siquiera haya oído hablar de ellos, pasa por inculto. Por el contrario, quien no sabe dónde situar a Ludwig Boltzmann o Wolfgang Pauli no tiene que preocuparse por esa laguna, que nadie en este país se lo tomará a mal.

Es esta diferente estimación del conocimiento científico lo que señaló, en 1959, el físico, escritor y político británico Charles P. Snow (1905-1980), introduciendo en una conferencia esa separación entre dos culturas que, no por rechazada, deja de persistir obstinadamente. Snow tenía en mente a personas concretas de los correspondientes ámbitos académicos, y en su conferencia distingue a los representantes de las letras (autores o críticos), de los representantes de disciplinas científico naturales (investigadores o ingenieros). Se pregunta, luego, por la comprensión general de los temas que en esos ámbitos se discuten, y es entonces cuando llama la atención sobre el desequilibrio mencionado al comienzo. Snow confirma esa falta de simetría con los casos de los sonetos de Shakespeare y la segunda ley de la Termodinámica, señalando que todo el mundo asiente y hace gestos de estar al tanto cuando se habla de «los sonetos del bardo», en tanto se encoge de hombros y niega con la cabeza rotundamente entender algo cuando se habla de la teoría del calor y uno de sus principios.

Por mucho tiempo el público ha seguido reaccionando como describe Snow, sin advertir que en este punto hay algo enteramente falso. En concreto, según mi experiencia, no es cierto en absoluto lo que suele leerse del público, que cualquiera conoce los sonetos y nadie el principio termodinámico. Acertado es en todo caso lo que podría formularse así: cualquiera ha oído hablar de los sonetos que escribió Shakespeare, pero no obstante nadie conoce o entiende siquiera esos textos asombrosos y, desde luego, mucho menos ya el segundo principio de Termodinámica (véase «El demonio de Maxwell»).

La imagen de Snow de las dos culturas trata de captar la diferencia entre aquello que las universidades distinguen como ciencias de la naturaleza y ciencias del espíritu para asignarles tareas específicas. Las ciencias de la naturaleza deben crear el tipo de conocimientos que nos permitan disponer de la naturaleza (conocimiento poder), y las ciencias del espíritu, contribuir a orientar el tipo de conocimiento con que los apliquemos (conocimiento orientativo). Lo peculiar de la primera cultura parece estar en comprender intuitivamente y aplicarse a la vivencia singular; lo de la segunda, en hacer intervenir sistemáticamente el experimento cuantitativo y formular leyes de vigencia general.

Efectivamente, las ciencias de la naturaleza buscan por todos los medios excluir la peculiaridad individual. En el ámbito teórico, se valen de métodos estadísticos y establecen valores promedio, y en el experimental, insisten en la reproducibilidad más exacta posible de los resultados; es decir, desatienden y dejan a un lado precisamente aquello que hace irremplazable el acontecimiento singular. Pero justo eso es lo que interesa a los seres humanos: las peculiaridades de otro ser humano. Si las ciencias de la naturaleza renuncian a eso, bien puede ocurrir que la opinión pública renuncie a conocerlas a ellas, algo que sería definitivamente la catástrofe que están temiendo siempre nuestras autoridades culturales. Quizá alguien debiera decirles que las salidas están abiertas hace mucho.

El premio Nobel

¿Quién trae «el mayor beneficio a la Humanidad»? Tarea irresoluble para la que curiosamente probamos una nueva respuesta cada año y la presentamos en público con toda solemnidad. Así ha de hacerse porque así lo dejó mandado hace cien años Alfred Nobel (1833-1896), disponiendo para ello gigantescas sumas de dinero que había sabido ganar en el curso de su vida con la fabricación de explosivos cada vez mejores. Al morir el 10 de diciembre de 1896 en la Riviera italiana, «el rey de la dinamita» como le llamaban los periódicos, sorprendió a sus contemporáneos con un notable testamento que había redactado un año antes, obviamente sin sus abogados. Soltero y sin hijos, Nobel disponía que la parte principal de su patrimonio se destinara a premiar con sus intereses «a quienes en el año vencido hayan traído el mayor beneficio a la humanidad» en cinco campos: Física, Química, Fisiología —a la que añade Nobel la Medicina—, Literatura y, por último, en el ámbito de la paz «en pro de la fraternidad entre los pueblos».

La detallada enumeración procede del propio Nobel, quien ponía claramente por delante de las letras y la política a las ciencias de la naturaleza, de las que se tratará aquí exclusivamente. Pues aun limitándose a este terreno, ya era bastante difícil trasladar indicaciones escritas con cierta holgura en una hoja de papel, a una solemnidad con un estricto protocolo en la capital sueca; y en efecto, hasta el año 1900 no pudo instituirse finalmente la fundación Nobel, que de entonces a esta parte lleva más de cien años presentándonos a quienes al parecer han cumplido la voluntad de Nobel. Una mirada a los primeros benefactores de la humanidad o galardonados con el premio en 1901 muestra que, desde el principio, la fundación no se ha atenido a las indicaciones de Nobel. A fin de cuentas, Röntgen ya había hecho el descubrimiento de los rayos que llevan su nombre en 1895; por tanto, no «en el año vencido» como el fundador había deseado expresamente.

Extracto del testamento de Nobel de 1895

«El capital [30 millones de coronas] ... constituirá un fondo cuyos intereses anuales serán concedidos como premio a quienes en el año vencido hayan aportado el mayor beneficio a la humanidad. Se repartirán los intereses en cinco partes iguales, de las que recaerán: una, en quien haya hecho el descubrimiento o invención más importante en el campo de la Física; otra, a quien haya hecho el descubrimiento o mejora más importante en el campo de la Química; otra, a quien haya hecho el descubrimiento más importante en el campo de la Fisiología o la Medicina; otra, a quien haya producido lo más sobresaliente en el sentido de lo ideal; otra, a quien haya actuado más o mejor por la hermandad de los pueblos y el desmantelamiento o reducción de los ejércitos existentes, así como de la constitución y difusión de conferencias en pro de la paz.

Galardonados de 1901

Física: Wilhelm Conrad Röntgen (1845-1923), Alemania
Química: Jacobus Van't Hoff (1852-1911), Holanda
Fisiología o Medicina: Emil von Behring (1854-1917), Alemania
Literatura: Sully-Prudhomm (1839-1907), Francia
Paz: Henri Dunant (1828-1910), Suiza, y
Fréderic Passy (1822-1912), Francia

Para hacerse idea de qué difícil tiene que haber sido transformar las parcas indicaciones de Nobel en un vasto procedimiento que funcionara, basta recordar que se trataba de unas disposiciones testamentarias dictadas en París por un sueco fallecido en la Riviera italiana. Es patente que fue ante todo el hecho de haber redactado el políglota Nobel su última voluntd en su lengua materna lo que llevó a hacer de Estocolmo sede de las ceremonias oficiales. Allí se trasladaron también los restos del fundador a finales de diciembre de 1896.

El secreto del éxito

No hay distinción del mundo científico mencionada con más frecuencia que el premio Nobel, tanto en el mundo de la cultura como en la vida cotidiana. Ninguna cuenta con mayor reputación, ni se halla como ella en el punto de mira de los medios de comunicación, y ninguna otra entidad colegiada ofrece un plantel tan selecto y exclusivo como los galardonados con el Nobel. Con un siglo de historia, no llega a setecientos el número de quienes han sido enaltecidos a esa nobleza científica, siendo menos de doscientos entre todas las especialidades de ciencias de la naturaleza. Número que podría haber alcanzado el de trescientos, de haberse agotado todos los años el cupo de tres laureados por disciplina. Esa temprana disposición, que reducía a tres el número máximo de galardonados por disciplina, aseguró al premio Nobel el carácter de exclusivo que precisa cualquier ceremonia pública para obtener suficiente atención. Aun así, sigue sin resolver el enigma de qué lo hace tan inhabitualmente popular y cómo logra dejar en la sombra a cualquier otra distinción en el campo de la ciencia.

Una razón que aclara nuestro interés por el premio Nobel es el nombre. Nobel suena a noble, y así, quien recibe el premio resulta ennoblecido. La nobleza ha desempeñado siempre un papel peculiar para los seres humanos, por eso no es en absoluto accesorio que sea un rey quien haga entrega del título (con el correspondiente ceremonial propio de las monarquías). Por ilustrados que pretendamos ser, jamás un cuento empezará con las palabras «érase una vez un presidente que tenía tres hijas». Siempre será un rey o una reina quien excite en los cuentos la fantasía infantil y cuente de la vida verdadera. Y si en la vida ocurren cosas de cuento, mejor que mejor, razón de más para que disfrutemos mirando. Justo lo que pasa con los ganadores del Nobel que, además, visten de frac cuando avanzan hacia el rey para ser armados caballeros de la ciencia.

Si alguien, a todo esto, sigue pensando aún en el dinero, será un patán, admitido, pero lo cierto es que la cuantía monetaria del premio aún realza lo que el proceso entero tiene de cuento. Cuando se entregaron los primeros, la suma venía a ser treinta veces el salario anual de un profesor de universidad, y doscientas veces el de un especialista. Naturalmente, el dinero siempre cuenta, una verdad que patentemente suscriben con mucho gusto unos jurados que reciben suculentas dietas. Pero con el dinero, el rey y el bonito nombre «Nobel», ¿se entiende ya qué hace tan seductor al premio sueco?

Imitadores y competidores

El premio Nobel tiene muchos rivales, ninguno de los cuales empero alcanza su celebridad. Tan sólo podemos enumerar algunos. Existe por ejemplo el premio Templeton a los avances en religión, cuyo fundador quiso expresamente que se concediera más dinero que en el premio sueco. Está el premio Wolf que se concede en Israel desde 1978, casi como el Nobel, en Física, Química, Medicina, Matemática y Arte. Los matemáticos, a quienes Nobel ignoró —no sabía ni por donde empezar con las ciencias teóricas puras—, crearon su propio «Nobel», la medalla Field, que goza de una alta estima entre científicos. Cotización muy alta tiene también el premio Balzan, que distingue asimismo a disciplinas que no aparecen en el Nobel, en concreto Sociología y Ciencias Políticas. Desde 1994, existe también el premio Schock de Filosofía, que busca sus galardonados en Filosofía, Música y Bellas Artes.

De la fama del modelo se aprovecha el Nobel alternativo, establecido en 1980 por el publicista germano-sueco Jakob von Uexküll, a cuyo abuelo Jakob Johann von Uexküll se tiene por fundador de la investigación ambiental. El premio debe concederse a personas u organizaciones que «trabajen en los problemas reales de nuestro tiempo con soluciones prácticas y ejemplares», y pongan de manifiesto «una actitud vital correcta y responsable». Von Uexküll vendió su colección de sellos para dotar de base financiera al premio alternativo.

Más divertido es el Ig-Nobel, donde las dos primeras letras, no siendo abreviatura, no han de pronunciarse por separado sino como un discreto hipo. El premio lo conceden los editores de los satíricos «*Annals of Improbable Research*», sucesores del «*Journal for Irreproducible Results*», a investigaciones que ni son ni deberían ser nunca reproducibles. Los galardonados no ganan nada y no reciben ni dietas. Por lo que se cuenta, sin embargo, las celebraciones que tienen lugar en Harvard en Octubre son tan divertidas que hasta ahora todos los premiados han acudido y no se han arrepentido (www.ignobel.org).

La irrupción en la modernidad

Deberíamos poner la vista en otro plano y reparar en que los seres humanos celebraron con el premio Nobel la entrada en una nueva época. Habían dejado atrás el siglo XIX y veían ante sí descomunales oportunidades para la ciencia y la técnica, justo lo que quería fomentar Nobel, tan seguro como muchos de sus cointemporáneos de que no podrían traer sino beneficios. Aún funcionaba la antigua convicción de que un proceder racional sólo puede acarrear algo bueno, y aun que la dinamita de Nobel serviría ante todo para aumentar el poder de los seres humanos mediante el conocimiento. Se podía abrir paso a través de montañas y franquear espacios como siempre se había soñado.

A ello se añade que la ciencia, con los albores del siglo XX y la primera concesión del premio Nobel, se abría paso hasta alturas de abstracción nuevas y desconocidas. Las palabras clave eran relatividad y teoría cuántica, y los desarrollos intelectuales que les acompañaron dejaron huella en pintura y literatura, profunda relación que sigue ocupándonos hasta hoy. Corrían aires nuevos, empezaban los tiempos modernos, y era ese progreso el que ese premio Nobel honraba y representaba.

Competencia entre naciones

El premio Nobel recogía además un ideal resucitado el mismo año en que moría su fundador: el espíritu de las Olimpíadas, permitiendo así trasladar la idea de competición internacional a los recintos de la ciencia. Y en efecto, a poco de darse a conocer los nombres de los ganadores, los periódicos ya recogían una especie de medallero en que podía y puede leerse qué país ha recibido en cuánto tiempo y cúantos premios de Estocolmo. Donde la cosa puede ponerse divertida, por ejemplo, es cuando hay que decidir a qué nación adjudicar el premio del ciudadano suizo Albert Einstein, nacido alemán y muerto en los Estados Unidos. O ponerse muy seria, como en esa noticia de prensa que corrió de boca en boca: el gobierno japonés exigía que mejorara la investigación en el país. Se esperaba de sus científicos que ganaran en los siguientes treinta años cincuenta premios Nobel, luego de haber logrado en los treinta anteriores tan sólo seis.

Con tales artimañas, trataba el gobierno de apartar la atención de su propio desvalimiento, surgido a plena luz cuando en octubre de 2000 se pronunció en Estocolmo el nombre de Hideki Shirakawa. Distinguido con el Nobel de Química, era sin embargo un completo desconocido para su gobierno, con lo que a algunos periodistas se les ocurrió preguntar con cierto cinismo si las altas esferas japonesas conocían a algún científico japonés que hubiera ganado el Nobel. Así es que, en adelante, Japón contempla la carrera por el Nobel como asunto nacional, en que se juega la autoestima de la nación.

Permítasenos en este punto una mirada retrospectiva al año de 1903, cuando la Academia sueca de las ciencias anunció que se había otorgado el premio Nobel de Física al matrimonio Curie. «¿Curie?... La primera vez que lo oímos», así reaccionó la prensa francesa viendo injuriada en grado sumo a su *grande nation* porque fuera el extranjero quien tuviera que decirles a los franceses qué talentos científicos tenían trabajando en su capital. La cosa aún empeoró cuando se supo en qué indignas condiciones habían trabajado Pierre y Marie Curie, sin que *Madame* hubiera conseguido siquiera un empleo. Marie Curie atrajo enseguida toda la atención, pues su condición de polaca de nacimiento le daba un toque exótico y, además, vistos los anteriores galardonados, aquella madre de 36 años parecía una *santa madonna* de la Ciencia. Eligiendo a los Curie, galardonados más tarde con un segundo premio Nobel (esa vez de Química), se logró desde Suecia la atención internacional.

Por lo demás, el bonito ritual con que hoy se anuncia públicamente los nombres de los galardonados en octubre, poco después de habérseles informado por teléfono, sólo existe desde 1911. Hasta entonces, la proclamación y la entrega de premios tenían lugar en el mismo día, 10 de diciembre, aniversario de la muerte de Nobel, lo que tenía por consecuencia comunicaciones a escondidas y muy accidentadas con los galardonados, que llegaban a Estocolmo de incógnito y se veían forzados a fabular en casa algo de un viaje privado.

El futuro del premio

El premio Nobel es hoy una institución sólida, y tanto proclamación de galardonados como entrega de medallas (y talones) figuran como fechas fijas en todo calendario. Se habla sin descanso del premio Nobel, se admira sin límites a quienes lo ostentan, pero ¿quién sabría aún decir el nombre de algún científico galardonado en los últimos años? ¿A qué lector le era familiar el nombre de Hideki Shirakawa?¿Y quién lo ha retenido hasta hoy en su memoria?

«¿Curie? La primera vez que lo oímos»: hace mucho que salen de nuestras bocas tales palabras, autorizándonos acaso a preguntar si en tales circunstancias no huele algo a podrido en ese reino de los premios Nobel, con tanto cuento y tanto rey. Que los ganadores del año pasado ya sean desconocidos indica que se elige a personas que no tienen nada que decirnos, o no mucho. Y entonces se vuelve dudoso también que hayan traído «el mayor beneficio a la humanidad», justamente lo que abordamos a continuación.

Cuando Nobel dio vida a su premio queriendo hacer algo bueno por el mundo, no podía sino escoger a las ciencias de la naturaleza, y en forma de aquellas disciplinas que enumeró. Hoy, pasados más de cien años desde sus últimas voluntades, no es sólo esa división la que ha quedado sobrepasada: también la entera práctica de la investigación se ha alterado, y los grandes adelantos en que creyera Nobel provienen antes de la cooperación interdisciplinar que del logro técnico aislado. Para Nobel, no se trataba tanto de esas disciplinas científicas como de lo que pudieran hacer por el mundo del que formaban parte las personas que investigaban. La fundación hoy responsable del premio se tomó desde el principio la libertad de atenerse al espíritu, dejando a un lado las palabras de Nobel. En el año de su centenario, sería de esperar nuevamente el paso de la letra a la idea. La ciencia trae el mayor beneficio a la humanidad allí donde procede de modo interdisciplinar. Necesitamos menos galardonados por alcanzar algún logro técnico en su especialidad, y más premiados que tengan algo que decir a la humanidad con sus ideas. En otro caso, ya no sabemos para Navidad quién estuvo en Estocolmo el 10 de diciembre.

Historias en torno al premio Nobel

Un premiado con el Nobel recibe un talón del Estado, algo en que la mayoría de las personas ve algún tipo de interés. Tratándose de dinero, cualquiera atiende a lo que se cuente, sobre todo siendo tan curioso como en el caso del más famoso de los galardonados, Albert Einstein. En concreto, que no pudo quedarse ni una perra porque había prometido entregarlo todo a su mujer, la señora Mileva, en caso de obtenerlo, de donde se ha sacado a veces la insensata conclusión de que se trataba de mala conciencia, y de que eso era la prueba de que Mileva Einstein, de soltera Maric, había cooperado en la teoría de la relatividad. Algo que es falso por partida doble, pues, en primer lugar, Einstein no recibió el premio por la teoría de espacio-tiempo que le hizo famoso, sino por su aportación a la nueva Física Atómica; y en segundo lugar, con ese ofrecimiento trataba de acelerar su divorcio evitando arruinarse. Corría la primera guerra mundial cuando Eistein llegó de Zurich a Berlín, donde encontró a otra mujer en su vida. Mileva seguía con los hijos de los dos en Suiza, cuyos francos se hacían cada vez más firmes, mientras el marco se devaluaba cada vez más. El premio Nobel se pagaría en una divisa estable, y con esa oferta tan noble del Nobel que esperaba, y que llegó efectivamente en 1921, Einstein logró un margen de maniobra en asuntos monetarios.

Arena en el engranaje

Puede que cause asombro, pero el premio Nobel y sus instituciones están tan limpios de toda sospecha como pueda desearse. Lo único que aquí o allá se les reprocha son fallos en la elección de galardonados. Así, por ejemplo, se pasó por alto la aportación de Lise Meitner a la comprensión de la fisión atómica por la que se premió en solitario a Otto Hahn. No tomar en consideración a la señora Meitner tuvo poco que ver con ser mujer, y más con que se tratara del premio de Química. Sencillamente, los miembros competentes del comité no habían entendido en qué consistía la aportación de Física teórica que había hecho Lisa Meitner y qué se había ganado con ella, puesto que «sólo» había explicado cómo es que se libera tanta energía en ese proceso y, además, con fórmulas muy simples

Hay otras celebridades que Estocolmo nunca tomó en consideración. Entre los físicos, se cuentan Robert Oppenheimer y Georg Gamow, no obstante haber sido éste el primero en descubrir que la Física de Einstein abría la puerta a la posibilidad de un estallido originario del Universo. Entre los químicos, se echa en falta a Dimitri Mendeleiev, quien concibiera el sistema periódico de los elementos. La cosa se complica en Medicina, como se puede ver fácilmente poniendo sobre el tapete el nombre de Sigmund Freud. Sería erróneo no conceder ninguna importancia médica a su comprensión del inconsciente, pero Nobel no tenía en mente Psiquiatría ni Psicología al dar entrada a la Medicina en su quinteto, sino a la Fisiología, y ahí sí que Freud no encaja. Cierto que se han dado unos pocos premios por trabajos psiquiátricos: por ejemplo en 1925 se galardonó a Julius Wagner-Jauregg por su idea de que fiebre o infecciones podían tener consecuencias aprovechables. Pero Freud nunca tuvo una sola oportunidad en Estocolmo (aunque bien a gusto habría recibido la corona). Einstein, por ejemplo, rehusó firmemente proponerle como candidato —demasiadas cosas poco científicas— y Wagner-Jauregg opinó jocoso que, no obstante, le podían conceder el de Literatura.

Después de la fiesta

Tiene que ser una bonita fiesta la que se celebra en Estocolmo cada año, y es bonito que, pese a todo, la cosa gire de algún modo en torno a la ciencia. Verdad es que Max Delbrück se quejó en cierta ocasión —con un guiño— de que, en el fondo, lo que se organizaba era una promoción publicitaria de Suecia, pues quién iba a hablar en otro caso de ese país cuando es tan oscuro y frío; como es verdad que algunos de los galardonados lo son con ese fin. No obstante, Delbrück se lo pasó bien en Estocolmo y sólo le pesó la despedida: durante los días en que estuvo en Estocolmo, sonaba una fanfarria cuando un premio Nobel entraba en una habitación. Eso es algo a lo que uno puede acostumbrarse, contaba Delbrück. Por desgracia, se acaba en cuanto uno vuelve a casa.

La solución de Fischer

Aquí dejaremos el juego, barajando para concluir algunos nombres o epónimos de la ciencia, por más que aún habría tantas y tantas combinaciones que merecerían la pena.

Es célebre, por ejemplo, el efecto Doppler, llamado así por el físico austríaco Christian Doppler (1803-1853), que comprende las variaciones de tono que se perciben cuando se mueven las fuentes sonoras.

Encanto peculiar tiene ya por cómo suena el número de Avogadro, que debe su nombre al investigador italiano Lorenzo Avogadro (1776-1856) e indica el número de átomos o moléculas contenidos en un volumen dado.

En cualquier práctica escolar, se enreda hoy con el mechero Bunsen, que se remonta al químico alemán Robert Bunsen y designa a un quemador de gas, ciertamente simple pero muy útil, con que su inventor pudo llevar adelante lo que se llama análisis espectral (que trajo consigo el sensacional descubrimiento de que las estrellas albergan los mismos elementos que la Tierra).

Todos notamos las repercusiones de las fuerzas de Coriolis, así llamadas en honor del físico canadiense de origen francés Gaspard de Coriolis (1792-1843), que se empiezan a dejar sentir en cuerpos que rotan sobre sí mismos, como la Tierra (donde influye ante todo en las corrientes de ríos y océanos ocupándose de que, ante la costa norteamericana, el Pacífico siga fresquito hasta San Diego).

Todos hemos observado alguna vez el movimiento browniano, advertido y descrito por vez primera por el botánico escocés Robert Brown (1773-

1858); a la luz de un microscopio, salta a la vista de cualquiera, en forma de trémulo movimiento de partículas, que Albert Einstein supo aprovechar para calcular el número de Avogadro y demostrar la existencia física de átomos.

Divertida es la paradoja de Fermi, cuya denominación honra al físico italiano (y premio Nobel) Enrico Fermi (1901-1954), quien señaló muy pronto que sólo merece la pena buscar inteligencia extraterrestre si es superior a la nuestra. Pero esto significaría que nos descubriría antes que nosotros a ella, por lo que tendríamos que dejar de buscarla, o preguntarnos por qué no se ha dado a conocer aún.

Y así más y mucho más, y siempre más. Puede escribirse cuanto se quiera, que siempre quedarán lagunas. Un individuo nunca puede colmarlas todas y, en ningún caso, hacerlo por todos. Sólo empezar a hacerlo con la esperanza de que a otros también les entren ganas y traten de sumarse y proseguir el relato, tantas son las historias que hay para contar en la ciencia y de la ciencia. Sólo tenemos que empezar a contárnoslas unos a otros, y desde el principio, empezando por las personas que las vivieron e hicieron posibles.

El problema de Kepler se le planteó por empezar su exposición por el final. Nos pone sobre la mesa un resultado acabado, y luego se extraña de que ni lo comprendamos ni nos asombremos, y en lugar de eso, lo dejamos a un lado y miramos aburridos el techo. Habría debido decirnos antes qué arrastró cautiva su mirada a los cielos e hizo germinar en él la esperanza de dar con el *Mysterium Cosmographicum*, el misterio del cosmos. Como muchos antes y después, Kepler se quedaba extasiado con la belleza del cosmos —que por algo se llama *universum* desde la antigüedad—, y creía poder recobrar ese placer en la Geometría y darle un fundamento. Para él, la Geometría representaba el arquetipo de la belleza, y por eso tenía que conocerla o aprender a conocerla. Ese deseo le quemaba —podría hablarse del «ardor de un alma»—, y tanto, desde luego, que muchos autores hasta hoy han opinado que no habría retrocedido siquiera ante la posibilidad de «matar en nombre de la ciencia» para hacer accesible la geometría del cosmos.

No creemos a Kepler capaz de semejante acto violento; pero siendo más cierto que la verdad le acosaba a él y no a la inversa, semejante ímpetu interior nos brinda un punto de partida del relato. Encontrar alguno y empezar luego a hilvanar historias, tal me parece la solución al problema de Kepler, no sólo en su caso, sino siempre que haya seres humanos de por medio y sus motivos sean importantes; esto es, en todo momento y en cualquier parte de la ciencia. Aceptando tal solución y emprendiendo el camino del relato vivido, nunca será necesario acabarlo, afortunadamente, pues, en efecto, la ciencia es una historia interminable en nuestra cultura.

Bibliografía

General

Encontrará detalles sobre las biografías de los científicos mencionados en mis libros *Aristoteles, Einstein & Co.*, *Leonardo* (Múnich, 1995) (hay trad. cast.: *Aristóteles, Einstein y Cía.*, Ma Non Troppo, Barcelona, 2006), *Heisenberg & Co.* (Múnich, 2000) y *Einstein, Hawking, Singh und Co.* (Múnich, 2004) (hay trad. cast.: *Einstein & Cía.: la ciencia moderna a través de sus protagonistas,* Alianza Editorial, Madrid, 2006); para una visión de la ciencia (sobre todo en referencia a la Mecánica cuántica) les remito a mis libros *Die andere Bildung* (Múnich, 2005) y *Die Bildung des Menschen* (Berlín, 2004). Todos los títulos mencionados están disponibles en cartoné y en bolsillo.

En el escenario del átomo

El gato de Schrödinger

Moore, Walter, *Schrödinger-Life and Thought*, Cambridge, 1989.
Schrödinger, Erwin, *Die Naturwissenschaften* 23 (1935), pp. 807-812, 823-828, 844-849.

EL SALTO CUÁNTICO DE PLANCK

Planck, Max, *Vorträge und Erinnerungen*, Darmstadt, 1968.
—, *Vorträge Reden Erinnerungen*, Berlín, 2001 (hay trad. cast.: *Autobiografía científica y últimos escritos*, Nívola Libros y Ediciones, Madrid, 2000).

LA INDETERMINACIÓN DE HEISENBERG

Fischer, Ernst Peter, *Werner Heisenberg - Das selbstvergessene Genie*, Múnich, 2001.
Heisenberg, Werner, *Der Teil und das Ganze*, Múnich, 1969 (hay trad. cast.: *La parte y el todo: conversando en torno a la física atómica*, Ellago Ediciones, Castellón de la Plana, 2004).

LA HERRADURA DE BOHR

Bohr, Niels, *Atomphysik und menschliche Erkenntnis*, vol. 2, Braunschweig 1964, 1966^2 (hay trad. cast.: *Física atómica y conocimiento humano*, Aguilar, Madrid, 1964).
Heisenberg, Werner, *Der Teil und das Ganze*, Múnich, 1969 (hay trad. cast.: *La parte y el todo: conversando en torno a la física atómica*, Ellago Ediciones, Castellón de la Plana, 2004).
—, «Die Einheit der Natur bei Alexander von Humboldt und in der Gegenwart», en *Gesammelte Werke*, Múnich, 1985, dpto. C, tomo III., pp. 341-349.
Weisskopf, Victor, *Mein Leben*, Berna/Múnich/Viena, 1991.

EL DUENDE DE EINSTEIN

Aspect, A., Grangier y P., Roger, G., *Physical Review Letters 47*, 1981, pp. 460-463.
Bell, John, *Physics 1*, 1964, pp. 195-200.
Einstein, Albert, *Mein Weltbild*, Berlín, 2002^{23}.
Einstein, A., B. Podolsky y N. Rosen, *Physical Review 47*, 1935, pp. 777-800.
Fischer, Ernst Peter, *Eine verschränkte Welt*, Mannheim, 1989.
—, *Einstein für die Westentasche*, Múnich, 2005.
Sucher, Curt B., *Du fragt, was das Leben ist*, Múnich, 2005.

LA PROHIBICIÓN DE PAULI

Fierz, Markus, *Naturwissenschaft und Geschichte*, Basilea, 1988, pp. 181-193.
Fischer, Ernst Peter, *Brücken zum Kosmos*, Lengwil, 2001.
Jung, Carl Gustav, y Wolfgang Pauli, *Naturerklärung und Psyche*, Zúrich, 1956.

LA RADIACIÓN DE HAWKING

Mainzer, Klaus, *Hawking*, Friburgo, 2000.

EL PRINCIPIO DE ZEILINGER

Baeyer, Hans Christian von, *Das informative Universum*, Múnich, 2005.

Menudencias clásicas

EL DEMONIO DE MAXWELL

Baeyer, Hans Christian von, *Das informative Universum*, Múnich, 2005.
Planck, Max, *Vorlesungen über Thermodynamik*, Berlín, 1964[11].

LA PARADOJA DE OLBERS

Blumenberg, Hans, *Die Vollzäligkeit der Sterne*, Fráncfort del Meno, 1997.
Harrison, Edward, *Darkness at Night*, Cambridge, Massachusetts, 1987.
Kippenhahn, Rudolph, *Kosmologie für die Westentasche*, Múnich, 2003.

LA JAULA DE FARADAY

Faraday, Michael, *Die Naturgeschichte einer Kerze*, Bad Salzdetfurth/Hildesheim, 1979 (hay trad. cast.: *La historia química de una vela*, Nívola Libros y Ediciones, Madrid, 2007).
Meschede, Dieter y Christian Gerthsen, *Gerthsen Physik*, Berlín, 2006.

LAS ECUACIONES DE MAXWELL

Gell-Mann, Murray, *Das Quark und der jaguar*, Múnich, 1998 (hay trad. cast.: *El quark y el jaguar*, Tusquets Editores, Barcelona, 1995).

EL BARREÑO DE NEWTON

Brian Greene, *Der Stof aus dem der Kosmos ist*, Múnich, 2004, pp. 39 y 94 (hay trad. cast.: *El tejido del cosmos: espacio, tiempo y la textura de la realidad*, Crítica, Barcelona, 2006).

LOS RAYOS RÖNTGEN O RAYOS X

Fischer, Ernst Peter, *Der Durchblick des Jahrhunderts - Welt- und Menschenbilder seit den Tagen von Röntgen*, vol. 177, RöFo (2005), pp. 919-923.

Segré, Emilio, *Die gro,en Physiker und ihre Entdeckungen - Von Röntgen bis Weinberg*, Múnich, 2002.

En tratos con lo infinito

EL MANZANILLO DE MANDELBROT

Briggs, John, y F. David Peat, *Die Entdeckung des Chaos*, Múnich, 1993.

Gleick, James, *Chaos ?Die Ordnung des Universums*, Múnich, 1990.

Mandelbrot, Benoit, *Die fraktale Geometrie der Natur*, Basilea, 1986 (hay trad. cast.: *La geometría fractal de la naturaleza*, Tusquets, Barcelona, 1997).

Peitgen, H. O., y P. H. Richter, *The Beauty of Fractals*, Berlín, 1986.

EL NÚMERO DE EULER

Devlin, Keith, *The Most Beautiful Equations*, *Wabash Magazine*, invierno-primavera 2002.

Euler, Leonhard, *Briefe an eine deutsche Prinzessin über verschiedene Gegenstände der Physik und Philosophie*, Braunschweig, 1986 (hay trad.

cast.: *Cartas a una princesa de Alemania sobre diversos temas de física y filosofía*, Prensas Universitarias de Zaragoza, 1990).
Karlson, P., *Vom Zauber der Zahlen*, Berlín, 1954 (hay trad. cast.: *La magia de los números*, Labor, 1971).
Maor, Ely, *Die Zahle-Geschichte und Geschichten*, Basilea, 1996.
Nahin, Paul J., *Dr. Euler's fabulous formula*, Princeton, 2006.

EL HOTEL HILBERT

Colección Ostwalds Klassiker, *Die Hilbertschen Probleme*, Leipzig, 1983.
Goldstein, Rebecca, *Kurt Gödel*, Múnich, 2006 (hay trad. cast.: *Gödel: paradoja y vida*, Antoni Bosch Editor, Barcelona, 2006).
Sautoy, Marcus du, *Die Musik der Primzahlen*, Múnich, 2004 (hay trad. cast: *La música de los números primos*, El Acantilado, Barcelona, 2007).
Yandell, Ben H., *The Honors Class - Hilbert's Problems and their Solvers*, Natick Massachusetts, 2002.

LA ANTINOMIA DE RUSSELL

Brendel, Elke, *Die Wahrheit über den Lügner*, Berlín, 1999.
Smullyan, Raymond, *Satan, Cantor und die Unendlichkeit*, Basilea, 1993 (hay trad. cast.: *Satán, Cantor y el infinito*, Gedisa, Barcelona, 1995).

LA MÁQUINA DE TURING

Vollmer, Gerhard, «Denkzeuge», en *Mannheimer Forum 90/91*, volumen editado por Fischer, E. P., Múnich, 1991.

Las enrevesadas reglas de la vida

LOS PINZONES DE DARWIN

Fischer, Ernst Peter y Klaus Wiegandt (editor), *Evolution- Geschichte und Zukunft des Lebens*, Fráncfort del Meno, 2003.
Mayr, Ernst, *Die Entwicklung der biologischen Gedankenwelt*, Berlín, 1984.

Ridley, Matt, *The Red Queen*, Nueva York, 1995.
Williams, George C., *Plan and Purpose in Nature*, Londres, 1996.

LAS LEYES DE MENDEL

Marantz Henig, Robin, *Der Mönch im Garten - Die Geschichte des Gregor Mendel und die Entdeckung der Genetik*, Fráncfort del Meno, 2001 (hay trad. cast.: *El monje en el huerto*, Debate, Barcelona, 2001).

EL SUEÑO DE KEKULÉ

Anschütz, Richard, *August Kekulé*, 2 vols., Berlín, 1929.
Heisenberg, Werner, «Sprache und Wirklichkeit in der moderasen Physikc», en *Gesammelte Werke*, volumen CII, Múnich, 1984, pp. 271-301.
Portmann, Adolf, *Vom Lebendigen*, Fráncfort del Meno, 1973.
Roberts, Royston M., *Serendipity*, Nueva York, 1989 (hay trad. cast.: *Serendipia: descubrimientos accidentales de la ciencia*, Alianza, Madrid, 2008).
Strathern, Paul, *Mendeleyev's Dream*, Londres, 2000 (hay trad. cast.: *El sueño de Mendelejev, de la alquimia a la química*, Siglo XXI, Madrid, 2000).

EL CALDO DE CARNE DE LIEBIG

Brock, William H., *Justus von Liebig - The Chemical Gatekeeper*, Cambridge, 1997.

LA CHAPUCERÍA DE DELBRÜCK

Fischer, Ernst Peter, *Das Atom der Biologen*, Múnich, 1987.
Stent, Gunter S., *et al*, *Phage and the Origin of Molecular Biology*, Nueva York, 1969.

EL DOGMA DE CRICK

Crick, Francis, *Ein irres Unternehmen*, Múnich, 1990 (hay trad. cast.: *Qué loco propósito*, Tusquets, Barcelona, 1989).

—, *Was die Seele wirklich ist*, Múnich, 1994 (hay trad. cast.: *La búsqueda científica del alma*, Debate, Barcelona, 2000).
Fischer, Ernst Peter, *Am Anfang war die Doppelhelix*, Múnich, 2003.

De la naturaleza humana

Los postulados de Koch

Eckart, Wolfgang, *Geschichte der Medizin*, Berlín, 2005[5].

El experimento de Milgram

Milgram, Stanley, *Das Milgram Experiment*, Reinbek, 1974.

El troquelado de Lorenz

Fischer, Ernst Peter, *Aristoteles, Einstein & Co.*, Leonardo, Múnich, 1995 (hay trad. cast.: *Aristótoles, Einstein y Cía.*, Ma Non Troppo, Barcelona, 2006).

El reflejo de Paulov

Rost, Dankwart, *Pawlows Hunde*, Stuttgart, 1993.
Schneider, Reto, *Das Buch der verrückten Experimente*, Múnich, 2006.
Schwartz, Steven, *Wie Pawlow auf den Hund kam*, Weinheim, 1988.

Peculiaridades de la historia

El principio de Planck

Planck, Max, *Vorträge und Erinnerungen*, Darmstadt, 1968.
—, *Vorträge Reden Erinnerungen*, Berlín, 2001.

LAS TRES HERIDAS DE FREUD

Brague, Rémi, *Die Weisheit der Welt*, Múnich, 2005.
Freud, Sigmund, *Vorlesungen zur Einführung in die Psychoanalyse*, cap. 18 (varias ediciones).
James, William, *Die Vielfalt religiöser Erfahrung*, Fráncfort del Meno, 1997 (hay trad. cast.: *Las variedades de la experiencia relligiosa: estudio de la naturaleza humana*, Península, Barcelona, 2002).
Zimmer, Dieter E., *Tiefenschwindel*, Reinbek, 1986.

EL ASNO DE BURIDAN

Bruyn, Günter de, *Buridans Esel*, Halle, 1967.

LA NAVAJA DE OCKHAM

Mittelstra,, Jürgen (Hg.): *Enzyklopädie Philosophie und Wissenschaftstheorie,* 2 vols., Stuttgart, 1995 (entradas: Ockham; Ockhamismus, Ockham's razor, pp. 1057-1064).

LA ESCOBA DE BRENNER

Conversaciones mantenidas entre el autor y Brenner.

LA LEY DE MOORE

Detalles sobre la página web de Intel, la empresa fundada por Moore:
www.intel.com; y acceder a Technology@Intel Magazine; número de abril 2005 (pp. 1-9): «From Moore's Law to Intel Innovation».

LA PARADOJA DE POPPER

Lübbe, Hermann, «Die schwarze Wand der Zukunft», en Fischer, E. P. (editor), *Mannheimer Gespräche -Auf der Suche nach der verlorenen Sicherheit*, Múnich, 1991, pp. 17-30.

La sentencia de Bacon

Rossi, Paolo, *Die Geburt der modernen Wissenschaft in Europa*, Múnich, 1997 (hay trad. cast.: *El nacimiento de la ciencia moderna en Europa*, Crítica, Barcelona, 1998).

El cielo de Hershey

Fischer, Ernst Peter, *Das Atom der Biologen*, Múnich, 1987.

Las dos culturas de Snow

Bachmaier, H., y E. P. Fischer, (editor): *Glanz und Elend der zwei Kulturen*, Konstanz, 1991.

Fischer, Ernst Peter, «Wieviel Naturwissenschaft braucht der gebildete Mensch?», *Universitas*, octubre 1998, pp. 974-981.

Kreuzer, H. (editor), *Die zwei Kulturen*, Múnich, 1987.

Snow, Charles Percy, *The Two Cultures and a Second Look*, Cambridge, 1992 (hay trad. cast.: *Las dos culturas y un nuevo enfoque*, Alianza, Madrid, 1977).

El premio Nobel

Crawford, Elisabeth, *The Beginnings of the Nobel Foundation: The Science Prizes 1901-1915*, Cambridge, 1984.

—, *Nationalism and Internationalism in Science: Studies of the Nobel Population*, Cambridge, 1992.

Fant, Kenne, *Alfred Nobel*, Basilea, 1995.

Feldman, Burton, *The Nobel Prize - A History of Genius, Controversy, and Prestige*, Nueva York, 2000.

La solución de Fischer

Gilder, Joshua y Anne-Lee, *Der Fall Kepler - Mord im Namen der Wissenschaft*, Berlín, 2005.

Índice alfabético

Aristóteles, 11, 249
Avery, Oswald, 235,261
Avogadro, Lorenzo, 275

Bacon, Francis, 259-260
Baeyer, Hans Christian v., 76
Bateson, William, 181
Bell, John, 59
Bennet, Charles, 89
Biedenkopf, Kurt, 245
Blumenberg, Hans, 93,
Bohr, Niels, 36-37, 45-51, 53, 58, 62, 68, 77, 200, 202, 233
Boltzmann, Ludwig, 233, 263
Brague, Rémi, 244, 245
Brandenburg-Schwedt, Friederike v., 135
Brenner, Sydney, 85, 253, 254
Brown, Robert, 275
Bunsen, Robert, 275
Buridan, Juan, 249, 250

Calvin, Melvin, 196
Cantor, Georg, 148
Chandler, Raymond, 52
Chase, Martha, 261, 262
Chejov, Anton, 57
Church, Alonzo, 159
Clausius, Rudolf, 83, 86
Cohen, Paul, 151
Copérnico, Nicolás, 9, 12, 238, 242-246
Coriolis, Gaspard de, 275
Crick, Francis, 209-211, 213-218
Curie, Marie, 270
Curie, Pierre, 270

Darwin, Charles, 167-176, 185, 186, 237, 242, 244, 246, 250
Delbrück, Max, 199-207, 211, 262, 273
Descartes, René, 66, 70
Devlin, Keith, 143
Doppler, Christian, 275
Du Bois-Reymond, Emil, 146, 147, 151

Ehrenfest, Paul, 68
Einstein, Albert, 11, 22, 25, 33, 42, 43, 49, 55-61, 65, 72, 73, 76, 78, 88, 95, 108, 109, 114, 116, 117, 137, 152, 161, 162, 232, 234, 238, 252, 269, 271-273, 276
Einstein, Mileva, 272

Ellis, Emory, 202
Epiménides, 155
Euclides, 129, 130, 148, 252
Euler, Leonhard, 135-137, 139-143, 145, 149, 255

Faraday, Michael, 101-103, 105, 187, 188, 190
Fermi, Enrico, 276
Fierz, Markus, 69, 70
Freud, Sigmund, 121, 239-248, 272, 273

Galilei, Galileo, 110, 245
Gamow, Georg, 272
Gleason, Andrew, 153
Gödel, Kurt, 150-152
Goethe, Johann Wolfgang v., 51, 72, 105, 187-190, 196, 248
Greene, Brian, 116, 117

Hahn, Otto, 272
Hawking, Stephen, 75, 76
Heisenberg, Werner, 11, 18-21, 35, 37, 39-44, 46, 48, 50, 55, 57-59, 67, 152, 193, 195, 232
Helmholtz, Hermann v., 196, 231
Henle, Jakob, 222
Hershey, Alfred, 254, 261, 262
Hilbert, David, 145-154, 157, 161
Humboldt, Alexander v., 95, 96

James, William, 247
Johannsen, Wilhelm, 184, 212
Jung, C.G., 69-71

Kant, Immanuel, 43, 94, 111, 155, 245
Kekulé, Friedrich August von Stradonitz, 187, 189-192, 195, 196
Kelvin, William Thomson, lord, 86
Kepler, Johannes, 9-12, 238, 276
Kippenhahn, Rudolf, 97, 99

Lamarck, Jean Baptiste, 169, 236, 237
Landauer, Rolf, 88, 89
Leonardo da Vinci, 134
Liebig, Justus de, 197, 198
Loewi, Otto, 196
Lorenz, Konrad, 225, 226
Luria, Salvatore, 203-206, 262

Mach, Ernst, 233
Mandelbrot, Benoit, 125, 126,128-134, 152
Maxwell, James Clerk, 76, 77, 81, 83-84, 86-89, 105, 106-108, 171, 239, 264
Meitner, Lise, 203, 272
Mendel, Gregor, 172, 177-186
Mendeleiev, Dimitri, 195, 272
Milgram, Stanley, 223, 224
Moore, Gordon E., 139, 255, 256
Mozart, Wolfgang Amadeus, 51

Newton, Isaac, 50, 51, 109-117, 139, 178, 238, 249
Nietzsche, Friedrich, 175
Nobel, Alfred, 34, 265

Ockham, Guillermo de, 251, 252
Olbers, Heinrich Wilhelm, 92, 94-96, 99
Oppenheimer, Robert, 272
Oscar II, 162
Ostwald, Wilhelm, 233

Pauli, Wolfgang, 65-73, 232, 240, 263
Paulov, Ivan, 227, 228
Peirce, Benjamin, 143
Perelman, Grigori, 161, 162
Picasso, Pablo, 122, 263

Planck, Max, 25, 28-34, 48, 55, 56, 66, 67, 81, 83, 85-87, 152, 231-235, 237
Platón, 71, 236
Podolsky, Boris, 59, 61
Poe, Edgar Allan, 95
Poincaré, Henri, 161-163
Poincaré, Raymond, 161
Popper, Karl, 112, 257
Portmann, Adolf, 195

Riemann, Bernard, 140, 149, 150
Röntgen, Wilhelm Conrad, 119, 121, 266
Rosen, Nathan, 59, 61
Russell, Bertrand, 155, 156
Rutherford, Ernest, 47

Sanger, Frederick, 214, 215
Schrödinger, Erwin, 12, 15-23, 43, 57, 62, 232, 239
Shirakawa, Hideki, 270, 271
Snow, Charles P., 263, 264
Stern, Otto, 69, 70
Szilárd, Leó, 87, 88

Turing, Alan, 157, 158, 159

Uexküll, Jakob Johann v., 268
Uexküll, Jakob v., 268

Wagner-Jauregg, Julius, 273
Watson, James D., 213, 214, 216
Weisskopf, Victor F., 51
Weizsäcker, Carl Friedrich v., 46
Wells, H. G., 234
Wheeler, John, 78
Whitehead, Alfred N., 156
Wittgenstein, Ludwig, 152
Wöhler, Friedrich, 188-190
Wolfram, Stephen, 134

Zeilinger, Anton, 56, 77, 78

Índice

El problema de Kepler 9

En el escenario del átomo 13
El gato de Schrödinger 15
El salto cuántico de Planck 25
La indeterminación de Heisenberg 35
La herradura de Bohr 45
El duende de Einstein 55
La prohibición de Pauli 65
La radiación de Hawking 75
El principio de Zeilinger 77

Menudencias clásicas 79
El demonio de Maxwell 81
La paradoja de Olbers 91
La jaula de Faraday 101
Las ecuaciones de Maxwell 105
El barreño de Newton 109
Los rayos Röntgen o rayos X 119

En tratos con lo infinito 123
El manzanillo de Mandelbrot 125
El número de Euler 135

El hotel Hilbert 145
La antinomia de Russell 155
La máquina de Turing 157
La conjetura de Poincaré 161

LAS ENREVESADAS REGLAS DE LA VIDA 165
Los pinzones de Darwin 167
Las leyes de Mendel 177
El sueño de Kekulé 187
El caldo de carne Liebig 197
La chapucería de Delbrück 199
El dogma de Crick 209

DE LA NATURALEZA HUMANA 219
Los postulados de Koch 221
El experimento de Milgram 223
El troquelado de Lorenz 225
El reflejo de Paulov 227

PECULIARIDADES DE LA HISTORIA 229
El principio de Planck 231
Las tres heridas de Freud 239
El asno de Buridan 249
La navaja de Ockham 251
La escoba de Brenner 253
La ley de Moore 255
La paradoja de Popper 257
La sentencia de Bacon 259
El cielo de Hershey 261
Las dos culturas de Snow 263
El premio Nobel 265

La solución de Fischer 275

Bibliografía 279
Índice alfabético 289